HOW THINGS ARE

HOW THINGS ARE

세상은
어떻게
작동하는가

우리를 환혹하는 것들에
논리와 근거로 맞서는 힘

리처드 도킨스 외 30인 지음
존 브록만, 카타 메튼슨 엮음 · 김동광 옮김

포레스트북스

※일러두기

이 책은 1995년 미국에서 출간된 도서를 번역한 것입니다. 이 책에서 이야기하는
'현재, 지금, 최근' 등의 표현은 출간 당시를 기준으로 하고 있습니다.

세상은 어떻게 작동하는가

이 책은 오늘날 전 세계에서 가장 저명하고 뛰어난 과학자와 사상가들의 글을 한데 엮은 것이다. 저자들은 각기 자신이 연구하는 과학 분야와 연관된 매우 독창적인 글을 실었다. 그들이 다루는 것은 누구나 알아두어야 할 가장 근본적이고 기초적인 개념들이다. 이것들은 우리가 무언가를 생각할 때 편리하게 사용하는 기본적인 도구, 연장이 되어 준다.

여기 실린 글들은 저마다 초점이 뚜렷하며, 또한 매우 간결하다. 각각의 글은 하나의 주제를 다루고 있다. 모든 글은 우리에게 해당 주제에 대한 놀라운 관점을 제공하고, 어떤 이론은 받아들일 수 있지만 다른 이론은 왜 그렇지 않은지를 명쾌하게 설명해 준다.

동시에 이 책은 우리 시대의 가장 저명한 과학자와 사상가들의 위대한 정신세계를 들여다볼 수 있는 소중한 기회를 마련해 준다. 우리는 이 책을 통해 그들이 어떤 질문을 제기하고 있고 우리를 둘러싸고 있는 세계를 어떻게 이해하고 있는지, 그리고 그들이 우리 자신에 대한 이해에 도달하기 위해 무슨 시도를 하고 어떤 사고 과정을 거치는지 그 궤적을 추적할 수 있다.

가령 여러분이 저명한 과학자들이 한데 모인 방에 있다고 상상해 보라. 그리고 여러분에게 한 사람의 과학자에게 단 하나씩의 질문만 할 수 있는 기회가 주어졌다고 생각해 보라. 여기에 실린 글들은 그런 상황에서 여러분들이 떠올릴 만한 질문에 대해 과학자들이 해줄 답변에 해당한다. 이 책에 실린 글들은 누구나 이해할 수 있도록 쉽게 쓰여 있다. 더구나 위대한 사상가들을 한자리에 모아놓았으니 그 얼마나 풍부한 지적 자원인가!

이 책에서 답을 발견할 수 있는 질문들을 몇 가지 보자면 다음과 같다. 자연적이란 무엇인가? 피부색에 차이가 나는 까닭은 무엇일까? 인종의 생물학적 근거는? 어떤 믿음에 대한 근거가 타당한지 혹은 잘못되었는지 어떻게 알 수 있을까? 정신과 뇌의 차이는? 실수가 우리에게 도움을 준다면 과연 어떤 점에서일까? 생물과 무생물의 차이는? 진화란 무엇인가? 근친상간이 일어나는 까닭은? 사람들 사이에서 의사소통이 가능한 이유는? 시간은 언제 시작되었을까?

여기 실린 글들을 읽다 보면 식당 옆자리에 앉은 과학자들이 저녁 식사를 하면서 나누는 담소를 듣고 있는 듯 편안한 기분이 들 것이다. 여러분은 자연스럽게 과학자들의 이야기를 들으면서 그들이 어떤 주제에 관심을 집중하고 있는지, 그리고 답을 찾기 위해 어떻게 자신의 의문을 체계화시키는지에 대해서도 알게 될 것이다. 무엇보다 가장 중요한 것은 과학자들이 어떤 식으로 '세상이 어떻게 작동하는가How Things Are'라는 궁극적인 수수께끼를 파헤치고 그 해답을 발견하게 되는지 이해할 수 있게 된다는 점이다.

제1부 '과학적 사고'에서 우리는 진화생물학자인 리처드 도킨스의 믿음에 대한 생각과 동물학자 메리언 스탬프 도킨스의 과학적 설명을 접하고, 인류학자인 메리 캐서린 베이트슨이 말하는 '자연적'이라는 개념이 무엇을 뜻하는지 들을 수 있다.

7

제2부 '기원'은 이론물리학자 폴 데이비스의 '빅뱅'에 대한 글로 시작한다. 생물학자 린 마굴리스는 케피르라 불리는 음료가 우리에게 죽음에 대해 어떤 교훈을 주는지 알려준다. 생물학자 잭 코헨의 DNA 이야기, 화학자 피터 앳킨스의 물 이야기, 화학자 로버트 셔피로의 생명의 기원에 대한 글, 생물학자 루이스 월퍼트의 세포의 불가사의에 관한 글이 들어 있다.

제3부 '진화'에서 인류학자인 패트릭 베이트슨은 근친상간이 금기가 된 과정을, 생물학자 스티브 존스는 사람들의 피부색이 다른 이유를 알아본다. 진화생물학자 앤 파우스토-스털링은 정상적이고 자연적인 것과 비정상적이고 비자연적인 것의

차이를 이야기한다. 그리고 고인류학자 밀퍼드 월퍼프는 사람과 유인원의 관계에 대해, 진화생물학자 스티븐 제이 굴드는 진화라는 개념을, 고생물학자 피터 워드는 진화에서 우연이 차지하는 역할을 설명한다.

제4부 '정신'에서 철학자 대니얼 데닛은 실수를 하는 것이 왜 중요한지 이야기한다. 신경과학자 마이클 가자니가는 우뇌와 좌뇌의 독특한 패턴을, 인류학자 파스칼 보이어는 사고라는 도구에 대해, 인류학자인 당 스페르베르는 사람과 사람 사이 의사소통의 문제를, 심리학자이자 인공지능 연구자인 로저 섕크는 행동을 통한 학습을, 신경생리학자 윌리엄 캘빈은 지금까지 아무도 생각하지 않았던 것을 생각하는 방법을, 심리학자 니컬러스 험프리는 환상에 대해서, 신경과학자인 스티븐 로즈는 정신/뇌의 이분법적 사고에 대해서, 그리고 논리학자 하오 왕은 정신과 뇌의 관계를 알기 쉽게 설명해 준다.

제5부 '우주'에서 물리학자 리 스몰린은 시간에 대한 여러 가지 문제를 제기하고, 컴퓨터 과학자 대니얼 힐리스는 우리가 빛보다 빨리 달릴 수 없는 이유를 해명해 준다. 물리학자 앨런 구스는 과학에서 불가능한 일을 생각하는 것이 얼마나 중요한지 설명하며, 수학자 이언 스튜어트는 자연의 대칭적인 패턴에 대해 이야기한다.

제6부 '미래'에서 프리먼 다이슨은 과학적 예측의 문제를 다룬다. 고생물학자 나일스 엘드리지는 어떻게 이 세계가 갑작

스럽게 악화되지 않는지를, 그리고 우주론자 마틴 리스는 최근
이루어진 항성에 대한 새로운 연구 성과에 대해 들려줄 것이다.

코네티컷주 베들레헴에서,

존 브록만, 카틴카 매트슨

차 례

제3부 | 진 화

HOW
THINGS
ARE

제1부

과학적
사
고

타당한 근거와 잘못된 근거를 어떻게 구분하는가

리처드 도킨스
Richard Dawkins

줄리엣에게

　이제 너도 열 살이 되었구나. 이 편지에서 나는 무척 중요한 이야기를 네게 해주고 싶다. 오늘날 우리가 알고 있는 여러 가지 지식들이 정말 사실인지, 혹시 잘못된 것은 아닐지 의문을 느껴 본 적이 있었을 거다. 가령 마치 하늘에 뚫려 있는 작은 바늘 구멍 같은 항성들이 실제로는 태양과 같은 거대한 공 모양을 하고 있고, 우리로부터 아주 멀리 떨어져 있다는 사실을 우리는 어떻게 알 수 있을까? 그리고 지구가 그런 항성들 중 하나인 태양의 주위를 도는, 그보다 훨씬 작은 구체라는 사실은 어떻게 알 수 있을까?

　이런 의문에 대한 답은 '증거'이다. 때로 증거는 어떤 현상이 사실인지 여부를 확인하기 위해 실제로 보는 것(또는 듣는 것, 느끼는 것, 냄새 맡는 것 등)을 뜻하기도 한다. 우주비행사들은 지구에서 충분히 멀리까지 여행할 수 있기 때문에 직접 자신들의 눈으로 지구가 둥글다는 사실을 확인할 수 있다. 때로는 육안으로 보기 어려워서 도구의 도움을 받기도 한다. 저녁 무렵에 나타나는 '개밥바라기'별은 밤하늘에서 반짝이는 것처럼 보이지만, 망원경으로 관찰해 보면 그 별이 우리가 금성이라고 부르는 아름다운 행성이라는 것을 알게 된다. 이처럼 네가 직접 눈으로 보는 것(또는 듣는 것, 느끼는 것 등)을 관찰이라고 한다.

종종 관찰만으로 증거를 얻을 수 없는 경우도 있다. 그럴 때도 관찰은 비록 겉으로 드러나지는 않지만 그 뒤쪽에 있다. 한 가지 예를 들어보자. 살인사건이 일어났을 때 대개는 아무도(물론 살인자와 죽은 사람을 제외하고!) 그 사건을 직접 목격하지 못한다. 그러나 형사는 용의자를 밝혀낼 수 있는 여러 가지 목격담이나 증거를 수집한다. 만약 어떤 사람의 지문이 범행에 사용된 칼에서 발견된 지문과 일치하면 그것은 그 사람이 칼을 만졌다는 증거가 된다. 물론 그 사실만으로 그가 살인을 했다고 단정 지을 수는 없지만 그 밖의 다른 증거들이 보강되면 지문의 소유자가 살인자임을 증명할 수 있다. 때로는 형사가 마음속으로 범행 과정을 눈앞에서 관찰하듯이 추리하다가 실제 살인이 이루어지는 과정을 갑작스럽게 깨닫는 일도 있다.

과학자들은 이 세계와 우주의 진실을 밝혀내는 전문가로 종종 형사와 비슷한 방식으로 일한다. 그들은 추리를 통해 사실일 가능성이 높은 이론(이것을 가설이라 부른다)을 세운다. 그런 다음 스스로에게 이렇게 말한다. 만약 그 가설이 정말 사실이라면, 어떤 과정을 거쳐서 그렇게 되었을까? 이것을 예측이라고 한다. 하나의 예를 들어보자. 만약 지구가 정말 둥글다면 우리는 누구

20

든 같은 방향으로 계속 걸어가면 결국 자신이 처음 출발했던 위치로 돌아오게 될 것이라고 예측할 수 있다. 의사가 네가 홍역에 걸렸다고 진단할 때 단지 네 얼굴을 한번 쳐다본다고 홍역을 직접 볼 수 있는 것은 아니다. 의사는 너를 살펴본 후에 네가 홍역에 걸렸을지 모른다는 가설을 세운다. 그리고 마음속에서 자신에게 이렇게 말할 것이다. '이 여자아이가 정말 홍역에 걸렸을까? 홍역에 걸렸을 때 나타나는 증상들과 일치하는지 살펴봐야겠군…….' 의사는 자신의 머릿속에 들어 있는 예측 목록을 조사하고, 눈으로 관찰한 결과와 비교하며(반점이 나타났는가?), 손으로 진찰하고(이마가 뜨거운가?), 청진기를 대고 귀로 듣는다(가슴에서 홍역에 걸렸을 때 나타나는 쌔근대는 소리가 나는가?). 이런 진찰을 끝낸 다음에야 의사는 결론을 내리고 이렇게 말하는 것이다. "제가 진단하기로 이 아이는 홍역에 걸렸습니다." 때로는 혈액검사나 엑스레이 촬영과 같은 다른 조사가 필요할 때도 있다. 그런 수단들은 의사의 눈, 손, 귀가 하는 관찰을 도와준다.

　　과학자들이 이 세계에 대해 연구하고 배워나갈 때 증거를 사용하는 방식은 날로 복잡하고 정교해지고 있어서 이 짧은 편지에는 모두 자세히 쓸 수 없을 정도이다. 그래서 이제 나는 무언가를 믿게 해주는 좋은 증거에 대한 이야기를 이쯤에서 그치고, 잘못된 믿음을 주는 좋지 않은 증거들에 대해서 네게 경고하려 한다. 그런 좋지 않은 증거들은 '전통', '권위', '계시'라고 불린다.

먼저 전통에 대해 살펴보자. 얼마 전에 나는 TV 프로그램에 출연해서 약 15명의 어린아이들과 토론을 했다. 그 프로그램에 초청된 아이들은 여러 종교적 환경에서 자라난 아이들이었다. 어떤 아이들은 기독교, 다른 아이들은 유대교 가정에서 자라났고, 그 밖에도 이슬람교, 힌두교, 시크교도 있었다. 사회를 맡은 남자가 돌아가면서 아이들에게 그들이 믿는 것에 대해 물었다. 이때 아이들이 한 대답이 내가 이야기한 '전통'에 정확히 해당하는 것이었다. 그들이 가지고 있는 믿음은 증거와는 아무런 관련이 없었다. 그 아이들은 단지 자신의 부모와 할아버지, 할머니가 가지고 있던 믿음을 자랑스럽게 떠들었을 뿐이었다. 그런데 양친이나 조부모의 믿음 역시 증거가 없기는 마찬가지였다. 그들은 저마다 이런 이야기들을 했다. "우리 힌두교도들은 이러저러한 믿음이 있어요.", "우리 이슬람교도들은 이러저러한 것들을 믿어요.", "우리 기독교인들은 다른 믿음이 있어요."

그 아이들은 저마다 다른 것을 믿고 있기 때문에 모두가 옳을 수는 없다. 마이크를 쥐고 있는 사회자는 그것이 지극히 당연하다고 생각하는 것처럼 보였고, 아이들의 믿음이 서로 다르다는 사실을 토론에 부치려는 생각조차 하지 않는 것 같았다. 그러나 그것이 지금 내가 이야기하려는 요점은 아니다. 단지 나는 그 여러 가지 믿음이 어디에서 왔는지 묻고 싶은 것이다. 그 믿음들은 모두 종교에서 왔다. 전통이란 할아버지에서 아버지, 그리고 아이들로 끝없이 전달되는 믿음이다. 또는 책을 통해 수 세

22

Richard Dawkins

기 동안 다음 세대로 이어진다. 우리가 전통적인 믿음이라 부르는 것들은 종종 무無에서 시작되곤 한다. 누군가가 맨 처음에 그저 우연히 그런 믿음을 만들어냈을 것이다. 천둥 번개의 신 토르와 제우스에 대한 이야기도 그런 식으로 누군가에 의해 만들어져 수 세기 동안 전해졌다. 단지 너무도 오래전에 만들어진 이야기이기 때문에 특별하게 생각될 뿐이지 어떤 사람이 지어낸 이야기라는 점에서는 마찬가지이다. 사람들은 단지 그동안 많은 사람이 오랫동안 믿어왔다는 이유로 어떤 사실을 믿는다. 그것이 바로 전통이다.

전통에서 빚어지는 문제는 어떤 이야기가 아무리 오래되었다 해도 원래의 이야기가 옳거나 그릇될 수 있듯이, 오늘날에도 옳거나 그릇될 수 있다는 점이다. 아무리 네가 사실이 아닌 이야기를 지어내서 그 이야기가 수 세기 동안 전해진다 한들 그 이야기 자체가 사실이 되는 것은 아니다!

대부분의 영국인들은 오래전부터 영국 국교회에서 세례를 받아왔다. 그러나 영국 국교회는 기독교의 많은 종파 중 하나에 불과하다. 그 밖에도 러시아 정교회, 로마 가톨릭, 감리교 등 여러 교파가 있다. 그들은 저마다 다른 신앙을 가지고 있다. 유대교와 이슬람교는 더 다르다. 그리고 유대교와 이슬람교에도 여러 종파가 있다. 그런데 아주 사소한 신앙의 차이로 사람들은 전쟁을 벌이기도 한다. 너는 그 사람들이 자신들의 신앙에 대해 믿음을 가질 만한 타당한 이유(근거)가 있을 것이라고 생각할지도 모른다. 그러나 실제로 그들의 상이한 믿음들은 순전히 서로 다른 전통에서 기인하는 것이다.

그러면 특정 전통에 대해 이야기해 보자. 로마 가톨릭은 예수의 어머니인 마리아를 매우 특별한 존재라고 생각해서 '성모 마리아'라고 부르고, 성모 마리아가 죽은 후 육신을 가진 채 천국으로 올라갔다는 성모승천 믿음을 가지고 있다. 그러나 다른 종파에서는 로마 가톨릭처럼 성모 마리아에 대해서 많은 이야기를 하지 않으며, 그녀를 '성모 마리아'라고 부르지도 않는다. 마리아의 육체가 천국으로 올라갔다는 믿음은 그다지 오래된 것이 아니다. 성경에는 그녀가 언제 어떻게 죽었는지에 대해 아무것도 쓰여 있지 않다. 사실 성경은 그 불행한 여인에 대해 거의 아무런 이야기도 하지 않았다.

그녀의 육신이 천국으로 올라갔다는 믿음은 예수가 살던 시대에서 6세기가 지난 후에야 사람들에 의해 만들어졌다. 처음에는 마치 '백설공주' 이야기가 지어진 것처럼 단순히 하나의 이야기가 지어졌을 뿐이었다. 그러나 많은 시간이 흐르면서 그 이야기는 하나의 전통으로 발전했고, 사람들은 수 세기 동안 전해져 왔다는 단순한 이유를 근거로 그 이야기를 진지하게 받아들이기 시작했다. 전통이 오래될수록 사람들은 그것을 진지하게 받아들인다. 그것이 공식적인 로마 가톨릭의 신앙으로 기록된 것은 아주 최근인 1950년이었다. 그러니까 내가 지금 네 나이였을 무렵에야 비로소 공식적인 신앙으로 받아들여진 것이다. 그렇지만 마리아가 세상을 떠나고 600년이 지난 후에 처음 나온 이야기보다 1950년에 공식적으로 받아들여진 이야기가 사실에 더 가깝기는 분명 어려울 것이다.

이 편지의 말미에서 다시 전통의 문제를 이야기하겠다. 그때는 조금 다른 식으로 살펴보게 될 것이다. 그렇지만 우선은 어떤 것을 믿는 두 가지 잘못된 근거에 대해 더 이야기하겠다. 그 두 가지는 바로 권위와 계시이다.

어떤 것을 믿는 근거로 작용하는 권위란 누군가 중요한 사람이 네게 그것을 믿으라고 이야기하기 때문에 믿는 것을 말한다. 로마 가톨릭 교회에서 교황은 가장 중요한 사람이다. 그리고 사람들은 그가 단지 교황이라는 이유 때문에 그가 하는 말은 반드시 옳다고 믿는다. 이슬람교의 한 종파에서는 가장 중요한 사람이 '아야톨라'라 불리는, 수염을 기른 나이 든 사람이다. 이 나라의 수많은 이슬람 교도들은 기꺼이 살인을 저지를 마음의 준비가 되어 있다. 그것은 멀리 떨어진 다른 나라의 아야톨라가 그들에게 그렇게 하라고 명령했기 때문이다.

나는 앞에서 로마 가톨릭이 성모 마리아의 육신이 천국으로 올라갔다는 믿음을 공식적으로 인정한 시기가 비교적 최근인 1950년이었다는 이야기를 했다. 그 말은 1950년에 교황이 가톨릭 교도들에게 그 사실을 믿어야 한다고 말했다는 뜻이다. 그것이 전부이다. 교황이 그것이 진실이라고 말했기 때문에 성모 마리아의 육신이 하늘로 올라갔다는 이야기가 사실이 되어야 한다는 것이다! 당시 교황이 그의 생애 동안 한 이야기 중에서 일부는 사실이고 다른 일부는 사실이 아니었다. 그가 교황이라는 이유 때문에 다른 사람들의 이야기보다 교황이 하는 이야기를 특별히 더 믿어야 하는 이유는 어디에도 없다. 성 요한 바오로 2세 교황은 그의 추종자들에게 산아제한을 하지 말라고 명령했다. 만약 사람들이 그의 권위를 맹목적으로 따른다면, 지나친 인구증가로 인한 식량 부족, 질병, 그리고 전쟁이라는 끔찍한 결과를 낳게 될 것이다.

물론 과학에서도 스스로 근거를 제시하지 못하고, 다른 사람의 말을 빌려야 하는 경우가 종종 있다. 가령 나도 직접 내 눈으로 빛이 초당 30만 킬로미터의 속도로 달린다는 증거를 보지 못했다. 그 대신 나는 빛의 속도에 대해 그렇게 이야기하는 책을 믿는다. 이것도 권위처럼 생각될지 모른다. 그러나 실제로 그것은 권위보다 훨씬 뛰어나다. 그 책을 쓴 사람이 증거를 보았고, 사람들은 원한다면 언제든지 그 증거를 자세히 볼 수 있기 때문이다. 그러나 성직자들은 성모 마리아의 육체가 천국으로 사라졌다는 이야기를 뒷받침할 수 있는 아무런 증거도 제시하지 못하고 있다.

잘못된 근거의 세 번째 종류는 '계시'라 불리는 것이다. 만약 여러분이 1950년에 교황에게 성모 마리아의 육체가 천국으로 사라졌다는 사실을 어떻게 알았느냐고 물었다면, 그는 그 모습이 계시를 통해 나타났다고 말했을 것이다. 그는 자신의 방안

26

에 홀로 칩거하면서 자신을 인도해 달라고 기도했다. 그는 홀로 깊은 명상에 잠겼고, 점점 더 자신의 내면으로 침잠해 들어갔다. 종교를 믿는 사람들은 자신의 내적 감정에서 어떤 것이 사실임이 틀림없다고 느끼게 되었을 때, 이를 계시라고 부른다. 설령 그런 느낌에 아무런 근거가 없더라도 말이다. 계시를 받았다고 주장하는 사람이 교황만은 아니다. 수많은 종교인들이 그런 이야기를 한다. 그들이 어떤 사실을 믿는 가장 중요한 근거 중 하나가 바로 계시이다. 그렇다면 계시는 과연 올바른 근거일까?

가령 내가 네 강아지가 죽었다고 이야기한다고 하자. 필경 너는 깜짝 놀라 질문을 퍼부을 것이다. "정말이에요? 어떻게 그걸 알았는데요? 우리 강아지가 어떻게 죽게 된 거예요?" 그때 내가 이렇게 대답했다고 가정해 보자. "실은 아무런 근거도 없어. 단지 나의 마음속 깊은 곳에서 강아지가 죽었다는 이상한 느낌이 들었을 뿐이야." 만약 이런 말을 듣는다면 너는 공연히 너를 놀라게 한 내게 마구 항의를 할 것이다. 왜냐하면 너는 내면적인 '느낌'이 그 자체로 충분한 근거가 되지 못한다는 사실을 잘 알고 있기 때문이다. 네게는 분명한 근거가 필요하다. 우리 모두 경우에 따라 내면적인 느낌을 경험한다. 그런 느낌이 사실로 밝혀질 때도 있지만, 그렇지 않을 때도 있다. 사람들에게는 저마다 다른 느낌이 있다. 그렇다면 누구의 느낌이 옳은지 어떻게 알 수 있는가? 개가 죽었는지 확인하는 유일한 방법은 개가 정말 죽었는지 눈으로 보거나, 심장박동이 멈추었는지 귀를 대보거나, 개가 죽었다는 실제 증거를 듣거나 본 사람의 이야기를 듣는 것이다.

사람들은 때로 네가 마음속 깊은 곳에 간직하고 있는 느낌을 믿어야 한다고 말한다. 그렇지 않으면 '내 아내가 나를 사랑하고 있다'는 사실에 대해 확신을 가질 수 없다고 말이다. 그러나 그것은 완전히 잘못된 주장이다. 누군가가 너를 사랑한다는 증거는 얼마든지 찾을 수 있기 때문이다. 가령 너를 사랑하는 사람과 하루종일 함께 지낸다면 너는 그 사람이 너를 사랑한다는 작은 증거들을 무수히 듣고 볼 수 있을 것이다. 그런 것은 성직자들이 계시라고 부르는 감정과 같은 순수한 내적 감정은 아니다. 내면의 감정을 드러내거나 뒷받침해 주는, 밖으로 드러나는 사실들이 있기 마련이다. 가령 상대의 눈빛이나 그 사람의 목소리에서 드러나는 부드러운 어조와 같은 것이 실제적인 증거이다.

때때로 아무런 근거도 없이 누군가가 자신을 사랑한다는 강한 내적인 느낌을 경험하는 경우가 있다. 그럴 때 사람들은 엉뚱한 잘못을 저지를 가능성이 있다. 예를 들자면 한 번도 만난 적이 없는 유명한 영화배우가 자신을 사랑한다는 식의 강한 내적 확신을 갖는 사람도 있다. 이런 류의 사람들은 비뚤어진 마음의 소유자이다. 내적 감정은 반드시 확실한 이유와 근거에 의해 뒷받침되어야 한다. 그렇지 않으면 그런 느낌을 믿어서는 안 된다.

마음속의 느낌은 과학에서도 매우 중요하다. 그러나 네가 나중에 증거를 찾아 그 느낌을 검증해야겠다는 생각을 하게 만든다는 점에서만 가치가 있다. 과학자도 단지 옳을 것 같다는 '느낌'이 드는 착상에 대한 '육감'을 가질 수 있다. 육감이나 느낌 자체가 무언가를 믿을 만한 타당한 근거는 아니지만, 어떤 실험을 하기 위해 얼마간 시간을 할애하거나 특정한 방식으로 그 근거를 찾는 데 충분한 이유가 될 수는 있다. 모든 시대에 걸쳐 과학자들은 자신의 내적 느낌에서 아이디어를 얻었다. 그러나 그런 느낌은 확실한 근거에 의해 뒷받침되기까지는 아무런 가치도 갖지 못한다.

앞에서 나는 다시 전통의 문제를, 앞에서와는 조금 다른 방식으로 다루겠다고 약속했다. 나는 네게 전통이 왜 그렇게 중요한가에 대해 설명하고자 한다. 모든 동물은 같은 종류의 동물들이 살아가는 정상적인 장소에서 살아남을 수 있도록 (진화라는 과정을 통해) 발전해 왔다. 사자는 아프리카의 평원에서 생존하기 유리한 신체 구조를 지니고 있다. 가재는 맑은 물속에서 살아가도록 되어 있고, 바닷가재는 소금기 있는 바닷물에서 살아갈 수 있는 구조를 가지고 있다. 사람 역시 동물의 일종이다. 그리고 우리는 나 이외의 다른 사람들로 가득 찬 세상에서 함께 살아가게끔 되어 있다. 대부분의 사람은 사자나 바닷가재처럼 먹이를 구하기 위해 사냥을 하지 않는다. 우리는 다른 사람들에게서 음식을 사고, 그 사람은 또다른 사람들에게서 음식을 산다. 우리는 '사람이라는 바다'에서 헤엄치며 살아가는 것이다. 물고기가 물속에서 살아남기 위해 아가미를 필요로 하듯이, 사람들은 다른

사람들과 어울려 살아갈 수 있게 해주는 뇌를 필요로 한다. 바다
가 소금물로 가득 차 있듯이, 사람의 바다는 언어처럼 배워야 할
무수히 많은 것들로 가득차 있다.

너는 영어를 사용한다. 그러나 네 친구 안 카틀린은 독일
어로 말한다. 너희들은 제각기 '사람의 바다'에서 헤엄쳐 나가
는 데 가장 적합한 언어를 사용하는 것이다. 언어는 전통에 의해
계속 전달된다. 그 밖의 다른 방법은 없다. 영국에서 페페pepe는
개를 뜻한다. 그런데 독일에서는 훈트hund가 개이다. 페페나 훈
트 중 어느 쪽이 더 정확하거나 옳다고 할 수는 없다. 둘 다 전통
에 의해 오랜 세월 동안 전해져 온 말이기 때문이다. '제각기 사
람의 바다에서 헤엄치는 데' 능숙해지기 위해 아이들은 모국어
를 배운다. 그리고 그 밖에도 자기 나라 사람들에 대해 많은 것
을 공부한다. 이 말은 아이들이 마치 잉크를 빨아들이는 스펀지
처럼, 엄청난 양의 전통적인 정보를 흡수해야 한다는 뜻이다. (전
통적인 정보란 단지 할아버지에서 아버지, 그리고 자식들에게 전해져 온 사실
들을 뜻한다.) 아이들의 뇌는 전통 정보를 빨아들이는 스펀지가 되
어야 한다. 그렇지만 아이들이 나쁜 전통 정보(마녀, 악마 등)와 유
용한 전통 정보(낱말, 어휘 등)를 분간할 수 있으리라고 기대할 수
없다.

어린아이들이 전통 정보를 빨아들이는 스펀지와 같기 때
문에 어른들이 해주는 이야기가 사실이든 거짓이든, 옳든 그르
든 간에 모든 것을 믿기 쉽다는 사실은 무척 안타까운 일이다.

그렇지만 어쩔 수 없다. 어른들이 아이들에게 해주는 이야기의 상당 부분은 사실이며 근거에 기초해 있거나 최소한 사리에 맞는 것이다. 그러나 그중 일부가 거짓이거나, 어리석은 이야기이거나, 심지어는 사악하거나 나쁜 것이라도, 아이들이 그것을 믿지 못하게 막을 방법은 없다. 그렇게 배운 아이들이 자라나면 무엇을 할 수 있을까? 그 아이들이 성인이 되어 다음 세대의 아이들에게 똑같은 이야기를 해줄 가능성도 충분히 있다. 따라서 일단 사람들이 어떤 이야기에 대해 강한 확신을 갖게 되면 - 설령 그것이 전혀 사실과 다르고, 최초에 그것을 믿을 아무런 근거가 없었다 하더라도 - 그 이야기는 영원히 이어질 수 있다.

그렇다면 종교에도 이런 이야기를 적용할 수 있을까? 신이나 신들이 있다는 믿음, 천국에 대한 믿음, 성모 마리아가 죽지 않았다는 믿음, 예수가 동정녀 마리아에게서 태어났다는 믿음, 기도를 하면 반드시 응답이 있을 것이라는 믿음, 포도주가 피로 바뀐다는 믿음……. 그중 어느 하나도 확실한 증거가 없다. 그러나 수백만에 달하는 사람들이 그 사실을 믿고 있다. 그 이유는 그들이 어떤 이야기든 쉽게 믿어버릴 만큼 어렸던 시절에 믿음을 갖게 되었기 때문일 것이다.

그렇지만 역시 수백만에 달하는 다른 사람들은 전혀 다른 사실을 믿는다. 그들 역시 어린 시절에 다른 사실을 들었기 때문이다. 이슬람교의 아이들은 기독교의 아이들과 전혀 다른 이야기를 들으면서 자라난다. 그리고 성인이 된 다음에는 각기 자신이 옳으며 상대가 틀렸다고 확신하게 된다. 로마 가톨릭 교도들의 신앙은 영국 국교회나 감리교회 신자들의 그것과 다르다. 셰이커 교도와 퀘이커 교도들, 그리고 모르몬 교도와 오순절파 교도들 역시 자신의 신앙이 옳으며 나머지 사람들은 모두 잘못 알고 있다고 생각한다. 그들은 네가 영어를 사용하고 안 카틀린이 독일어로 말하는 것과 똑같은 이유로 전혀 다른 사실을 믿는다. 두 언어는 모두 자기 나라의 국어이며 사람들은 그 언어로 말한다. 그러나 서로 다른 종교가 서로 상반되는 사실을 주장하기 때문에 여러 종교가 각기 자기 나라에서 옳다는 말은 사실이 아니다. 가령 마리아는 남부 아일랜드의 가톨릭에서는 절대 살아 있는 존재가 아니지만, 북아일랜드의 신교도들에게는 절대 죽은 존재가 아니다.

32

우리는 이런 문제들을 어떻게 해결할 수 있을까? 너는 이제 겨우 10살이기 때문에 어떻게 해야 할지 해답을 찾기 힘들 것이다. 그러나 그 답을 찾으려고 노력해 볼 수는 있다. 이제부터는 누군가가 네게 그럴듯한 이야기를 해주면 마음속으로 이렇게 생각해 보아라. '과연 사람들은 이 이야기에 대해 분명한 근거를 가지고 있는 것일까? 아니면 단지 전통, 권위, 또는 계시 때문에 알고 있다고 생각하는 것에 불과할까?' 그리고 누군가가 네게 어떤 것이 사실이라고 말하면 그들에게 이렇게 말할 수 있을 것이다. "어떤 근거로 그 이야기가 옳다는 건가요?" 만약 그 사람이 네게 타당한 답을 주지 못한다면, 그들의 말을 믿기 전에 신중하게 다시 한번 생각해 보기 바란다.

사랑하는 아빠가

리처드 도킨스(RICHARD DAWKINS)는 진화생물학자이자 동물행동학자이며, 『이기적 유전자』라는 공전의 베스트셀러를 쓴, 세계에서 가장 영향력 있는 과학 저술가 중 하나다. 인간의 유전자(gene)와 같이 '번식'하면서 세대를 이어 전해져 오는 문화 구성 요소인 '밈(meme)' 개념을 처음 제창했다. 물고기를 연구하던 과학자들은 도킨스가 진화과학의 대중적 이해에 공헌한 바를 기려 새로운 어류 속명을 '도킨시아'라고 짓기도 했다.《프로스펙트》가 전 세계 100여 개국의 독자를 대상으로 실시한 투표에서 '세계 최고의 지성'으로 뽑혔으며 왕립문학원상, 왕립학회 마이클 패러데이상, 인간과학에서의 업적에 수여하는 국제 코스모스상, 키슬러상, 셰익스피어상, 과학에 대한 저술에 수여하는 루이스 토머스상, 영국 갤럭시 도서상 올해의 작가상, 데슈너상, 과학의 대중적 이해를 위한 니렌버그상 등 수많은 상과 명예학위를 받았다.

1941년 케냐 나이로비에서 태어나 영국 옥스퍼드 대학교를 졸업했다. 옥스퍼드 대학교 석좌교수를 지내다 이후 왕립학회와 왕립문학원의 회원이 되었다. '이성과 과학을 위한 리처드 도킨스 재단'을 만들어 대중의 과학적 문해력을 높이기 위한 교육에도 헌신하고 있다. 저서로는 『이기적 유전자』, 『만들어진 신』, 『확장된 표현형』, 『눈먼 시계공』 등이 있다.

과학적 설명이
존재의 가치를
떨어뜨리는가

메리언 스탬프 도킨스
Marian Stamp Dawkins

여러분도 과학이 이 세계의 '신비로움'을 벗겨낸다는 이유로 과학을 싫어하는 사람 중 한 명인가? 혹시 여러분도 과학이 사람들의 행동을 '설명'하려 들어서 인간적 품위를 떨어뜨린다거나, 과학이 물방울을 통과하는 광선 이야기를 들먹이면서 '무지개의 아름다움을 앗아간다'고 생각하는가?

만약 여러분이 그렇게 생각한다면, 잠깐 그런 생각을 멈추고, 아주 잠깐만이라도 여러분에게 터무니없고 불유쾌하게 느껴지기까지 할 수도 있는 정반대 견해를 가져보라고 하고 싶다. C. S 루이스의 소설 『은 의자The Silver Chair』에 나오는 감옥에 갇힌 왕자처럼 여러분도 잠시 갇혀 있다고 생각하면 된다. 그 왕자는 정확히 저녁 6시만 되면 환각에 빠지기 때문에 몇 분간 갇혀 있어야 한다. 그러나 그 몇 분이 지나면 다음 24시간 동안은 완전히 정상적인 상태로 돌아오게 된다. 다시 말해서 그 환각은 그리 오래 지속되지 않는다. 여러분은 매우 안전하다. 믿기지 않는 환상이 여러분을 지배하는 시간은 단 5분에 불과하니까.

여러분에게 가장 터무니없게 들릴 이야기는 바로 이것이

다. 어떤 현상을 과학적으로 해명한다고 해서 그 현상 자체의 가치를 손상하는 것은 아니라는 것 말이다. 오히려 이런 노력은 그 가치를 높인다. 그러면 그 이유를 살펴보기로 하자. 가령 여러분의 뇌가 어떻게 작동하는지 이해하는 일은 비과학적인 설명으로는 그 근처에도 갈 수 없을 만큼 훌륭하고 멋진 사실들을 알려준다.

물론 나는 여러분이 아무런 의문 없이 이 사실을 받아들이리라고는 기대하지 않는다. 그렇지만 나는 여러분에게 에이브러햄 링컨처럼 매우 합리적인 인물에 대해 생각해 보라고 권하고 싶다. 그에게 시골에서 태어나 독학으로 공부한 변호사의 경력 '밖에' 없다는 사실을 알았을 때, 여러분이 그가 거둔 업적에 대해 더욱 높은 평가를 하게 되었는지, 아니면 전에 했던 평가보다 한 등급 낮추어 링컨을 대단치 않은 사람으로 여기게 되었는지 자문해 보라. 그런 다음 불우한 환경에서 자라나 자신의 노력으로 위대한 업적을 이룬 사람과 부유하고 권세 높은 가문 출신으로 영향력 있는 부모 덕에 출세한 사람 중에서 누구를 더 존경하는지 스스로 물어보라. 이런 비교에서 링컨이 쉽사리 떠오르지 않는다면 오히려 놀라운 일이다. 그의 배경이 '고작 시골 출신'에 불과하다는 사실을 링컨이라는 인물과 떼어놓기란 쉽지 않다.

그러면 이번에는 피라미드에 대해 생각해 보자. 고대 이집트인들이 '고작 가장 조악한 도구와 측량 장비로' 피라미드를 건설했다는 사실이 그들의 업적을 반감시키는가? 그들이 바퀴 달린 차량도 없이 거대한 돌덩이를 운반했고, '고작 매듭이 달린 줄과 말뚝에 불과한' 도구로 지면에 완벽한 사각형 기초 부분을 만들고 그 위에 피라미드를 쌓아올렸다는 이야기를 듣자 그들에게 품고 있던 나의 경외심과 찬탄은 오히려 더 높아졌다. 지극히 작은 실수로도 전체 구조는 돌이킬 수 없이 비뚤어졌을 것이고, 그 결과는 흉한 모습으로 오늘날까지 그대로 남게 되었을 것이다. 피라미드는 놀랄 만한 공학적 업적이며, 지금껏 거의 완벽에 가까운 형태를 유지하고 있다. '고작 간단한 장비밖에 없었다'는 사실이 '단순한 업적 이상의 무엇'이 된 것이다.

이쯤이면 여러분은 내가 무슨 이야기를 하려는지 알아차렸을 것이다. 만약 여러분이 무지개를 보고 있는데, 누군가가 여러분에게 무지개가 어떻게 생기는지 설명한다면 여러분은 그가 아름다운 무지개를 '고작 빛과 물방울이 빚어내는 현상에 불과한 무엇'으로 '전락시킨다'고 이야기할 수 있는가? 왜 그 반대되는 이야기를 할 수 없는가? 전혀 그럴 가능성이 없어 보이는 물방울과 굴절의 법칙에서 하늘을 아름답게 수놓으며 시인들의 입에서 노래가 흘러나오게 만드는 아름다운 무엇이 태어난 것이다.

동물이나 식물, 그리고 동식물의 독특한 구조와 그 행동을 볼 때, 과학이 동물이나 식물을 '고작' 맹목적인 진화과정의 산물로 만든다는 이유로 그들이 지상에 어떻게 나타났는지에 대한 과학적 설명을 거부하고 있는가? 그 대신 여러분은 생각을 바꾸어 그 진화 과정이 내포하고 있는 위대함을 깨달을 수 있을 것이다. 둥지를 틀어 새끼에게 먹이를 날라주는 새는 '고작' 자연선택에 의한 진화의 결과물에 불과할 수도 있다. 그러나 그 결과는 어떠한가! 우리 인간과 마찬가지로 새들은 DNA 분자를 통해 전달되는 명령에 그들의 존재를 의존하고 있다. 영화 「쥬라기 공원」에서 호박(보석) 속에 보존된 공룡의 혈액에서 DNA 분자를 발견하고, 이를 이용해 공룡을 되살려낸다는 과학자들의 작업 방식 자체는 지극히 타당한 것이었다. 물론 아직까지 그런 일을 실제로 해낸 사람은 아무도 없지만 말이다. DNA 분자는 공룡, 새, 자이언트 세쿼이아, 그리고 인간 자신까지 포함하는 모든 생물을 구성하는 명령을 가지고 있다.

그리고 그 분자들의 역할은 거기서 그치지 않는다. 여러분이 매번 내쉬는 호흡과 여러분이 생을 유지하는 매 순간은 제시간에 올바로 작동하는 수백 가지 화학작용에 전적으로 의존하고 있다. 일례로 만약 몸이 지속적인 에너지 공급원을 갖지 못한다면 - 그리고 그 에너지는 포도당과 같은 분자를 통해 얻어진다 - 생명을 유지할 수 없다. 포도당이 에너지를 만들 수 있는 것은 포도당을 구성하는 세 종류의 원자들이 - 탄소, 수소, 그리고 산소 - 원자들 사이의 에너지가 풍부한 화학 결합으로 한데 묶여 있기 때문이다. 이 결합이 끊어져서 거대한 포도당 분자들이 그보다 작은 물이나 이산화탄소 분자로 분해되면 거대한 포도당 분자를 결합시키는 데 사용되던 에너지가 풀려나 방출된다. 따라서 동물이나 식물의 몸은 자신의 생명을 유지하기 위해 포도당 분자를 분해해 그 에너지를 약탈하는 셈이다. 이처럼 한시도 멈추지 않고 에너지를 공급받지 못하면 생물은 아무 일도할 수 없다. 에너지 공급이 멈추면 생물의 몸은 낡아빠진 기계처럼 삐걱거리다가 결국 멎어 아무런 생명도 없는 불활성不活性의 상태로 전락하고 말 것이다. 여러분의 신체가 수행하고 있는 이런 끊임없는 분해 작용이 없다면, 그리고 분해된 분자들이 다른 분자들에 의해 그것을 필요로 하는 신체의 다른 장소로 운반될수 없다면 여러분은 손가락 하나 까딱하지 못하고, 아무런 생각도 할 수 없게 될 것이다. 새는 둥지를 지을 수 없게 되고, 우리는 새의 아름다운 모습을 볼 수 없고, 심지어는 왜 새의 모습이 보이지 않는지 의문조차 품을 수 없게 될 것이다. 그 단위가 '고작' 분자에 불과하다는 사실을 감안한다면 분자들은 그야말로 엄청난 일을 하는 셈이다.

자! 이제 몇 분간의 환각은 끝났다. 여러분들을 풀어주겠다. 여러분은 과학적 설명이 손대는 모든 것의 가치를 빼앗고 형편없는 것으로 전락시킨다는 생각으로 다시 돌아갈 수 있다. 그러나 반드시 알아두어야 할 한 가지 사실이 있다. C. S 루이스의 소설에 등장하는 왕자는 특이한 환각을 일으켰다. 매일 몇 분 동안 그는 자신이 살고 있는 왕국의 어두컴컴한 배경 너머에 무언가가 있다는 생생한 환상에 사로잡혔다. 불쌍하게도 정신이상이

된 그는 실제로 햇빛이라 불리는 것이 존재하며, 푸르른 하늘 아래 시원한 산들바람이 그의 뺨을 스치는 그런 장소가 있다고 믿었다. 그러나 그것은 단 몇 분에 불과한 짧은 순간이었다. 그리고 그 환상은 사라졌다.

메리언 스탬프 도킨스(MARIAN STAMP DAWKINS)는 영국의 동물학자이자 옥스퍼드 대학교의 동물행동학과 교수로, 여러 동물들의 세계가 어떠할까에 대해 평생 큰 관심을 가졌다. 그녀의 관심은 단지 서로 다른 동물들이 보고, 듣고, 냄새 맡는 무엇에 국한되지 않으며, 과연 그들이 자신의 세계에 대해 알고 있는지, 그리고 스스로의 행동을 의식하는지까지 포괄한다. 동시에 그녀는 이 주제에 대한 해답이 의인화(擬人化)에 의해서가 아니라 과학적 연구, 특히 동물 행동에 대한 연구를 통해 얻어질 수 있다고 믿고 있다.

그녀의 연구는 상당 부분 동물의 복지와 보호, 특히 동물들이 '고통을 경험할 수 있는가'라는 문제에 집중되어 왔으며, 현재는 동물 신호의 진화 과정에 초점을 맞추고 있다. 가령 새들이 어떻게 서로를 다른 개체로 식별할 수 있을까, 산호초에 사는 물고기들이 밝은색을 띠는 것은 무슨 이유일까 등이 그녀가 추구하는 주제이다.

저서로 『동물의 고통』, 『동물 행동의 비밀을 밝힌다』, 『동물 행동학 입문』, 『동물이 중요한 이유』 등이 있다.

'자연적'이란 무엇인가

메리 캐서린 베이트슨
Mary Catherine Bateson

예나 지금이나, 우리가 살고 있는 세계에 대해 명확하게 사고하는 데 혼란을 겪는 까닭은 극히 기본적인 몇 가지 문제 때문이다. 그 혼란은 우리가 일상적으로 사용하는 자연nature과 자연적 natural이라는 말의 의미에서 온다.

우리는 자연에서 벗어나는 것이 가능하다는 생각에 쉽게 빠지곤 한다. 가령 하늘로부터 약간의 도움을 받으면 일상의 우연성에서 벗어나서 우리들의 행동이 초래하는 결과를 피할 수 있으며, 초자연적인 힘을 빌어 지극히 자연적인 현상인 질병이나 죽음으로부터 구원받을 수 있다고 생각하는 것이다. '자연을 거스르는 행동unnatural acts', 또는 '천륜을 저버린 부모unnatural parent(자식을 양육할 의무를 소홀히 하는 부모, 자식 사랑이 없는 부모라는 뜻)'와 같은 일부 표현은 마치 자연 이하의 상태가 존재한다고 주장하는 듯하다.

이런 말들은 공통적으로 자연이 '벗어나거나 피할 수 있는 무엇'이라는 생각을 내포하고 있다. 자연이라는 영역의 경계선을 긋는 과정에서 발생하는 지적 문제들은 데카르트 학파의 이원론二元論에 의해 야기되는 문제들보다도 훨씬 더 혼란스러울 것이다. 그런 문제들이 서로 연관되어 있음은 두말할 나위가 없지만 말이다. 데카르트는 과학을 교회의 간섭으로부터 자유롭게 하기 위해서 하나의 영역을 설정하는 데 관심을 기울였다. 정신 또는 영혼으로부터 분리된 물질, 즉 육체가 바로 그 영역이었다. 이원론의 영향은 두 가지 서로 다른 인과관계를 발생시키고, 언젠가는 다시 하나로 합쳐져야 할 두 개의 서로 분리된 논의 영역을 만들어냈다. '자연'이라는 개념을 설명하는 일상적인 구분 역시 더 복잡하고, 똑같이 함정이 도사리고 있다. 데카르트의 이원론과 마찬가지로, 이러한 구분들은 윤리적인 사고에 기울어 포괄보다는 분리를 낳는 경향이 있다. 과거 서구 문화에서 자연은 인간에 의해 지배되는 것이라고 여겨졌다. 육체가 정신의 지배를 받듯이 말이다.

43

그러나 최근 식료품에서 섬유, 그리고 분자에 이르기까지 자연적이든 그렇지 않든 간에 제각기 고유한 명칭과 이름표를 붙여야 할 대상과 사물들이 날로 늘어가면서 상황은 과거와 사뭇 달라졌다. 따라서 가치 판단이 내려지지 않은 자연의 제한된 기형적인 영역이 생겨나기에 이르렀다. 빌 맥키번의 『자연의 종말The End of Nature』이나 윌리엄 어빈 톰슨의 『미국에서 대체되는 자연The American Replacement of Nature』과 같은 책에서 그런 영역을 찾아볼 수 있다. 그러나 자연은 우리가 벗어날 수 있는 대상이 아니며, 끝나거나 대체될 수 있는 것도 아니다.

실제로 모든 것은 자연적이다. 만약 그렇지 않다면 그 무엇도 존재할 수 없을 것이다. 자연적이란 '세상이 돌아가는 이치How things are'이다. 상호연결된 방식들은 연구가 가능해서 우리가 '자연법칙laws of nature'이라 부르는 거대한 일반화, 그리고 과학을 이루는 수천 가지 일반화를 이룬다. 이러한 혼란 어딘가에 가장 중요한 문제들이 있다. 그 문제들을 명확하게 분류해 내야만 '자연' 보존, '자연계'에 대한 존중, '자연과학'에 대한 교육, 그리고 인간 행동이 야기하는 영향과 그 기원에 대한 과학적 이해 등을 (내적으로 모순되지 않는 방식으로) 주장하는 것이 가능해진다. 그러나 여기서 '자연법칙'이라고 이야기할 때의 자연과 '자연법natural law'이라고 할 때의 자연의 의미가 동일하지 않다는 사실을 주목할 필요가 있다. 후자는 서양의 기독교권에서 흔히 상식을 논할 때 '자연적'이라는 꼬리표를 붙이는 신학적, 철학적 고찰 방식에서 기인하는 것이다.

우리도 다른 종들과 마찬가지로 하나의 종이며 자연의 일부이다. 인류에게도 식별 가능한 친척과 조상이 있으며, 자연선택 과정에서 유연성과 폭넓은 학습 능력이라는 생존 이익에 의존하는 뚜렷한 적응 패턴을 형성해 왔다. 우리 진화적 조상들은 수백만 년에 걸쳐 다른 손가락들과 마주 보는 엄지를 진화시켜서 도구를 솜씨 있게 다루게 되었지만, 원시적인 도구는 사람 이외의 다른 영장류에서도 관찰되었다. 도구나 도구가 주는 영향 모두 '비자연적'인 것은 아니다. 사람은 의사소통을 통해 다른 어떤 종보다도 상세하게 자신이 연구하거나 탐구한 결과를 다른 사람에게 전달한다. 때로 이론가들은 사람의 언어가 다른 생물종의 의사소통 체계와는 질적으로, 그리고 절대적으로 다르다고 주장한다. 그러나 그렇다고 해서 이러한 차이로 언어가 (또는 언어 사용으로 증폭될 수 있는 실수나 오류의 가능성까지도) '비자연적'인 것이 되지는 않는다. 언어는 사람의 신경계라는 물리적인 구조 덕분에 존재 가능하며, 우리가 세계에 대한 정신적인 상像을 구축할 수 있게 해준다. 서로 약간의 차이는 있지만 박쥐나 개구리, 그리고 방울뱀의 지각계知覺系 역시 저마다 다른 적응적 요구에 따라 발전한 산물들이다.

때로는 어떤 용어의 반대어를 찾아보는 과정에서 그 용어가 갖는 의미를 분명하게 이해할 수 있다. 흔히 자연이라는 말은 문화 또는 양육nurture의 반대로 사용된다. 그러나 커다란 머리와 그에 적합한 골격, 그리고 양족兩足 보행방식을 가지고 있는 인간은 태어난 이후 성인이 될 때까지 오랜 기간 보살핌을 받아야 하도록 진화되어 왔다. 그 기간 동안 우리는 문화라 불리는 적응과 의사소통의 여러 가지 패턴들을 습득한다. 그렇다면 교육과 같은 양육 과정은 '비자연적'일까? 우리를 주위 환경이나 사람을 제외한 다른 생물종과 불화를 일으키게 만든 '사람'이라는 종이 갖는 특성 역시 보다 큰 패턴의 일부이다.

점차 자연은 인공물과 반대되는 것으로 여겨지지만, 인간은 항상 인공물을 만들 수 있는 자연의 가능성 속에서 일을 해야 한다. 심지어는 꿈이나 환상을 만들어내는 경우에도 말이다. 그런데 역설적이게도 요즈음의 어법에서는 많은 인공물들이 '자연적'이라고 불리고 있다. 만약 '자연적'이라는 말이 '사람의 행위에 의해 영향받지 않은'이라는 뜻이라면, 그런 자연적인 것은 매우 찾기 힘들 것이다.

가령 숲속으로 산책을 나가보자. 북아메리카의 다양한 생물군집에서 나타나는 식물의 패턴은 이미 최초의 유럽인이 이곳에 도착하기 훨씬 전부터 그곳에 살았던 인간들에 의해 변화되었다. 그리고 이후 유럽의 이주자들에 의해 다시 한차례 변화를 겪었다. 오늘날 북아메리카 전역에서 새로 유입된 새, 곤충, 식물의 종들을 찾아볼 수 있다. 심지어는 원시림이라 불리는 지역에서도 사정은 마찬가지이다. 선사시대부터 지구상의 모든 대륙으로 인간이 이주하면서 사람들은 사람을 숙주로 삼는 기생충과 그 밖의 공생 생물들을 함께 전파시켰다. 인간은 불, 무기의 이용법을 알게 되고 농경을 발전시키면서 다른 모든 종과 마찬가지로 그들이 사는 모든 지역에 선택압選擇壓을 행사했다. 헨리 데이비드 소로는 이미 인간의 흔적이 남은 월든 호수Walden Pond[1] 부근에 살면서 자신이 연구하고 성찰한 것이 무엇인지 충분히 깨달았다. 그러나 우리는 사람의 흔적이 그다지 분명하지 않은 풍경에서도 많은 것을 배우고 소중히 여길 만큼 현명하다.

---

1   메사추세츠 주에 있는 작은 호수, 소로는 이곳에서 2년간 원시생활을 했다 - 옮긴이

흔히 황야라고 부르는 지역의 일반적인 의미가 그러할 것이다. (사람들은 오늘날 도처에 있는 드넓은 사막들처럼, 예수나 세례자 요한이 있었던 황야도 사람으로 인해 만들어진 것인지 궁금해 할 것이다.) 황야란 상대적인 용어임을 알 수 있지만, 여전히 가치 있는 용어이다. 우리는 인간 활동을 연상시키는 눈에 띄는 구조물이 없고 음료수 깡통이 굴러다니지 않는 장소를 필요로 한다. 그러나 실제로는 그런 곳까지도 인간의 활동에 의해 영향을 받고 있는 것이다.

자연적이라는 말이 '사람의 활동으로 영향받지 않은'이라는 뜻이라면 '자연 식품natural foods' 상점에서는 찾을 수 없을 것이다. 대부분의 식품은 수 세기에 걸친 선택 교배로 만들어진 것이고, 그 과정에서 사람들이 변이를 늘리거나 줄여서 원래의 야생식물은 인간에 의존하는 재배종으로 바뀌었다. 또한 대부분의 식품은 문화적인 방식으로 교묘하게 가공되고 수송되었다. 어쨌든 두부는 나무에서 열리지 않는다. 유기농법을 사용하는 농부들은 열심히, 그리고 기술적으로 일해야 한다. 자연이 농부들 대신 일해주지는 않으니 말이다. 유독한 잔류물을 남기는 화학비료나 살충제를 사용하지 않고 먹거리를 만들기 위한 노력은 상당한 신념과 독창성을 필요로 하는 매우 중요한 분야이다. '자연 식품'이니 '유기농 채소'니 하는 식의 터무니없고 자기모순적인 용어를 사용하지 않고('유기물'이 아닌 채소가 어디 있단 말인가?) 그런 식품들을 적절히 부를 수 있는 명칭을 찾아내는 편이 좋을 것이다. 사람에 의해 재배되거나 길러지는 동식물 중 상당수는 야생

47

으로 돌아간 집고양이처럼 사람의 도움이 없으면 그들의 환경에 제대로 적응할 수 없고, 결국 다른 생물종에게 파괴적인 영향을 미친다. 조금 더 '자연적'인 방식으로 살아간다면, 그 동물들은 좀더 파괴적이 될 것이다. 따라서 우리가 어떤 '목적을 가지고' 창조한 것과 예상치 못한 부산물을 구별하려는 노력이 필요하다. 그런 점에서 모든 종류의 정원은 사람의 활동으로 인해 예기치 않게 형성된 사막과는 구분되어야 할 것이다.

오늘날 지구상의 인구를 감당할 수 있는 것은 '자연'에 대한 대규모 간섭 덕분이다. 농경을 비롯한 그 밖의 기술들을 발명하지 않았다면 인구는 오늘날과 비교할 수 없을 만큼 작았을 것이고, 우리 선조들 대부분은 이 세상에 태어나지도 못했을 것이다.

개인적으로 볼 때 우리는 의료 기술, 공중 보건, 그리고 예방주사 덕분에 건강하게 살아갈 수 있다. 그중 몇 가지 기술만 없었어도 여러분은 목숨을 잃었을 것이다. 전쟁이 일어나 공중위생, 깨끗한 물, 운송, 전기 등의 시설들이 파괴된다면, 사망률은 이 새로운 '자연성naturalness'의 수준을 잘 보여줄 것이다. 심지어는 '유아 자연사망률'까지도 현대적인 위생학, 훈련, 비상지원 체제, 그리고 자궁수축 시간을 측정하는 데 시계를 사용한 결과로 나온 하나의 발명품인 셈이다. 어떤 사람들은 자신이 '자연적' 용모를 유지하고, 자연 친화적으로 행동한다고 자부심을 갖지만, 한번 자신의 모습을 거울에 비추어 보라. 여러분은 헤어드라이어와 치약을 사용하고 비타민을 복용하지 않는가? 아무리 자연적이라고 강조해도 깨끗하고 흰 얼굴색, 윤기 나는 머리칼, 잘 정돈된 치아는 모두 사람이 만든 인공물이다.

정말 '비자연적'인 것들을 살펴보면, 그런 사실이 좀더 분명하게 드러날 것이다. 예를 들어 수력발전용 댐이나 플라스틱 주머니, 핵발전소, 또는 폴리에스테르 섬유로 만든 옷을 보라. 여러분이 가지고 있거나 걸치고 있는 모든 인공물들은 자연적인 가능성에 부합하기 때문에 존재하는 것이다. 때로는 안성맞춤으로 꼭 들어맞는다. 만약 그렇지 못하다면, 우리가 원하는 용도에 맞지 않을 것이다. 따라서 결국 인공물과 사람을 이어주는 가교는 무너지고 말 것이다. 발명, 기술, 산업 이 모든 것이 자연을 좇아 탄생한 것이며, 자연의 일상적인 검사와 인가認可, 엔트로피, 붕괴, 멸종 등에 지배를 받는다. 단기적으로 우리의 목적을 위해 봉사하는 인공물 대부분은, 지금까지의 역사를 통해 여러 차례 보아왔듯 인간이나 지구 자체에 해를 입히는 방향으로 작용할 수도 있다.

인간은 자신들의 필요와 욕구를 만족시키는 방향으로 물질세계를 변형시킨다. 필요는 생물학적으로 타고나기도 하고 문화 전통에 의해 주어지기도 한다. 광고업계의 책략은 인간의 필요와 욕구가 아주 오랜 과거부터 우리 선조들이 그 속에서 살았던 자연의 압력과 결핍이라는 조건에 의해 형성되었다는 사실을 교묘하게 이용하는 것이다. 그런데 인간의 생활환경이 변화함에 따라, 그동안 인간의 적응력을 통해 일부 요구를 만족시키기 위한 시도 자체가 부적응적이 되기도 했다.

'자연적으로 산다'는 말이 갖는 가장 엄청나고 괴상한 아이러니가 바로 그 점이다. 아이를 갖고 싶은 욕구는 인간 집단이 간신히 자신들의 숫자를 유지할 수 있었던 지난 천년 동안 형성된 산물이다. 당시에는 인구의 거의 절반이 성년이 되기 전에 죽었다. 높은 유아 생존율은 일상적인 의미에서 이야기하자면 전혀 '자연적'인 것이 아니며 하나의 인공물이다. 일부 종교 집단들은 피임을 '비자연적'인 조치라고 배격한다. 그러나 피임은 고대에 우리 선조들이 유지하던 인구 균형을 다시 복구하기 위한 시도이기 때문에, 인공적인 결과를 재수정하기 위한 인공물의 사용인 셈이다. 의학 기술을 이용해서 죽음을 피하는 것 역시 비슷한 결과라 할 수 있다. 지구상에 인간이 존재한 이래 결핍은 가장 일반적인 현상이었지만, 오늘날에는 탐욕, 과식, 과소비가 인류의 새로운 고민거리가 되고 있다. 빠르고 강력한 성능을 가진 자동차에 매료되는 것은 빨리 달릴 수 있는 – 포식자에게서 도망치거나 먹잇감을 추적할 때 – 능력에 대한 욕구가 변형된 것일 수 있다. 연료를 많이 소비하는 몬스터 자동차를 갖고 싶은 욕구는 '자연적'이다. 어떤 의미 있는 가치와의 교환이나 참여보다도 자신의 삶이나 사랑하는 사람의 삶에 집착하는 것은 '자연적'이다. 인구 폭발도 '자연적'이다.

그런데 가장 심각한 일은 인간 집단을 어떤 의미에서 자연에서 분리된(그리고 대립된) 것으로 보려는 습관이 자연스럽다는 사실이다. 그 습관은 우리 종種이 그 대부분의 역사 동안 적응해 온 결과이지만, 이제는 더 이상 적응적 이점을 갖지 않는 것 같다. 서구 문화에서 특히 다른 문화권에 비해 이러한 분리가 두드러지게 강조되기는 했지만, 석기시대의 기술이나 대지大地와의 혈연관계를 다룬 여러 신화에서도 분리에 대한 인식은 분명히 나타난다.

사람이라는 종이 다른 생물종에 미치는 영향, 그리고 기후, 바다, 지구 대기에 미치는 영향이 날로 증가하면서 새로운 적응 패턴과 새로운 종류의 인식이 요구되고 있다. 자신의 환경을 파괴하는 종이 맞이하는 자연적인 과정은 멸종이기 때문이다. 현재라는 시대에 적응하기 위해 우리에게 필요한 것은 새로우면서도 동시에 인공적인 유형의 사고방식이다. 그것은 미래 세대의 생명들을 보호하기 위해서, 그리고 그들에게 선택권을 주기 위해서 인간 종의 모든 구성원이 20세기에 꿈꾸어 왔고, 배우게 된 사고방식이다. 우리는 무언가 새로운 것을 배우고 새로운 형태를 창안해야 한다. 그것은 제한, 절제, 더 적은 숫자의 후손, 그리고 우리 자신의 죽음을 받아들이는 자세이다. 우리는 보다 발전된 과학을 통해 미래를 내다보고, 우리가 다른 생물들과 밀접하게 상호연관되어 있다는 사실을 분명하게 깨달아야 한다. 그렇게 하는 것이 학습을 통해 살아남는 우리 종의 자연적인 천성을 따르는 길이다.

메리 캐서린 베이트슨(MARY CATHERINE BATESON)은 미국의 문화 인류학자이자 작가이다. 2021년 세상을 떠나기까지 버지니아주의 페어팩스에 있는 조지 메이슨 대학의 명예교수로 인류학과 영어를 가르쳤다. 그녀는 여러 가지 상이한 상황에서 반복적으로 나타나는 추상적인 패턴을 식별할 수 있는 독특한 재능의 소유자이다.

그녀는 언어학과 인류학에 관한 여러가지 주제로 다양한 저서를 집필했다. 대표적인 저서로는 그녀의 양친인 그레고리 베이트슨과 마거릿 미드에 대한 회상록인 『딸의 눈으로』, 『삶을 작곡하다』 등이 있다.

HOW
THINGS
ARE

제2부

기
원

시간은
언제
생겨났는가

폴 데이비스
Paul Davies

도대체 빅뱅 이전에는 어떤 일이 벌어졌을까?

부모라면 누구나 아이들에게서 이런 류의 질문을 받고 당황해 본 경험이 있을 것이다. 아이들의 질문은 대개 우주 공간이 무한히 뻗어 있는지, 사람은 어디서 왔는지, 지구라는 행성은 어떻게 형성되었는지 등으로 시작된다. 이렇게 꼬리에 꼬리를 물고 계속되던 아이들의 의문은 결국 우리 자신을 포함해서 이 세상을 이루고 있는 삼라만상의 가장 궁극적인 근원, 즉 빅뱅에 대한 문제로 거슬러 올라가기 마련이다. "빅뱅을 일으킨 것은 과연 무엇이었을까?"

어린아이들은 성장하면서 원인과 결과, 즉 인과관계에 대해 직관적인 감각을 갖게 된다. 물리 세계에서 일어나는 사건들이 '그저 일어났다'고 생각하기는 힘들다. 무언가가 그런 사건들을 일으켰다. 토끼가 모자 속에서 갑자기 튀어나온 것처럼 보여도, 우리는 마음속으로 그것이 속임수일 것이라고 생각한다. 그렇다면 전 우주가 아무런 이유도 없이 마술처럼 갑작스럽게 생겨날 수 있었을까?

마치 어린아이가 퍼붓는 질문처럼 이 간단한 의문은 그동안 수세대에 걸쳐 많은 철학자, 과학자, 그리고 신학자들을 괴롭혀 왔다. 많은 사람이 그 문제를 도저히 풀 수 없는 수수께끼로 간주하고 회피했다. 일부는 그 문제에 분명한 답을 내리고자 여러 시도를 하기도 했다. 어쨌든 대개의 사람들은 그 문제를 생각하기만 하면 가공할 만큼 혼란스럽게 뒤얽힌 실타래 속으로 빠져들어갔다.

이 혼란의 가장 밑바닥에 깔려 있는 의문은 이런 것이다. 원인 없이 어떤 일도 일어날 수 없다면, 이 우주를 탄생하게 만든 '무언가'가 반드시 존재해야 한다. 그러나 우리는 불가피하게 그 '무언가'가 일어나게 만든 원인은 또 무엇인가라는 물음에 직면하게 된다. 그리고 이런 식으로 무한 회귀의 고리가 되풀이된다. 어떤 사람들은 단순하게 신이 우주를 창조했다고 주장한다. 그러나 아이들은 언제나 그 신을 누가 만들었는지 알고 싶어한다. 그리고 아이들이 퍼붓는 이런 일련의 질문 공세는 항상 어른들을 곤혹스럽게 만들곤 한다.

이런 질문을 회피할 수 있는 임시방편 중 하나는 우주가 출발점을 갖지 않았다고 대꾸하는 것이다. 그러니까 우주는 언제나 존재하고 있었다고 주장하는 방법이다. 그러나 애석하게도 이 명쾌한 답변이 사실이 아니라는 과학적 증거는 무수히 많다. 우선 무한한 시간만 주어진다면 일어날 수 있는 일은 이미 일어났을 수도 있는 무엇이다. 왜냐하면 어떤 물리적인 과정이제로가 아닌 확률nonzero probability로 일어날 수 있다면 - 그 가능성이 아무리 적어도 - 무한한 시간이 주어진다면 그 과정은 반드시 '일어날 수밖에' 없기 때문이다. 따라서 가능성은 1인 셈이다. 그렇다면 지금쯤 우주는 그 속에서 일어날 수 있는 모든 물리적 과정이 이미 진행된 마지막 상태에 도달했어야 할 것이다. 게다가 우주가 항상 존재했다고 주장한다고 해서 그 존재를 '설명'하지는 못한다. 그것은 아무도 성경을 쓴 사람이 없으며, 그 이전의 판본을 베껴 쓴 것에 불과하다고 둘러대는 것과 마찬가지이다.

그러나 이런 주장과는 달리 확실한 증거가 있다. 우주가 약 150억 년 전에 빅뱅을 통해 '태어났다'는 증거 말이다. 태초에 일어난 이 거대한 폭발의 증거는 오늘날에도 분명하게 찾아볼 수 있다. 가령 우주가 지금도 팽창을 계속하고 있으며, 우주는 복사열의 잔광殘光으로 가득 차 있다는 것이 증거이다.

따라서 우리는 빅뱅이라는 방아쇠가 당겨지기 전에 무슨 일이 일어났는가 하는 문제에 직면하지 않을 수 없다. 기자들은 과학 연구에 들어가는 엄청난 돈에 대해 불평을 늘어놓을 때면 과학자들에게 항상 이런 질문을 던지며 비아냥거린다. 사실 그 답은 (물론 나 자신의 개인적인 생각으로) 이미 오래전에 나왔다. 그 질문에 대해 답한 사람은 아우구스티누스로, 5세기 경에 살았던 기독교의 성인이었다. 과학이 발전하기 전인 당시에 우주론은 신학의 한 분야였다. 당시에 그런 질문으로 이 성인을 조롱한 사람은 기자가 아니라 이교도였다. 이교도들은 기독교도를 비웃기 위해 "하느님은 우주를 창조하기 전에 무슨 일을 했는가?"라고 물었다. 당시 가장 일반적인 답변은 "너같은 이교도들을 위해 지옥을 만들고 계셨다!"였다.

그러나 아우구스티누스는 생각이 훨씬 깊었다. 그는 "이 세계가 이미 존재하는 시간 속에서 창조된 것이 아니라, 시간과 '동시에' 창조되었다."라고 답했다.

다시 말하자면, 우주의 기원은 - 오늘날 우리가 빅뱅이라 부르는 것은 - 이미 존재하고 있던 깜깜하고 텅빈 공동void 속으로 물질이 갑작스럽게 태어난 것이 아니라 시간 그 자체가 탄생한 것이다. 우주의 기원과 함께 시간도 '시작'된 것이다. 따라서 '그 이전'이란 있을 수 없다. 신이나 물리적 과정이 무한한 준비 과정을 거쳐 등장하는, 끝없는 시간의 바다란 애당초 존재하지 않았다는 것이다.

그런데 주목할 사실은 근대 과학이 공간, 시간, 그리고 중력의 본질에 대해 여러 가지 사실을 알게 되면서 성 아우구스티누스와 똑같은 결론에 도달했다는 것이다. 우리에게 시간과 공간이 그 속에서 거대한 우주적 드라마가 펼쳐지는 불변의 무대가 아니라 배역, 즉 물리적 우주의 일부에 불과하다는 사실을 가르쳐 준 사람은 바로 알베르트 아인슈타인이었다. 다시 말해서 시간과 공간도 물리적인 양量의 하나로 중력의 작용에 의해 변화될 수 - 일그러짐이나 휨을 겪을 수 - 있다는 것이다. 중력 이

론은 우주가 갓 태어난 초기 조건과 유사한 극단적인 조건하에
서는 시간과 공간이 극도로 비틀려서 일종의 경계, 즉 '특이점
singularity'이 존재할 수 있었다고 예견한다. 그 특이점에서 시공
의 왜곡은 무한하며 따라서 공간과 시간은 더 이상 연속될 수
없었다. 따라서 물리학은 성 아우구스티누스의 주장과 마찬가지
로 시간이 과거의 방향으로 경계를 가지고 있었을 것이라고 예
견한다. 다시 말해서 시간이 과거를 향해 영원히 뻗어 있지 않다
는 뜻이다.

　　만약 빅뱅이 시간 그 자체의 출발점이었다면 '빅뱅 이전
에 어떤 일이 일어났을까?', 또는 '무엇이 빅뱅을 - 우리가 일반
적으로 사용하는 물리적인 인과관계라는 의미에서 - 일으켰을
까?'라는 물음은 아무런 의미도 없게 된다. 그렇지만 불행하게
도 많은 어린아이들, 그리고 성인들까지도 이 대답을 솔직한 답
변으로 인정하려 들지 않는다. 그들은 '아직도 무언가 숨기는 것
이 있지 않을까?', 또는 '잘 모르니까 괜히 둘러대는 것이 아닐
까?' 하고 의심에 찬 눈초리를 거두려 들지 않는다.

　　그렇지만 실상이 그러하다. 어쨌든 시간은 왜 갑작스럽게,
마치 누가 스위치를 올리기라도 하듯이 시작되었을까? 이렇게
특이한 사건에 대해 어떤 설명을 할 수 있을까? 극히 최근에 이
르기까지도 시간의 기원에 해당하는 초기의 '특이점'에 대한 모
든 설명은 과학의 범주를 벗어나는 것으로 생각되었다. 그 까닭
은 흔히 '설명'이라는 말이 지니는 의미 때문이다. 앞에서도 이

야기했듯이 어린아이들은 모두 원인과 결과라는 개념을 잘 알고 있으며, 어떤 사건에 대한 설명이 그 사건을 일으킨 무엇(원인)을 찾아내는 것이라고 생각한다. 그러나 우리가 일상적으로 살아가는 세계에서 통용됨직한 분명한 인과관계를 갖지 않는 물리적 사건들이 존재한다는 사실이 밝혀졌다. 이러한 사건들은 양자물리학quantum physics 이라 불리는, 우리에게는 비교적 낯선 과학분야에 속한다.

일반적으로 양자적 사건은 원자 수준에서 일어난다. 그러므로 우리는 일상생활에서 양자적 종류의 사건을 경험하지 않는다. 그런데 원자와 분자의 수준에서는 원인과 결과라는 극히 일반적이고 상식적인 법칙들은 더 이상 통용되지 않는다. 이 세계에서는 물리법칙 대신 일종의 무질서 또는 카오스가 지배력을 갖는다. 그리고 모든 사건은 '저절로' – 즉, 특별한 이유 없이 – 일어난다. 물질 입자들이 사전에 아무런 예고도 없이 갑자기 나타났다가 마찬가지로 아무런 이유도 없이 갑작스레 사라진다. 한 곳에 있던 소립자가 사라지고 다른 장소에 나타나거나 운동 방향이 갑자기 역전될 수도 있다. 그렇지만 여기에도 원자적 수준에서 일어나는 여러 가지 효과가 실제로 존재하며, 실험적으로 입증할 수도 있다.

가장 전형적인 양자 과정은 방사성 원자핵의 붕괴이다. 만약 여러분이 왜 특정 원자핵이 다른 순간이 아닌 특정 순간에 붕괴하는지 이유를 묻는다면 나는 어떤 답도 할 수 없다. 그 사건은 그 순간에 '그저 일어났을' 뿐이다. 그 이상 어떤 이유도 없다. 여러분은 이런 사건들을 예견할 수 없다. 여러분은 다만 확률을 이야기할 수 있을 뿐이다. 가령 '특정 원자핵이 한 시간에 붕괴할 확률이 얼마이다'라는 식으로밖에 이야기할 수 없다. 이러한 불확정성uncertainty이 나타나는 이유가 단지 우리들이 원자핵을 붕괴시키는 극미한 힘과 영향력에 대해 알지 못하기 때문은 결코 아니다. 그 불확정성은 본성 때문이다. 다시 말해서 불확정성은 양자적 실재의 본질적인 특성의 일부인 것이다.

양자물리학이 우리에게 주는 교훈은 다음과 같다. 어떤 일이 '그저 일어난다'고 해서 물리법칙에 위배되는 것은 아니다. 양자역학의 법칙들을 고려한다면, 겉보기에는 갑작스럽고 변덕스럽기 그지없는 이런 사건들도 과학법칙의 틀 속에서 일어날 수 있다. 자연은 순전히 우연적이고 임의적인 사건들까지도 품을 수 있는 넓은 포용력을 가지고 있는 것 같다.

물론 어떤 원인도 갖지 않는 임의적인 소립자의 모습에서 – 이런 모습은 입자가속기를 이용하면 흔하게 관찰할 수 있다 – 역시 아무런 원인도 갖지 않는 임의적인 우주에까지 도달하려면 많은 여정이 남아 있다. 그러나 거기에 빠져나갈 구멍이 있다. 만약 천문학자들이 믿고 있듯이 초기 우주가 극히 작은 크기로 압축되어 있었다면 당시 양자 효과는 전 우주적 규모에서 영향력을 발휘했을 것이다. 설령 우리가 우주가 탄생한 초기에 정확히 어떤 일이 일어났는지 알지 못한다 하더라도 최소한 무無

로부터 태어난 우주의 기원이 비법칙적, 비자연적, 또는 비과학적이지 않았을 수 있다는 것을 알 수 있다. 간단히 요약하자면 우주의 탄생이 초자연적인 사건이 아니었을 수 있다는 뜻이다.

과학자들은 이 문제를 이쯤에서 덮어두는 데 만족하지 않을 것이다. 우리 역시 이 심오한 개념에 좀 더 상세한 내용을 덧붙이고 싶기는 마찬가지이다. 실제로 그런 목적을 가진 연구 분야도 있다. 양자우주론이라 불리는 학문이 그것이다. 저명한 양자우주론자로 스티븐 호킹과 제임스 하틀을 들 수 있다. 이들의 생각을 좀 더 분명하게 이해하려면 아인슈타인까지 거슬러 올라가야 한다. 아인슈타인은 시간과 공간이 물리적 우주의 일부라는 사실을 발견했을 뿐 아니라, 시간과 공간이 극도로 밀접하게 연결되어 있다는 사실도 알아냈다. 사실 공간이나 시간이라는 말이 독립적인 용어로 사용되는 것 자체도 타당하지 않다. 시간과 공간을 올바르게 다루려면 우리는 둘을 하나로 통합된 '시공space-time' 연속체로 보아야 한다. 공간은 3차원이며 시간은 1차원이다. 따라서 시공은 4차원 연속체continuum인 셈이다.

그러나 아무리 시간과 공간이 긴밀한 관계를 지닌 연속체라 하더라도, 거의 모든 상황에서 시간은 시간이고 공간은 공간이다. 중력이 아무리 시공을 휘게 만든다 하더라도, 중력이 시간을 공간으로 바꾸거나 역으로 공간을 시간으로 변하게 만들지는 못한다. 그러나 양자효과를 고려하면 한 가지 예외를 생각할 수 있다. 양자적 계系를 지배하는 가장 중요하고 본질적인 불

64

확정성이라는 특성은 시공에도 역시 적용될 수 있다. 이 경우에 불확정성은 극히 특수한 상황에서 시간과 공간의 고유한 특성 identity에 영향을 미칠 수 있다. 극히, 지극히 짧은 순간에 불과하지만 시간과 공간이 하나로 합쳐져서 시간이 이른바 '공간과 흡사한 무엇으로spacelike' - 마치 공간의 또다른 차원처럼 - 변할 수 있다.

그렇지만 시간의 공간화spatialization가 단절적이거나 급작스러운 과정으로 진행되지는 않는다. 그것은 연속적인 과정이다. 역으로 공간(의 한 차원)이 시간화temporalization되는 과정을 본다면, 시간이 연속적인 과정을 통해 공간에서 탄생할 수 있음을 암시하고 있다. (내가 연속적이라는 표현을 사용한 이유는 차원의 '공간과 흡사한' 특성과 반대되는 '시간과 흡사한' 특성이 칼로 자르듯이 분명하게 구분되는 것이 아님을 강조하기 위해서이다. 다시 말해서 두 가지 특성 사이에는 여러 층의 농담濃淡이 존재한다. 말로 표현하면 이렇게 애매모호하지만 수학적으로는 정확하고 엄밀하게 나타낼 수 있다.)

하틀-호킹 주장의 요점은 빅뱅이 최초의 한순간에 갑작스럽게(단절적으로) 시간이라는 스위치를 올리는 과정이 아니었다는 것이다. 그들은 시간이 공간으로부터 상상할 수 없이 빠른 속도로, 그러나 분명 연속적인 과정을 통해 창발되었다고 주장한다. 인간들의 시간 척도에서 빅뱅은 공간, 시간, 그리고 물질이 갑작스럽게 폭발적으로 등장한 기원처럼 보인다. 그러나 1초의 수백만분의 1이라는 극미한 시간 척도로 우주가 탄생한 최초의 순간을 자세히 들여다보면, 우리는 우주 탄생의 순간에 엄격하게 구분할 수 있는 단절적인 시초란 전혀 존재하지 않는다는 것을 발견할 수 있다. 따라서 이제 우리는 두 가지 모순적인 이야기를 담고 있는 우주 기원론을 갖게 된 셈이다. 첫째, 시간은 항상 존재하지 않았다. 둘째, 시간이 처음 시작된 시초란 존재하지 않는다. 이것이 양자물리학의 기이한 특성이다.

여기에서 좀 더 상세하고 전문적인 이야기로 들어가면, 사람들은 자신이 무언가에 홀리고 있다는 느낌을 받게 될 것이다. 사람들은 '왜' 그런 기이한 일들이 일어났는가, 도대체 우주가 '왜' 존재하는가, 그리고 '왜' 하필이면 지금 우리가 살고 있는 이런 우주가 존재하게 되었는가 등의 물음을 던지고 싶어 할 것이다. 하지만 과학은 이런 물음에 답하지 못할 것이다. 과학은 '어떻게'에 대해서는 설명할 수 있지만, '왜'에 대한 설명에는 그다지 능숙하지 못하다. 어쩌면 '왜'라는 물음은 애당초 답이 없는지도 모른다. 왜라는 의문을 가지는 것은 지극히 인간적이다. 그러나 이런 심오한 질문들에 대해서 사람들이 이해할 수 있는 답변은 없을 수 있다. 아니, 어쩌면 답이 있을지도 모른다. 그러나 우리는 그 문제를 잘못된 방식으로 제기하고 있다.

어쨌든 나는 생명, 우주, 그리고 만물에 대해 답을 주겠다고 약속하지는 않았다. 그러나 최소한 내가 이 글을 시작한 물음, '빅뱅이 일어나기 전에 무슨 일이 있었는가'라는 물음에 대해서는 납득할 만한 답을 주었다.

그 답은 '아무 일도 없었다'이다.

폴 데이비스(PAUL DAVIES)는 우주론과 천문학을 연구하는 영국의 이론물리학자이자 미국 애리조나 주립대학교 비욘드 연구소(Beyond Center)의 소장이다. 그는 우주론, 중력론, 양자장 이론 등의 분야에 관한 100여 편의 연구논문을 발표했고, 특히 블랙홀과 우주의 기원 문제에 큰 관심을 기울였다. 또한 그는 시간의 본질, 고에너지 입자물리학, 양자역학, 복잡계 이론에도 관심을 가졌다. 현재는 양자중력론 연구 그룹을 이끌며 초끈, 우주끈, 고차원 블랙홀, 양자우주론 등을 연구하고 있다.

《워싱턴 타임스》는 그를 "대서양 양쪽을 통틀어 가장 뛰어난 과학저술가"라고 묘사했다. 그는 우주가 어떻게 탄생했는가, 우주의 종말은 어떻게 될 것인가, 인간 의식의 본질은 무엇인가, 시간여행은 가능한가, 물리학과 생물학의 관계는 무엇인가, 물리법칙의 본질은 무엇인가, 과학과 종교의 접점은 어디인가 등의 심오한 존재론적 의문에 초점을 맞추기를 좋아한다. 과학의 철학적 의미를 연구하여 템플턴상을, 영국 왕립학회가 수여하는 패러데이상을 비롯해 영국 물리학회의 켈빈 메달, 오스트레일리아 훈장 등을 받았다. 그의 공적을 기리는 의미에서 소행성 1992OG에 '6870 폴데이비스'라는 공식 명칭이 붙기도 했다.

폴 데이비스는 저술가, 방송인, 대중강연가로도 명성을 떨치고 있다. 그는 전문서에서 일반 독자를 위한 과학 대중서에 이르기까지 폭넓은 범위에 걸쳐 20권이 넘는 저서를 집필했다. 잘 알려진 저서로는 『현대물리학이 발견한 창조주』, 『초힘』, 『우주의 청사진』, 『시간에 대하여』, 『침묵하는 우주』 등이 있다.

어째서 우리는
죽도록
설계되었는가

린 마굴리스
Lynn Margulis

죽음은 '개체'에게 일어난다. 죽음은 우리가 물질대사metabolism
라 부르는 자기-유지 과정의 정지를 뜻한다. 다시 말해서 한 개
체 내에서 생명을 유지하기 위해서 끊임없이 재개되는 화학적
과정이 멎는 것이다. 죽음이란 얼마 전까지만 해도 하나의 개체
를 구성하고 있던 모든 것의 분리와 분해를 알리는 신호로, 생명
이 처음 탄생하던 시기에는 존재하지 않았다. 모든 유기체가 규
칙적인 기간의 끝에 다다랐을 때 나이를 먹고 죽는 것은 아니다.
노화와 죽음이라는 과정 자체도 진화의 산물이며 오늘날 우리
는 그 과정이 언제, 어디서 진화하게 되었는지 어렴풋이나마 알
게 되었다.

　　노화와 죽음이 가장 먼저 등장한 것은 우리들의 먼 선조
인 미생물 시절부터였다. 물속을 헤엄치던 작은 미생물은 '원생
생물'이라 불리는 거대한 생물군에 속했다. 약 20억 년 전에 이
선조들은 마침 때맞춰 수정受精과 죽음에 의해 양성兩性으로 진
화하게 되었다. 동물도, 식물도, 심지어는 균류菌類나 박테리아
도 아닌 원생생물이 다양한 수생 생물군을 형성했고, 그 대부분

은 현미경으로나 볼 수 있는 미세한 크기에 불과했다. 우리에게 가장 잘 알려진 원생생물로는 아메바, 유글레나, 섬모충, 규조, 붉은 해조류, 그리고 그 밖의 모든 조류藻類, 점균류粘菌類, 그리고 수생균류 등을 들 수 있다. 유공충, 태양충, 엘로비옵시스 ellobiopsis, 그리고 제노피오포리아xenophyophorea 등의 낯선 이름을 가진 원생생물들도 있다. 그 밖에도 약 25만 종으로 추정되는 생물들이 살았을 것으로 생각되지만 그 대부분은 아직까지 연구대상 목록에 오르지도 못한 상태이다.

죽음이란 개체의 분명한 경계가 사라지는 것을 뜻한다. 개체가 죽으면 나, 즉 자아는 소멸되고 분해된다. 그러나 생명은 다른 형태로 계속 이어진다. 가령 부패 과정에서 균류나 박테리아의 형태로, 또는 자식이나 손자를 통해 생명은 계속된다. 개체는 물질대사 과정이 와해되면서 소멸하지만 대사 작용 자체는 결코 사라지지 않는다. 모든 유기체는 그 생물의 제어 수준을 넘어서는 주변 환경 때문에 생명을 계속 유지할 수 없다. 가령 주변 환경이 너무 덥고 춥거나, 너무 오래 건조한 상태가 지속되거나, 포식자의 공격을 받거나, 유독가스가 퍼지거나, 먹이가 없어서 기아가 계속되는 등의 경우가 그것이다. 광합성 박테리아, 조류, 그리고 식물이 죽는 원인으로는 빛과 질소의 부족, 인燐의 결핍 등을 들 수 있다. 그러나 죽음은 직접적인 환경의 영향과 무관한 쾌적한 기상 조건 속에서도 일어날 수 있다. 절기가 끝나면 죽어버리는 인도의 옥수수나 한 세기가 끝나면 건강하던 코끼리가 쓰러지듯이 죽음은 이미 그 개체 속에 프로그램되어 있는 것이다. 프로그램된 죽음은 극미한 크기의 원생생물에 - 말라리아원충이나 변형균류 덩어리와 같은 - 의해 말라 죽는 과정이다. 죽음은 수많은 세포로 이루어진 나비나 백합이 성장해서 발생의 정상적인 과정을 거치면서 점차 분해되는 방식으로 일어난다.

프로그램된 죽음은 여러 모습으로 나타난다. 여자들은 매달 한 번씩 월경으로 자궁 내벽에서 떨어져 나온 죽은 세포들(월경혈)을 질을 통해 몸 밖으로 배출한다. 매년 가을이면 북부 온대지방의 활엽수와 관목들에서는 잎자루 아래쪽에 있는 세포들이 죽는 현상이 일어난다. 낮의 길이가 짧아지는 신호를 받아 이 얇은 세포층이 죽지 않는다면, 잎은 낙엽이 되어 떨어지지 않을 것이다. 매사추세츠 대학의 내 동료인 로렌스 슈워츠와 같은 연구자들은 유전공학 기술을 사용해서 '죽음의 유전자'를 실험실에서 배양한 (죽음이 프로그램되지 않은) 세포에 이식시켰다. 플라스크에 가득 들어 있는, 불멸의 능력을 가지고 있었을지도 모르던 그 세포들은 문제의 DNA를 받자 갑작스럽게 죽어버렸다. 그 세포들의 물질대사는 어김없이 정지하고 말았다. 반면 죽음의 유전자를 받지 않은 대조군 세포들은 계속 생명을 유지했다. 월경혈, 떨어지는 나뭇잎, '죽음의 유전자'를 받은 후 빠른 속도로 자기 파괴를 진행하는 세포들, 그리고 느리기는 하지만 더욱 놀라운 양상으로 진행되는 부모님과 우리의 노화, 이 모두가 프로그램된 죽음의 예시인 것이다.

배아에서 성장해서 일정 단계를 거쳐 죽어가는 식물이나 동물과는 달리 모든 종류의 박테리아, 대부분의 핵을 가진 미생물들, 그리고 그보다 크기가 작은 원생생물과 곰팡이나 효모균과 같은 균류는 영원히 젊음을 유지한다. 이들 극미세계라는 소우주의 거주자들은 성적性的 파트너의 도움 없이 생식하고 성장할 수 있다. 진화의 어느 대목에선가 감수분열을 수반하는 성性이 - 성과 수정을 포괄하는 종류의 성 - 프로그램된 죽음에 대한 절대적인 요구와 연관되었다. 그렇다면 이들 원생생물 선조들에서 어떻게 죽음이 진화하게 되었을까?

노인이 중년 여성을 임신시킬 수 있다. 그리고 그들 사이에서 태어난 아기는 젊은 부부 사이에서 태어난 아기와 마찬가지로 어리다. 정자와 난자가 만나면 배아가 생성되고, 그 배아는 태아가 되어 갓난아기로 태어나게 된다. 어머니의 나이가 13살이든 43살이든 갓 태어난 신생아는 똑같이 생을 시작한다. 프로그램된 죽음은 특정 개체와 그 세포에 일어나게 된다. 그리고 배아라는 새로운 생명은 이렇듯 예상 가능한 유형의 죽음에서 벗어나는 수단인 셈이다. 모든 세대는 '이전의 상태', 즉 미생물이던 시절의 우리 선조들의 형태를 복원시킨다. 멀리 우회하는 굽은 길을 통해 서로 합쳐진 파트너들은 살아남았고 한 번도 성적 결합을 이루지 못한 파트너들은 죽고 말았다.

결국 우리들의 선조인 미생물들은 적극적으로 상대를 찾

아내는 능력을 가진 생식 세포를 만들어냈다. 그리고 상대와 결합해서 젊음을 되찾았다. 사람을 포함한 모든 동물들은 감수분열에 기반한 유성생식을 하게 되었고, 우리를 포함한 모든 동물들은 감수분열(분열을 하면서 염색체 수가 절반으로 줄어드는 세포 분열)과 유성생식(염색체 수를 다시 두 배로 만드는 수정)을 했던 미생물의 후예인 것이다.

박테리아 균류, 그리고 많은 원생생물은 우리와 달리 성행위를 하지 않고 번식했으며, 지금도 그렇게 하고 있다. 그들은 번식에 상대를 필요로 하지 않지만, 외부적 요인에 의해 죽음을 강요당하지 않는 한 절대 죽지 않는다. 피할 수 없는 세포의 죽음, 그리고 그 필연적 결과로 죽음을 벗어날 수 없는 개체의 운명은 원생생물의 후예인 우리들이 선조들은 가지고 있지 않았던 유성생식과 감수분열이라는 특성을 획득하게 되면서 치러야 했던 - 그리고 지금도 치르고 있는 - 대가인 셈이다.

그런데 놀랍게도 러시아 남부의 코카서스 산맥과 그루지야 지방의 특산품인 케피르kefir[2]라 불리는 거품이 많고 영양분이 풍부한 음료가 우리에게 죽음에 대해 많은 것을 알려준다. 더 놀라운 사실은 케피르가 공생발생symbiogenesis, 즉 공생에 의해 새로운 종種이 탄생하는 현상이 어떻게 일어나는지 알려준다는 점이다. 케피르라는 단어는 우유를 이용한 낙농 음료와 우유를 발

73

2   우유를 발효시켜 만든, 약간의 알코올 성분이 있고 신맛이 나는 음료

효시켜서 만든 음료나 그 음료를 만드는 응유凝乳 덩어리를 모두 가리킨다. 이 응유 덩어리 역시 우리의 원생생물 조상과 마찬가지로 공생에 의한 진화의 산물이다.

캐나다의 사업가이자 리베르테 낙농 회사의 사장인 아베 고멜은 자사 생산 라인 일부로 그루지야 코카서스 지방의 케피르를 일부 생산한다. 그는 근면한 조수인 지넷 보체민과 함께 시장에 내다 팔 케피르의 원료에 해당하는 걸쭉한 우유가 열을 받아 숙성하는 과정을 살피기 위해서 공장의 지하실에 마련된 저장고에 매일같이 내려간다. 다른 훌륭한 케피르 제조업자들과 마찬가지로 그들은 매일 아침 9시에서 10시 사이에 - 주말도 예외는 아니다 - 가장 잘 부풀어 오른 응유, 즉 펠릿을 떠내 신선한 우유로 옮겨야 한다는 사실을 잘 알고 있었다. 러시아, 폴란드, 심지어는 스칸디나비아에 사는 거의 대부분의 사람들이 케피르를 마시지만, 코카서스 사람들이 좋아하는 이 '샴페인 요거트'는 서유럽이나 미국에는 거의 알려지지 않았다. 아베 고멜과 지넷 보체민은 겨우 두 명의 조수를 훈련시킬 수 있었고 그들은 거의 항상 가동되고 있는 두 개의 저장 용기를 불철주야 지키는 역할을 맡았다.

전설에 따르면 예언자 마호메트가 케피르의 원료인 펠릿을 코카서스, 그루지야, 그리고 에브루스산Mount Ebrus 근처의 기독교 정교회 신자들에게 주면서 절대 다른 사람들에게 케피르의 제조 비법을 누설하지 말라는 엄한 계율을 함께 내렸다고 한다. 그렇지만 생명을 연장시킨다는 '마호메트 펠릿'의 제조 비법은 많은 사람들에게 알려졌다. 케피르 응유는 불규칙한 구형을 이루고 있다. 직경이 1센티미터 정도 되고, 큰 코티지 치즈[3]를 만드는 데 쓰이는 응유 덩어리처럼 보이는 케피르 펠릿은 숙성되면서 부풀어 오르고 유당, 단백질과 물질대사를 하면서 케피르를 유제품 음료로 만들어준다. 개체성을 유지하는 활발한 물질대사가 끝나면 케피르 응유는 분해되고 노화 없이 죽게 된다. 들에서 자라는 옥수수 속대와 마찬가지로 저장용기 속에서 발효하는 효모균, 또는 송어 부화장 속에서 부화하는 물고기 알처럼 케피르도 누군가의 보살핌을 필요로 한다. 죽은 옥수수 씨는 옥수수를 성장시키지 못하고, 죽은 효모균은 빵이나 술을 빚지 못하고, 죽은 물고기는 시장에 내다 팔 수 없듯이 죽어버린 케피르 역시 케피르가 아니다. 죽은 케피르의 응유는 유독가스를 풍기는데 '불활성'이 된 효모균이나 부패하는 송어 알에 비교할 수 있을 것이다. 죽은 응유는 케피르가 아닌 다른 생명으로 가득하게 되며 냄새 나는 박테리아와 균류가 번성하고 물질대사가 이루어지지만 그것은 더 이상 통합된 방식의 물질대사가 아니며 단지 한때 살아 있는 개체였던 것의 사체에서 일어나는 전혀 다른 과정일 뿐이다.

　　박테리아 사이에서의 공생을 통해 진화한 우리의 원생생

3　일반 치즈를 만드는 레닛을 쓰지 않고, 응유에 간을 해서 만든 희고 부드러운 치즈 - 옮긴이

물 선조들과 마찬가지로, 케피르 개체들 역시 약 30종에 달하는 서로 다른 미생물들에서 진화했다.

그중에서 최소한 11종류는 최근의 연구를 통해 밝혀졌다 (아래 미생물 목록 참고). 이 박테리아와 효모균들은 케피르 응유라는 특이한 미생물 개체의 온전성을 유지하기 위해서 - 수정이나 감수분열을 통한 생식의 그 밖의 측면들을 전혀 포함하지 않는 상호조절된coordinated 세포분열에 의해 - 반드시 함께 번식해야 한다. 공생발생은 유성생식이 유기체(우리나 코끼리와 같은)에게 '죽어야 할' 운명을 지우기 이전에 죽는 (케피르를 비롯한 대부분의 원생생물처럼) 복잡한 개체들을 만들어냈다. 케피르 개체는 다른 것들과 마찬가지로, 물질대사와 행동을 통한 재확인을 필요로 한다.

76

케피르를 구성하는 살아 있는 미생물들

각각의 개체(사진 참조)는 다음과 같은 미생물들로 이루어져 있다.

원핵생물계(박테리아)

Streptococcus lactis

Lactobacillus casei, Lactobacilluc brevis

Lactobacillus helveticus, Lactobacillus bulgaricus

Leuconostoc mesenteroides, Acetobacter aceti

균계(효모균, 곰팡이)

Kluyveromyces marxianus, Torulaspora delbrueckii

Candida kefir, Saccharomyces cerevisiae

그리고 이 밖에도 아직 알려지지 않은

Lynn Margulis

최소한 15 종류의 미생물들이 더 포함되어 있다.

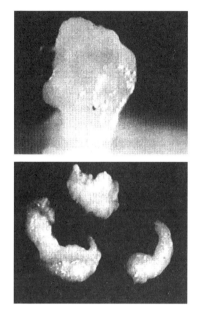

케피르 덩어리:
저배율 현미경(5배)으로 관찰한 복잡한 케피르의 '개체'들.
사진 위쪽은 하나의 개체, 아래는 3개의 개체이다.

　　요구르트와 흡사한 음료를 양조하는 과정에서 사람들은
전혀 의도하지 않은 채 케피르라는 개체들을 키우고 돌보는 셈
이다. 음료를 만들기 위한 가장 좋은 '발효제'를 선택하는 과정
에서 코카서스 마을 주민들은 '자연선택'을 해왔다. 이 말은 그
들이 특정 집단의 번성을 촉진시키고, 반대로 다른 집단은 도태

시켰다는 뜻이다. 그들은 자신이 의식하지 못하는 사이에 미생들 사이의 느슨한 연합confederation을 그보다 훨씬 많고 잘 조직되었으며, 모든 개체가 죽을 수 있는 능력을 가진 집단으로 바꾸어 놓은 것이다. 자신들의 미각과 위장을 만족시키기 위해서 끊임없이 시도하는 과정에서, 케피르를 마시는 그루지야 사람들은 스스로 전혀 새로운 종류의 생물을 창조하고 있었다는 사실을 전혀 모르고 있었던 것이다.

살아 있는 케피르 덩어리를 이루는 미세한 미생물 집단은 고배율 현미경을 통해 직접 볼 수 있다(앞의 사진을 보라). 그것은 그들 스스로 만들어낸 당단백질, 탄수화물과 같은 복잡한 물질들에 의해 긴밀하게 연결되어 있는 박테리아와 균류들이다. 말하자면 자신이 만들어낸 껍질로 둘러싸여 결합되어 있는 개체들이라 할 수 있다. 건강한 상태의 케피르에서 박테리아와 균류라는 구성 요소들이 응유로 조직화되며, 이 껍질로 싸인 구조는 마치 독립된 개체single entity처럼 번식한다. 하나의 응유가 둘로 분열하고, 둘은 다시 넷으로, 그리고 열 여섯…… 이런 식으로 분열을 계속한다. 이렇게 번식을 거듭한 케피르들이 용액을 형성하게 되고, 1~2주가 지나면 마실 수 있는 낙농 음료가 되는 것이다. 케피르를 구성하는 미생물들의 상대적인 양量이 잘못 결정되면, 응유 개체들은 죽어버리고 용액은 시큼한 죽이 되고 만다.

과거에 공생 박테리아가 원생생물과 동물 세포의 일원이

되어 통합된 것처럼 케피르 미생물들은 전혀 새로운 유형의 생물로 통합되었다. 그들이 성장하면서 케피르 응유는 우유를 거품이 이는 음료로 바꾼다. 코카서스인들이 만든 케피르 응유 원액인 '발효제'는 조심스럽게 관리해야 한다. 케피르는 한 그루의 삼나무나 한 마리의 코끼리가 태어나기까지의 엄격한 과정과 마찬가지로 화학물질, 또는 미생물들의 '적합한 배합' 없이는 만들어질 수 없기 때문이다.

오늘날 과학자들은 DNA 염기 서열과 그 밖의 연구를 통해서 진핵 세포에서 산소를 이용하는 소기관이 아득한 과거에 일부 발효 미생물들(서모플라스마와 같은 시원세균)이 결합해서 그보다 크기가 작은 산소 호흡(호기성) 박테리아로 진화했다는 것을 알게 되었다.

산소를 당(糖)과 그 밖의 화합물과 결합시켜 에너지를 발생시키는 미토콘드리아는 원생생물, 균류, 식물, 그리고 동물에 이르기까지 거의 모든 생물체에서 공통으로 발견된다. 포유류의 일종인 우리들은 어머니의 난자에서 미토콘드리아를 전달받는다. 우리를 비롯해서 아메바에서 고래에 이르기까지 핵을 가진 세포로 이루어진 모든 생물은 케피르와 마찬가지로 단지 하나의 개체가 아니다. 우리는 집합체이다. 개체성은 바로 이 집합, 그리고 그 구성원 또는 구성 요소들이 자신이 만들어낸 물질들에 의해 결합되어 있는 집단에서 발생하는 것이다. 사람들이 알아차리지 못하는 사이에 케피르라는 새로운 생명 형태 life-form 를 선택하듯이 우리 선조를 포함한 다른 존재들도 미생물과 같은 새로운 생명 형태의 진화를 유발시켰다. 그들은 서로 상대방의 지방, 단백질, 탄수화물, 그리고 노폐물을 먹지만 남김없이 소화하는 것이 아니라 불완전하게 소화하고, 서로를 선택하고, 궁극적으로는 유착해서 서로 합체했던 것이다.

식물은 서로를 선택했지만 서로를 먹이로 완전히 소화하지 않은 조상들로부터 유래했다. 물속을 헤엄쳐 다니던 배고픈 원시 세포들은 시아노박테리아라고 불리는 광합성 능력을 가진 녹색 미생물을 삼켰다. 그중 일부는 소화되지 않으려고 저항했고, 그 결과 자신보다 큰 세포 속에서 살아남아 그 속에서 광합성을 계속할 수 있었다. 이 결합을 통해 삼켜진 녹색 먹이(시아노박테리아)는 새로운 개체의 일부가 되었고, 이제 시아노박테리아와 그것을 삼킨 세포는 서로 없어서는 안될 구성 요소가 된 것이다. 부분적으로만 소화된 시아노박테리아와 물속을 헤엄치던 반투명한 배고픈 세포는 조류라는 새로운 개체로 진화하게 되었다. 그리고 이 녹조 세포(원생생물)에서 식물의 세포가 태어났다.

케피르는 우리의 세포가 진화했던 통합 과정이 지금도 여전히 일어나고 있음을 보여주는 놀라운 사례이다. 또한 케피르는 복잡한 새로운 개체의 기원이 진화적인 시간 척도에서 프로그램된 죽음보다 훨씬 앞선다는 것을 깨닫게 해준다. 케피르는 30종의 미생물들이 한데 결합된 존재 그 자체로, 한 종(사람이라는 종)의 미각과 선택이 다른 종의 진화에 얼마나 큰 영향을 미칠 수 있는지 가르쳐준다. 케피르는 복합 개체, 즉 핵이 없는 박테리아와 핵을 가진 균류가 상호작용하는 집합체이지만 직접적인 성장과 분열을 통해 번식한다. 그 과정에서 코끼리나 옥수수와 같은 유성생식은 진화하지 않았다. 유성생식으로 생긴 배아에서 발생하는 코끼리와 옥수수에 비해 케피르는 진화의 측면에서 극히 적은 행보를 나타냈을 뿐이며 감수분열을 통한 유성생식은 보이지 않는다. 그러나 케피르는 자칫 잘못 다루어지면 죽고 만다. 일단 죽은 후에는 다른 생물의 개체와 마찬가지로 같은 개체로 결코 되돌아갈 수 없다.

새로운 유기체 사이의 공생에 대해 알게 되면서 우리는 개체성individuality과 죽음의 본질이 무엇인지 깨닫게 된다. 케피르의 경우와 흡사한 방식으로 최초의 원생생물에서 진화했던 개체화는 감수분열에 의한 유성생식보다 먼저 일어났다. 프로그램된 노화와 죽음은 이후 동물, 균류, 식물이 된 유성생식 원생생물 후손들에게 국한된 심오한 진화적 혁신이었다.

일정 시간이 흐르면 반드시 찾아오는 죽음, 성性을 통해 전달되는 질병 등은 유성생식이라는 우리의 특수한 생식 형태와 함께 진화했다. 그것은 현재 케피르가 결여하고 있는 과정이다. 유성생식을 통한 결합으로 – 많은 원생생물, 대부분의 균류, 모든 동식물에서 나타나는 암수의 '수정-감수분열'이라는 주기 – 얻는 특전은 죽음이라는 사형선고이다. 반면 케피르는 성을 진화시키지 않음으로써 프로그램된 죽음의 운명을 벗어날 수 있었던 것이다.

린 마굴리스(LYNN MARGULIS)는 진화생물학자로, 2011년 세상을 떠나기 전까지 애머스트에 있는 매사추세츠 대학의 생물학과 교수를 지냈다. 그녀는 미국과학학술원 회원이었으며, 1977년에서 1980년까지는 미항공우주국(NASA)를 위한 연구전략 개발의 일환으로 진행된 행성의 생물학적 화학적 진화를 위한 우주과학위원회의 의장을 역임했다. 마굴리스는 세포 생물학과 미생물의 진화 연구, 지구 시스템 과학의 발전에 많은 기여를 했으며 공생 진화론 같은 충격적인 가설로 생물학계를 놀라게 했다. 1999년 클린턴 대통령으로부터 국가과학자 메달을 수여받고, 2008년에는 영국의 린네학회로부터 다윈-월레스 메달을 수상하는 등 지칠 줄 모르는 연구로 19개의 상을 수상했으며 수많은 국제 학술 강연, 100종이 넘는 논문과 더불어 10권이 넘는 책을 펴냈다. 영국의 대기과학자 제임스 러브록의 가이아 이론에 공헌한 바 또한 크다. 그녀는 매우 다양한 과학 주제와 전문가에서 아동 문학에 이르는 폭넓은 독자층을 대상으로 많은 저서를 집필했다. 저서로는『마이크로코스모스』,『성의 기원』,『생명이란 무엇인가』등이 있다.

자신의 문제를
유전자 탓으로
돌릴 수 있는가

잭 코헨
Jack Cohen

✦

84

파리를 보라. 아니, 실제 파리를 발견하고 그 파리를 관찰한다고 상상해 보자. 완벽하리만치 리드미컬하게 그 작은 다리를 움직여 이동하는 모습을 관찰하고, 무슨 일이 일어나는지 살피려고 작은 머리를 돌리는 모습을 상상하라. 그리고 파리가 날아오르는 것을 관찰하라. 한 곳에 앉아 있던 파리는 일순간 공중으로 날아올라 급상승하지만 어디에도 부딪히지 않는다. 만약 여러분이 파리를 자세히 관찰하고, 파리가 '착륙하는' 모습을 직접 볼 수 있다면 그 놀라운 묘기에 큰 감동을 받을 것이다. 파리는 벽을 향해 돌진한 다음 비스듬히 몸을 회전시키고, 속도를 줄이고, 어떤 불안한 동작도 없이 완벽하게 벽에 착륙한 다음 앞다리로 주둥이를 비비는 동작을 계속한다. 이 아름다우리만치 정확한 장치들은 모두 어디에서 온 것일까?

파리라는 한 마리의 개체는 어떻게 태어났을까? 여러분은 "그거야 알에서 태어났지."라고 대답할 것이다. 하지만 완전한 답은 아니다. 파리는 구더기에서 나왔고, 구더기가 알에서 태어난 것이다. 우리는 알에서 파리가 태어나는 복잡한 과정을 잘 알고 있기 때문에 이렇게 이야기하면 사족처럼 들릴 것이다. 솜털로 덮여 있는 작은 병아리는 아무런 형태도 없는 타원형의 달걀에서 모습을 갖추고 태어난다. 이 과정에 더해야 하는 것은 부화를 위한 따뜻한 온도밖에 없다. '여러분' 역시 알에서 태어났다.

그러나 알은 그리 복잡하지 않은 생물학적 구조이다. 거기에서 태어나는 생물체에 비교한다면 알 자체는 훨씬 단순한 셈이다. 암탉의 수정란에서 나온 앞으로 병아리로 태어나게 될 노른자위의 수십 개 세포들은 병아리의 뇌, 신장, 심지어는 피부의 일부분과 비교하면 하찮다는 생각이 들만큼 단순하다. 우리가 동원할 수 있는 모든 방법으로 측정한다 하더라도 자라나는 깃털 하나가 한 마리의 온전한 병아리를 태어나게 하는 세포들보다 훨씬 더 복잡하다. 어떻게 그럴 수 있을까? 그런 단순성에서 어떻게 복잡성이 나타날 수 있는가? 그 속에 '조직 원리' 또는 '생기Spirit of Life'라 부르는 것이 들어 있을까?

오늘날 이런 물음에 대한 일반적인 답변은 실제로 그런 원리가 존재한다는 것이다. DNA의 청사진이 바로 그것이다. DNA는 엄청난 양의 정보를 가지고 있는 기다란 분자들로 이루어져 있으며 생물체를 구성하는 모든 세포의 세포핵 속에 들어 있다. 그 정보는 4개의 뉴클레오타이드 문자로 이루어진 언어로 엄청나게 긴 분자를 따라 적혀 있다. 이 정보가 발생 중인 유기체들에게 - 파리, 병아리, 그리고 여러분 자신까지 - 스스로를 어떻게 만들어갈지 가르쳐 준다. DNA와 발생에 대한 단순한 관점에 따르면 유기체는 DNA 정보의 구현 그 자체인 셈이다. 파리의 DNA가 파리를 만들고, 병아리의 DNA가 병아리를 만들고, 사람의 DNA가 사람을 만드는 식이다. 그러나 유기체의 발생 과정에서 DNA가 실제로 작용하는 방식은 그와 사뭇 다르다. 흔한 대중 과학서나 심지어 생물학 교과서에서도 그런 사실을 찾아볼 수 없지만 말이다.

DNA를 관찰하는 방법에는 여러 가지가 있다. 사람의 DNA를 적당한 길이로 잘게 자른 용액은 시험관 속에서 끈적거리는 액체가 된다. 미세한 크기의 사람의 세포핵 하나하나에는 거의 2미터에 가까운 기다란 DNA 가닥이 들어 있다. 사람의 세포핵을 1천 배로 확대시켜 본다면 - 그러면 아스피린 알약만 한 크기가 될 것이다 - 그 속에는 무려 1마일(약 1.6km) 길이의 DNA가 접혀진 채 꽉 들어차 있는 셈이다! 따라서 그 정도 길이의 DNA 가닥에 충분한 양의 명령, 즉 수많은 청사진들이 들어갈 공간이 있다. 그러나 DNA가 어떤 식으로든 스스로 작용해서 자신이 가지고 있는 정보가 파리나 병아리, 또는 사람이 되게 만드는 것은 절대 아니다. DNA는 단지 그 자리에 가만히 있을 뿐이다. 마치 요리책 속에 들어 있는 멋진 음식을 만드는 레시피처럼 DNA는 거기 그대로 있을 뿐이다.

그렇다면 DNA는 어떻게 파리를 '만드는' 것일까? 이 물음에 한마디로 답을 하자면, DNA는 파리를 만들지 않는다. 그 이유를 이해하려면 조금 어려운 과정을 거쳐야 한다. 대부분의 사람들이 DNA가 유기체를 만든다고 생각하는 이유, 그리고 공룡을 살려내려면 공룡의 DNA만 있으면 된다고 생각하는 이유가 바로 그 때문이다. 공룡과 파리는 DNA로 만들어지는 것이 아니다. 그것은 최상급 송아지 고기 요리가 요리책의 종이와 잉크로 만들어지지 않는 것과 같은 이치이다.

박테리아의 DNA라면 조금 생각하기 쉬울 것이다. 박테리아는 마치 화학적 도구로 가득 찬 단순한 공장과도 같다. 그 도구들 중 일부는 DNA 가닥을 읽는다. 다른 도구들은 그 가닥에서 읽은 지시에 따라 다른 도구들을 만든다(새로 만들어진 도구 중에는 DNA 가닥을 읽는 도구도 포함된다). 다른 것들은 조직의 뼈대를 이루거나, 화학적 펌프 역할을 하거나, 또는 먹이와 에너지와 연관된 일을 한다. 이 작은 '공장'은 분주하게 자신을 구성하는 부분들, 도구들, 벽을 쌓는 데 필요한 벽돌들을 생산해 낸다. 성장하는 것이다. 그렇게 만들어진 도구들 중 일부는 DNA를 복제하며 - 여러 측면에서 카세트 테이프를 복사하는 것과 흡사하다 - 남은 도구들은 축적된다. 그런 다음 특정 도구들이 분열을 위해 배열하고, 분열로 탄생한 두개의 딸 박테리아 속에서 같은 과정이 계속 이어진다.

알은 박테리아보다 훨씬 복잡하다. (그러나 알에서 발생하는 유기체에 비하면 훨씬 단순하다.) 알은 같은 종류의 물질로 이루어져 있고, 그 도구들도 대부분 같다 - 그러나 알에서 일어나는 생명 과정은 그와는 전혀 다르다. 알은 그저 성장하고 분열하는 것이 아니다. 알은 발생하며, 그 결과 무언가 다른 것이 된다. 초기 수정란의 도구들이 그런 과정을 거친 결과로 유기체는 그와는 다른, 대개 훨씬 크고, 복잡한 배아라 불리는 구조가 된다. 배아는 노른자를 에너지원이자 건축 재료로 삼아서 다시 이전과는 전혀 다른 것을 만든다. 파리가 되기 전 단계인 구더기와 같은 유충, 또는 앞으로 갓난아기가 될 사람의 태아가 거기에 해당할 것이다. 앞에서 이야기한 박테리아 공장은 같은 것을 복제할 뿐이다. 그에 비해 수정란은 매 단계마다 새로운 종류의 도구와 장비들을 만들어낸다. 파리가 낳은 알이 스스로 먹이를 찾을 줄 아는 구더기를 발생시키는 과정을 비유적으로 표현하자면, 박테리아 '공장'이 트럭으로 변해서 작업하는 데 – 그리고 다른 단계로 변화하는 데 – 필요한 재료를 구하기 위해 철물점으로 굴러가는 격이라 할 수 있다. 마찬가지로 사람의 배아도 산모의 혈액에서 양분과 에너지를 얻기 위해서 태반을 형성한다. 다음 단계를 스스로 준비할 수 있는 것이다. 그러면 발생이 얼마나 기적과도 같은 과정인지 설명하기 위해서 파리의 구더기에 대한 비유를 조금 더 진전시켜 보기로 하자. 구더기라는 트럭은 스스로 몸집을 부풀린 다음 조용한 시골길을 달려가 작은 차고(번데기)를 짓는다. 그 차고 속에서 트럭은 스스로를 재조립한다. 그 결과로 나타나는 것은 비행기, 즉 파리의 성체이다. 작지만 자기추진력을 갖추고 있고, 로봇으로 제어되고, 연료도 자체 조달하는 훌륭한 비행기인 것이다. 그리고 파리의 절반(암컷)은 그 내부에 작은 알

공장을 가지고 있어서, 지금까지 거친 과정을 다시 되풀이할 수 있는 만반의 준비까지 갖추고 있다.

DNA는 이 모든 과정에 관여해서 매 순간마다 어떤 도구를 사용해야 하는지 구체적으로 지정해 준다. 일부 DNA 배열, 즉 유전자는 작업 과정과 방식을 조절하는 시계, 걸쇠, 선반, 작업대, 작업 계획표, 일정표 등의 구실을 하는 생화학적 도구를 지정해 준다. 그러나 DNA는 파리를 이루는 명세서를 갖지 않는다. 거기에는 병아리의 패턴이나 여러분을 구성하는 패턴도 없다. 심지어는 날개나 코의 모습을 정해놓은 패턴도 없다. 여러분의 모습을 (가령 코의 형태를) 이루는 하나하나의 특징들은 '모든' DNA 유전자들에 의해 공동으로 빚어진다고 생각하는 편이 유용할 것이다. 따라서 모든 특성들이 그것을 만들어내는 고유한 유전자 집합을 가지는 것이 아니라, 하나하나의 DNA 유전자들이 모든 특성에 관여하는 셈이다. 그러나 우리는 (이론상으로든 실제로든) 초파리의 거의 모든 유전자 목록을 만들 수 있으며, 그 유전자들이 돌연변이를 일으킬 때 날개에 어떤 변화(대개는 바람직하지 않은 문제)를 야기하는지 알 수 있다. 많은 유전학자들, 그리고 모든 대중매체의 기자들이 빠지기 쉬운 유혹은 이 유전자들이 초파리의 '날개 키트'라고 생각하는 경향이다. 그러나 사실은 그와 다르다. 날개에 관여하는 거의 모든 유전자가 초파리의 다른 부위에도 영향을 주기 때문이다. 예를 들어 '흔적날개vestigial-wing' 돌연변이 중 하나는 모든 세포에 있는 분자 펌프의 작동에도 손상을 입힌다. 번데기에서 파리가 나왔을 때 날개가 온전한 크기로 성장하지 못하는 것은 그 돌연변이가 미치는 여러 가지 영향 중 하나일 뿐이다. '호메오homeotic'유전자라 불리는 유전자는 훨씬 더 근본적이고 구체적인 영향을 일으킨다. 호메오 DNA 유전자 서열에 변화가 일어나면 기관의 세부 명세가 바뀔 수 있으며 그 결과 전혀 엉뚱한 기관이 발생할 수 있다. 가령 곤충에 '안테나페디아antennapedia'돌연변이가 일어나면 더듬이가 다리로 바뀔 수 있으며, '콕아이드cockeyed'라 불리는 돌연변이가 일어나면 눈이 있어야 할 자리에 생식기관이 들어설 수도 있다. 우리가 사용했던 공장 비유를 들자면 이러한 유전자 배열은 공장의 지리적 위치를 – 어디에서 특정 물건이 만들어져야 하는지 – 정해주는 역할을 하는 셈이다. 호메오 돌연변이는 배아 지도의 색깔을 바꾸어 더듬이의 기초를 이루는 세포들이 스스로를 다리라고 '생각'하게 만들고, 그 결과 더듬이가 나야 할 자리에 엉뚱하게도 멋진 다리들이 돋아나는 것이다.

그 밖에도 DNA가 구체적으로 지정하지 않아도 되는 – 또는 DNA가 변화시킬 수 없는 – 것들은 많이 있다. 애당초 물은 축축하고, 지방은 물에 녹지 않고, 소금 결정은 정육면체이다(그러나 부동不凍 단백질을 만들어서 물이 어는 온도를 바꿀 수는 있다). 물리와 화학에는 '주어진given'것들이 많이 있다. 이러한 물리 및 화학적 메커니즘들처럼 처음부터 거의 '주어진' 생물학적 규칙성들도 많이 있다. 가장 오래되었으면서 동시에 가장 중요한 DNA

도구 상자는 거의 완벽한 충실도로 DNA를 복제한다. 그리고 오랜 세월에 걸쳐 수립된 일부 에너지 교환 메커니즘도 많은 종류의 생물에서 공통적으로 사용된다. DNA가 갖고 있는 정보의 60퍼센트가 파리, 병아리, 사람에게서 공통으로 나타나는 '보존된 염기서열'로 이루어져 있다. 실제로 이처럼 생명 기능에 필수적인 '하우스키핑housekeeping' 유전자들은 오크나무와 박테리아에서 공통으로 발견된다. 따라서 파리를 발생시키는 데 관여하는 대부분의 유전자들이 여러분을 만드는 데에도 똑같이 기여하는 것이다.

그렇다면 수많은 생물이 그토록 서로 다른 까닭은 무엇일까? 잠시 상상의 날개를 조금 더 펴보자. 생물 사이에서 나타나는 차이가 아무리 크더라도, DNA에 큰 차이가 날 필요는 없다. 이론상으로 지극히 작은 하나의 차이만으로도 발생 과정을 전혀 새로운 경로로 바꿀 수 있다. 심지어 파리와 병아리는 발생경로가 갈라지는 초기의 단 하나의 스위치를 제외하면 똑같은 DNA를 가질 수 있다. 게다가 발생상의 차이, 즉 파리/병아리를 가르는 가상의 스위치는 굳이 DNA 수준에 있지 않아도 된다. 병아리는 부화하기 위해 따뜻한 온도를 유지할 필요가 있기 때문에 어미가 알을 품는다. 반면 파리의 알은 차가운 것을 좋아한다. 따라서 병아리를 발생시키는 프로그램은 높은 온도의 발생 과정에서 병아리를 재생산하고, 파리의 프로그램은 낮은 온도에서 파리를 재생산할 수 있다. 이론상으로 두 생물의 발생 프로그램은 정확히 동일한 DNA를 사용할 수 있다. 이런 종류의 '사고 실험'은 특정 DNA 키트가 특정한 생물을 '만든다'거나, 역으로 특정 DNA가 특정한 유기체를 '만들' 것이라고 단순히 말할 수 없음을 보여준다. 수학자들이 이야기하듯이 DNA 염기 서열에서 그 배열을 기초로 발생하는 유기체의 구조를 '사상寫像'할 수 없다.

난자 속의 DNA는 스스로 발생을 시작할 수 없다. 그러려면 DNA를 판독하고 실행하는 도구 상자들이 제대로 준비되고, 실제로 작동해야 한다. 그런 도구들은 세포핵을 둘러싸고 있는 난자의 다른 부분들에 의해 제공된다. 거의 모든 동물의 발생은 암컷의 난소 속에서 난자 세포가 만들어지면서 시작된다. 배아 발생 과정도 알의 구조가 미래에 태어날 동물의 기본 체계를 만들기 전까지는 자식의 DNA 메시지를 필요로 하지 않는다. 기본 체계가 수립된 후에야 호메오박스homeobox 유전자들은 '자신들이 어디에 있는지', 그리고 자신들이 해야 할 임무가 무엇인지 알게 된다. 어떤 면에서 수정受精은 발생 과정에서 상당히 늦은 단계에 일어난다. 이때 이미 알은 새끼를 만들어낼 만반의 준비를 갖추어 놓은 상태이고, 정자는 단지 방아쇠를 당기는 역할을 할 뿐이다(난자가 가지고 있는 DNA와 조금 다른 정자의 DNA를 공여한다는 역할을 제외한다면 말이다). 따라서 난자는 마치 장전된 총과도 같다. 좀 더 나은 기계적 비유를 들자면 난자에서 세포핵 이외의 부분들은 테이프 재생기로 비유할 수 있고, 핵 DNA는 테이프라고 할 수 있다. 발생 과정의 첫 단계들에는 이 테이프를 재생되어야 할 올바른 재생기에 넣는 과정, 볼륨을 조절하는 과정, 재생 속도를 조정하는 과정, 재생할 트랙들과 그 순서를 결정하는 과정, 그리고 '재생' 버튼을 누르는 과정 등이 모두 포함된다.

"동일한 유전자로 두 종의 다른 동물을 만든다"라는 기상 천외한 상상을 이 글의 마지막 부분에서 계속하려면, 난자 속에 들어 있는 테이프 재생기의 메커니즘에서 약간의 차이를 갖는 동물들을 선정할 필요가 있다. 파리의 알은 특정 순서로 (가령 a, b, c, d) DNA 유전자를 읽어서 파리를 만들 수 있고, 이렇게 탄생한 파리의 난소는 동일한 과정을 반복하게 된다. 반면 닭의 알은 테이프를 z, y, x, w 의 순서로 판독해서 그 결과로 병아리를 발생시킬 수 있다. 만약 우리가 이 가상의 사례에서 닭의 DNA 를 파리의 DNA 와 바꾸어 놓는다 하더라도 아무런 차이가 없을 것이다. 심지어 두 동물의 난소들은 (다른 모든 기관들과 마찬가지로) 계속 다른 모습을 하고 있을 것이다. 그리고 두 생물은 같은 형질의 자손들을 낳을 것이다.

우리는 DNA 가 "동물을 만드는 모든 명령을 담고 있다"라는 생각이 얼마나 터무니없는 것인지 증명하기 위해 역의 주장을 펼 수 있다. 가령 파리의 DNA 를 닭의 알에 넣어보기로 하자 (가상의 파리나 닭의 DNA 가 아니라 실제 DNA를). 그 테이프가 체계적으로 판독되어 그 결과로 배아가 만들어질 수 있다 하더라도, 새의 기본 구조를 사용해서 파리의 발생 과정을 지속시킨 결과로 무엇을 얻게 될까? 만약 기적이 일어난다면, 우리는 실제로 살아 꿈틀거리는 구더기를 얻게 될 것이다. 그렇다면 그 파리는 어떻게 알 껍질을 뚫고 나올 수 있을까? 그 반대는 상황이 한결 더 나쁘다. 작은 병아리의 배아가 파리 알에서 발생을 시작했다 하더라도 얼마 안 가 노른자가 바닥날 것이고, 작은 병아리의 배아는 충분한 먹이를 찾지 못해 더 이상 발생을 계속할 수 없을 것이다. 따라서 공룡의 DNA 테이프를 재생하기 위해서는 같은 종의 공룡알, 즉 규격이 맞는 테이프 재생기가 필요하다. DNA만으로는 부족하다. DNA는 전체를 만들어내는 반쪽에 불과한 것이다. 맞는 재생기가 없는데 테이프만으로 무엇을 할 수 있겠는가? 따라서 『쥬라기 공원』은 불가능하다.

　　어쩌면 이미 멸종한 동물들을 '재생'할 수 있는 실험적인 장치를 발명할 수 있을지도 모른다. 그편이 공룡을 되살리는 일보다는 훨씬 가능성이 높은 것 같다. 그러나 그러기 위해서는 이론과 실제 양 측면에서 엄청난 어려움이 따른다. 이런 유형의 생물공학이 얼마나 어려운가를 구체적으로 살펴보면 이해에 많은 도움이 될 것이다. 가령 공룡보다 훨씬 쉬운 대상을 선택한다 해도 거기 들어가는 돈은 『쥬라기 공원』이라는 영화를 촬영하는 데 들어간 비용을 크게 넘어설 것이다. 냉동된 채 보존되어 있어서 실제로 살을 떼어낼 수 있는 매머드라면(매머드의 DNA는 도도새의 DNA보다 손상이 적다) 어떨까? 매머드를 살려내는 작업은 공룡만큼이나 흥미롭고, 공룡의 경우보다 '훨씬, 훨씬' 쉽다. 생존 가능한 코끼리의 난자를 생산할 수 있는 호르몬 주입 방식을 찾아내기만 하면 된다. 그런 다음 코끼리의 난자가 생존할 수 있는 적당한 염수 수용액을 만들고 온도, 산소, 이산화탄소 농도를 일정하게 유지시켜서 코끼리의 난자가 건강하게 발생하도록 하면 된다. 온전한 쥐의 시스템을 얻는 데 100만 개의 쥐의 난자가 필요했다(아직 우리는 세포핵을 다른 DNA로 치환하지 못한다). 소의 (전혀 다른) 시스템을 얻는 데 200만 개의 소 난자가 필요했다. 배양기에서 400만 개 가량의 햄스터 난자를 배양한 후에도 신뢰할 만한 체계를 얻지 못했다. 그에 비한다면 사람의 시험관 아기 시스템은 매우 튼실한 편이다. 우리는 상대적으로 쉽게 (수천 개의 난자로) 그 시스템을 개발할 수 있었다. 그 이유는 변수들이 놀라울만큼 쥐의 그것과 흡사하기 때문이다.

100만 개의 난자를 이용해서 시험관 코끼리가 태어난다고 가정해 보자. 1년에 10개의 주기를 실험하고 매 주기마다 10개의 난자가 만들어진다면, 1000개의 코끼리 난자로 10년 동안 실험을 거친 후에야 우리는 이따금 완전한 매머드의 세포핵을 받아들일 수 있는 시스템을 얻게 될 것이다. (아직 우리는 완전한 매머드의 세포핵을 '얻지' 못했다. 신이 매머드를 냉동시킬 때 그다지 조심스럽지 못했던 모양이다.) 그런 다음 (어미 코끼리가 낯선 매머드의 배아 단백질에 대해 거부반응을 일으키지 않는다면) 우리는 코끼리의 젖이 매머드에게 적합하지 않다는 문제점을 발견하게 될 것이다. 코끼리 젖에 적응할 수 있는 매머드를 찾기 위해 우리는 또 얼마나 많은 새끼 매머드를 허비해야 할까? 여기서 끝이 아니다. 그렇게 찾아낸 매머드는 진정한 의미에서의 새끼 매머드라고 할 수 '없을' 것이다. 그것은 우리가 매머드의 DNA 테이프를 코끼리의 난자에서 재생시켜 코끼리의 자궁에서 성장시킨 새끼일 따름이다. 유사-매머드near-mammoths 라고나 할까? 이렇게 얻은 유사-매머드들을 교배시켜서 얻은 다음 세대는 오래전에 살았던 매머드의 난소를 가지고 있을 것이며, 그들이 낳은 새끼들은 원래의 매머드에 좀 더 가까운 '유사-유사-매머드'가 될 수도 있다. 그렇지만 어떻게 될지 누가 알랴? 이런 새로운 생물을 만들기 위해 물리학자나 천문학자들에게 투자하듯이 자금을 대줄 사람은 아무도 없을 것이다. 따라서 진짜 매머드는 '멸종'한 것이다. 모두 끝난 것이다. 도도새도 마찬가지이다. 그 발생 프로그램을 재구축하는 데 들어가는 노력은 엄청나다. 순진한 기자들은 속사정도 모른 채 마치 DNA만 얻으면 동물이나 식물의 멸종을 막고 종을 보존하는 데 성공한 것처럼 기사를 써대지만, 그런 생각은 터무니없이 잘못된 것이다. 앞에서 거론한 매머드의 사례는 실제 닥치게 될 어려움 중에서 극히 일부에 불과하다.

많은 사람들은 DNA가 한 유기체를 '결정'한다고 생각하지만 실제로는 그렇지 않다. 이론상으로 DNA 염기 배열과 생물의 특성 사이에는 어떤 '일대일' 대응도, 어떤 '사상寫像'도 없다. (물론 색소결핍증이나 파킨슨병과 같은 질병의 특성 '차이'를 DNA 상에서의 구체적인 차이로 사상할 수는 있다.) 실제로 DNA는 난소의 난자 생산에서 암컷의 난소 생산에 이르는 발생의 전 과정에 모두 관여한다. DNA와 같은 정보의 내용이 1비트 해독되는 데에는 그에 꼭 맞는 난자의 메커니즘 장치들 또한 빠짐없이 필요하다. 따라서 파리, 그리고 여러분을 만들어내는 것은 발생의 전 과정인 것이다. 하나도 빠짐없이 모두가 필요하다.

그렇다면 여러분은 여러분의 DNA에게 왜 글씨를 삐뚤빼뚤하게 쓰게 만들었냐고 탓할 수 있겠는가? 왜 미국의 오르간 연주자 패츠 윌러에 열광하거나 버마산 고양이에 푹 빠지게 만들었냐고, 왜 푸른 눈을 주었느냐고 원망할 수 있겠는가? 여러분은 스스로 만든 자신의 모습에 대해 DNA에게 책임을 돌릴 수 없다. 여러분의 모습과 특성은 발생 과정, 즉 여러분 자신의 책임인 것이다. 그리고 여러분의 미래의 모습 또한 여러분 자신의 책임일 따름이다.

잭 코헨(JACK COHEN)은 영국의 생식생물학자로 2019년 세상을 떠났다. 시험관 아기 연구소를 비롯해서 그 밖의 여러 난임 연구소의 자문역을 담당했다. 그는 워릭 대학교 등 30년 동안 여러 대학에서 강의했고, 거의 100편에 달하는 연구 논문을 집필해《네이처》등에 발표했다. 또한 코헨은 맥카프리, 제럴드, 해리슨, 니븐, 프라체트 등의 최고 수준의 SF 소설 작가들의 자문역을 담당했으며, 그들이 외계 생물체나 외계 생태계를 구축하고 묘사하는 과정에서 과학적으로 실수를 저지르지 않도록 도움을 주었다. 그는 BBC 라디오 프로그램에도 자주 출연했고, 여러 TV 프로그램에도 참여했다.

저서로는 세 차례의 개정을 거치면서 100만 부 이상 팔린 교과서 『살아 있는 배아』, 『생식』, 그리고 인간의 진화에 대한 다른 관점을 소개하는 『특권을 가진 원숭이』 등이 있다. 그 외에도 수학자 이언 스튜어트와 공동으로 『카오스의 붕괴』를 썼다.

지극히
단순한데

풍부한
즐거움을
주는 것은
무엇인가

피터 앳킨스
Peter Atkins

우리가 물로부터 얻을 수 있는 즐거움은 무척이나 많다. 그것은 단지 물이 엄청나게 풍부하며 그 형태가 다양하다거나, 또는 생명의 진화 과정과 우리가 살고 있는 행성의 모습 자체를 빚어내는 데 결정적인 역할을 했기 때문만은 아니다. 개인적인 생각으로 그 즐거움은 그토록 풍부한 특성들이 그처럼 단순한 구조에서 창조되었다는 사실이다. 어디 그뿐이랴. 물이 우리에게 큰 기쁨을 주는 이유는 단지 그 단순함의 풍부성 때문만이 아니다. 왜냐하면 나는 물의 특성에서 나타나는 파악하기 힘든 불가사의에서도 깊은 만족감을 느끼기 때문이다. 물이 갖는 이런 특성들이 생명의 창조와 그 유지에 결정적인 역할을 수행했다는 사실은 물이 주는 즐거움에 새로운 차원을 하나 더해준다.

파도가 넘실대는 태평양, 아침 안개 속에서 떨어지는 한 방울의 이슬, 눈송이의 뾰족하게 돌출된 구조, 증기터빈의 날개에서 고동쳐 분출하는 수증기, 그리고 우리가 기상이라고 부르는 전 지구적인 날씨의 변화를 일으키는 중요한 요인으로서 공기 중에 떠다니는 수증기, 이 모든 형태의 물이 물 분자로 이루어져 있다. 전 세계, 아니 우주 공간의 어디에서건 모든 물 분자는 동일하다. 하나의 물 분자는 중심을 이루는 산소 원자와 거기에 결합되어 있는 두 개의 수소 원자로 구성되어 있다. 그것이 전부이다. 바다, 생명, 그리고 사랑 등이 모두 이 간단하기 그지없는 구조에서 기인하는 것이다.

태평양이 이 작은 실재實在로 형성되는 가능성을 살펴보기 위해서 우리는 이 세상에서 가장 가벼운 원소인 수소와 그 동료인 산소라는 원소에 대해 조금 자세히 알 필요가 있다. 수소원자는 아주 작다. 수소 원자는 양(+)으로 대전된 하나의 양성자로 이루어진 원자핵을 가지고 있으며, 그 양성자 주위를 하나의 전자가 돌고 있다. 이처럼 크기가 작아서 생기는 이점 중 하나는 수소 원자의 원자핵이 다른 원자의 전자들에 가깝게 파고들 수 있다는 점이다. 수소 원자핵은 그보다 큰 원자핵들은 들어갈 수 없는 영역으로도 요리조리 잘 헤치고 들어간다. 게다가 수소 원자에는 전자가 하나밖에 없기 때문에 이 원자핵의 양전하가 운무雲霧와도 같은 전자구름의 음전하 속에서 밝은 빛을 비추듯 두드러지게 되고, 따라서 우연히 가까이 접근하게 된 다른 전자들의 강한 인력을 받게 된다.

산소 원자의 경우 수소 원자에 비하면 훨씬 크다. 그렇지만 황, 염소, 심지어는 탄소나 질소와 같은 다른 원소의 원자들에 비하면 여전히 아주 작다. 원자 크기가 작은 이유는 산소 원자핵의 양전하가 강해서 전자들을 원자핵 주위로 끌어당기기 때문이다. 덧붙여 이야기하자면 산소 원자는 작고 강하게 대전된 원자핵을 가지기 때문에 다른 원자의 전자들을 자기 쪽으로 끌어당길 수 있다. 특히 다른 원자에 결합되어 있는 전자들을 끌어당길 수 있는 힘을 갖는다.

물에서 산소 원자는 두 개의 작은 수소 원자와 결합되어 있다. 중심에 위치한 산소 원자는 산소-수소 결합을 하고 있는 전자들을 자기쪽으로 세게 빨아들이고 있기 때문에 부분적으로는 수소의 전자를 벗겨내는 형상을 하고 있다. 따라서 산소 원자는 전자가 풍부하고, 그에 비해 수소 원자는 전자가 부족한 상태에 처하게 된다. 그러므로 산소 원자는 잔류 음전하를 띠게 되고 (전자들로 팽창했기 때문에), 반대로 수소 원자들은 수소 원자핵의 양

전하가 주위를 둘러싸고 있는 전자들에 의해 상쇄되지 못하기 때문에(그 전자들이 부분적으로 산소 원자에 빨려 들어갔기 때문에) 잔류 양전하를 유지하게 된다. 그 결과로 나타나는 전하 분포distribution of charge는 - 산소는 음전하, 수소는 양전하 - 수소 원자의 작은 크기와 함께 결합해서 물이 지니는 매우 특수한 성질의 근본 원인을 이루게 된다.

이러한 전자 분포와 함께 작용하며 그 결과가 바다에 영향을 미치는 또 하나의 특성은 물 분자의 형태이다. 물 분자는 끝이 터진 알파벳 V자 모양을 하고 있으며, 이 V자의 꼭짓점에 산소 원자가 위치한다. 이 형태의 - 그 형태는 전자들이 중심의 산소 원자 주위에 어떻게 배열되는지를 통해 설명할 수 있다 - 가

장 중요한 특징은 산소 원자의 한쪽 면이 노출되어 있고, 그 노출면이 전자가 풍부한 쪽이라는 점이다.

그러면 이러한 특성들이 실제로 분간할 수 있는 성질과 현상으로 현실 세계에서 어떻게 드러나는지 살펴보아야 할 것이다. 무엇보다 중요한 사실은 하나의 물 분자가 다른 물 분자와 달라붙을 수 있는 능력이다. 산소 원자에서 전자가 풍부한 영역은 음전하를 띠게 된다. 그리고 다른 전하끼리는 서로 끌어당기는 성질이 있다. 이웃 물 분자에서 부분적으로 전자를 빼앗긴 수소 원자는 양전하를 띤다. 여기서도 다른 전하끼리는 끌어당긴다는 법칙이 작용한다. 이처럼 수소 원자의 매개로 두 개의 물 분자 사이에 일어나는 특수한 결합을 '수소 결합hydrogen bond'이라고 부른다. 이 수소 결합은 그 영향이 유전 암호(DNA 이중나선의 두 가닥이 수소 결합을 통해 서로 연결되기 때문이다)에서 나무의 단단함(셀룰로오스의 리본들이 무수한 수소 결합을 통해 마치 빗장처럼 단단하게 조여지기 때문이다), 그리고 - 바로 우리의 관심사인 - 물의 특성에 이르기까지 광범위하게 미치기 때문에 지구상에서 가장 중요한 분자 간 결합 중 하나에 해당한다. 물 분자는 매우 가볍기 때문에 만약 분자들을 붙잡아 주는 수소 결합이 없었다면 물은 모두 기체가 되고 말았을 것이다. 그렇게 되었다면 이 세상에는 웅덩이, 호수, 아름다운 바다 대신 기체 상태의 물로 가득 찬 하늘, 그리고 생명체를 잉태하지 못하는 불모의 땅이 끝없이 펼쳐졌을 것이다.

103

물 분자 사이의 수소 결합이 따뜻한 상온에서도 액체를 형성하는 것과 마찬가지로, 수소 결합은 그보다 온도가 조금 낮은 상태에서 물이 단단한 고체인 얼음을 형성하는 과정도 돕는다. 그러나 일단 액체인 물이 얼음이 되면, 기묘하다는 표현이 어울릴 만큼 더 이상한 일이 벌어진다. 그것은 생명을 유지시켜 주는 기묘함이기도 하다. 온도가 내려가면 액체를 구성하고 있는 물 분자들의 운동과 요동이 줄어들고 수소 결합은 좀 더 광범위해지고 오랫동안 지속된다. 그 결과 분자들은 액체 상태에서의 유동流動을 멈추고 그 대신 안정적인 고체를 형성하게 된다. 이렇게 되면 분자의 형태가 영향력을 발휘하기 시작한다. V자형의 물 분자 속에 들어 있는 산소 원자에는 두 개의 수소 결합을 수용할 수 있는 여지가 있다. 이때 하나의 수소 결합이 이웃하는 두 개의 분자를 결합시킨다. 그리고 다시 각각의 산소 원자는 네 개의 수소 결합에 관여하게 된다. 두 개는 일반적인 산소-수소 결합이고 나머지 두 개는 이웃 원자들과의 결합이다. 그리고 이 네 개의 결합이 사면체의 모서리를 이루게 된다. 고체 전체에 걸쳐 이웃 원자에서 이웃 원자로 계속 이어지는 이 배열 덕분에 얼음은 열린 구조를 가진다. 그리고 물 분자들은 한데 결합되어 있으면서 동시에 분리된다. 그것은 마치 원자와 수소 결합으로 이루어진 건축 현장에서 흔히 보이는 열린 비계와도 같다. 얼음이 녹으면 이 열린 구조는 붕괴하고 다시 조밀한 액체를 형성하게 된다. 물이 얼면 붕괴된 액체 구조는 펼쳐지고 확장되면서 열린 구조로 바뀐다.

다시 말해서 모든 물질 중에서 거의 유일하게 물은 고체 형태(얼음)가 액체 형태보다 밀도가 낮다. 우리가 이러한 특성을 관찰할 수 있는 한 가지 예가 호수 위에 둥둥 떠다니는 얼음이다. 호수에 사는 물고기들이 생명을 유지할 수 있는 것도 바로 이 특성 덕분이다. 얇은 얼음판이 물을 덮어 아래쪽 물이 모두 얼어붙지 않도록 막아주기 때문이다. 이 덕에 물의 표면이 얼어붙는 추운 날씨에도 수생 생물들이 생명을 유지하고 번성할 수 있다.

물의 수소 결합이 물 분자들을 단단하게 묶어준다는 사실은 물이 가진 다른 특성의 원인이기도 하다. 우리 지구에 독특한 색깔을 부여해 주는 바다의 푸른색도 그 원인을 수소 결합에서 찾을 수 있다. 수소 결합 덕분에 액체 표면에 얇은 막이 형성될 수 있고, 물이 둥근 물방울을 만들 수 있게 해주기 때문이다. 물의 괄목할만한 열 용량heat capacity[4]도 수소 결합의 또 하나의 결과이다. 우리가 가정에서 사용하는 중앙난방 장치도 바로 이 특성을 활용해서 적은 양의 물을 순환시켜도 집 전체에 충분한 열을 전달할 수 있다.

물이 갖는 또 다른 특수성은 쉽게 분해될 수 있다는 점이다. 이 특성 역시 물 분자 속에서 전하와 원자들이 형성하는 특

4   열의 형태로 공급되는 에너지를 저장할 수 있는 능력

수한 배열에서 기인한다. 수많은 화합물들이 이온, 즉 전기적으로 대전된 원자들로 이루어진다. 예를 들어 염화나트륨, 즉 소금은 양(+)으로 대전된 나트륨 이온과 음전하를 띤 염소 이온으로 구성된다. 고체에서 각각의 양이온은 음이온들로 둘러싸여 있으며, 음이온 역시 양이온들로 둘러싸여 있다. 그러나 양전하와 음전하의 체계를 함께 가지고 있는 물은 주위의 두 종류의 이온들을 모두 모방할 수 있다. 따라서 물에 노출되면 결정 속의 나트륨 이온은 음(-)으로 대전된 산소 원자들을 나트륨 이온 쪽으로 들이미는 물 분자들에 의해 둘러싸이게 된다. 이때 물 분자는 염소 이온을 흉내 내는 셈이다. 마찬가지로 염소 이온도 물 분자의 양으로 대전된 수소 원자들에 의해 둘러싸일 수 있다. 이때 물 분자는 원래의 결정 속에 들어 있던 나트륨 이온의 효과를 모방하는 것이다. 따라서 모든 종류의 이온들이 물 분자에 유혹당하는 셈이다. 나트륨 이온은 염소 이온을 모방하는 물 분자에 의해 에워싸이고, 염소 이온은 수소 원자를 이용해서 나트륨 이온을 모방하는 물 분자에 의해 에워싸이게 된다.

물이 좋은 용매가 될 수 있는 것은(또한 부패하면 맹독성 화학물질로 변할 수 있는 것도) 물이 이렇게 작용할 수 있는 뛰어난 능력을 가지기 때문이다. 그리고 물이 암석을 부식시켜 지형을 바꿀 수 있는 것도 이 능력 덕분이다. 물은 흙 속의 양분을 운반해서 식물들에게 공급한다. 물은 우리 몸의 대부분을 구성하고 있으며, 그 밖의 모든 생물체가 살아갈 수 있는 환경을 제공해 준다. 물이 이온과 그 밖의 분자들을 분해시켜서 자유로운 운동을 가능하게 해주기 때문이다.

물은 정말 놀라운 물질이다. 그토록 단순한 구조에도 불구하고 그 물리적, 화학적 중요성은 가히 엄청나다. 지극히 빈약한 존재가 그처럼 엄청난 역할을 한다는 사실은 현대과학의 축소도라 할 수 있다. 현대과학은 우리가 살고 있는 아름다운 세계의 가치를 올바로 인식하고, 그 과정에서 기쁨을 더하기 위해 단순성의 위대한 아름다움을 찾기 때문이다.

피터 앳킨스(PETER ATKINS)는 영국의 화학자로, 옥스퍼드 대학교 링컨 칼리지의 연구원으로 일하고 있다. 그는 1965년부터 대학에서 물리화학을 강의했으며, 프랑스, 일본, 중국, 뉴질랜드, 이스라엘 등 여러 나라의 대학에 객원교수로 초빙되었다. 1969년에는 왕립화학협회의 멜도라 메달을 수상했으며, 화학 연구의 공적을 인정받아 유트레히트 대학에서 명예 박사학위를 받았다.

그의 관심은 화학에 그치지 않고 우주론과 문화에 미친 과학의 깊은 영향까지 포괄하고 있다. 그의 폭넓은 관심은 과학의 의사소통과 보급이며, 그는 과학적 통찰력이 우리에게 줄 수 있는 기쁨과 감동을 가능한 많은 사람과 공유하려고 노력하고 있다.

저서로는 『물리화학』, 『유기화학』, 『일반화학』 등이 있다. 그 밖에도 일반 독자들을 위해 『원소의 왕국』, 『제2의 법칙』을 비롯한 많은 대중 과학서를 집필하기도 했다.

우리는
어디서
왔는가

로버트 셔피로
Robert Shapiro

✦

내 아들은 어린 시절 놀이에 푹 빠져서 살았다. 수많은 놀이 친구 중 특별한 녀석이 하나 있었는데 이름은 프리즐이었다. 프리즐은 크기가 몇 인치밖에 안 되는 호기심 많은 쥐의 일종으로, 저빌쥐로 분류되었다. 프리즐은 그리 길지 않은 생애의 대부분을 우리가 마련해 준 여러 개의 칸으로 나뉜 사육장을 탐사하면서 빠져나갈 구멍을 찾는 데 보냈다. 프리즐이 죽었을 때 우리는 몹시 슬퍼했다.

여러 가지 이유로 나는 어린 시절에 동물을 기르지 않았다. 단 한 번 선인장을 길러보려 한 적은 있었다. 물론 선인장은 저빌쥐에 비하면 거의 활동이 없어 그다지 흥미롭지는 않았다. 선인장은 조금씩 자랐지만 도망치려고 애쓰지는 않았다. 그러나 그 선인장이 누렇게 시들다가 결국 축 늘어졌을 때는 몹시 슬펐다. 그때 나는 선인장이 생존을 위한 싸움에서 지고 말았다는 사실을 깨달았다.

어린 시절에는 누구나 생물이 죽는다는 게 얼마나 큰 변화인지 배우게 된다. 또한 우리에게 친숙한 생물들이 우리를 둘러싸고 있는 물, 바위, 달과 같은 - 살아 있지 않고, 한 번도 살아 있었던 적이 없는 - 사물들로 이루어진 우주의 작은 일부라는 사실을 깨닫게 된다. 그러나 이러한 지혜는 우리 시대에야 얻어진 것이다. 수 세기 동안 숙련된 과학자들을 포함해서 많은 관찰자는 죽은 사물이 생명을 가질 수 없다는 사실을 인식하지 못했다. 가령 그들은 강의 진흙 펄이 뱀을 만들어내고 날고기가 벌레들을 발생시킬 수 있다고 생각했다. 그들은 그 과정을 자연발생이라고 불렀다. 19세기에 루이스 파스퇴르가 행한 뛰어난 실험을 비롯해서 많은 사람이 철저하고 엄밀한 실험을 거듭한 후에야 그 이론이 잘못임이 밝혀졌다. 오늘날 우리는 생명이란 불꽃처럼 이전에 존재했던 생명으로부터만 나올 수 있으며 한번 꺼지면 다시는 불을 붙일 수 없다는 사실을 알고 있다.

그렇다면 우리가 살고 있는 행성에서, 또는 우주 속에서 생명이 존재할 수 있는 곳이라면 어디든 간에 맨 처음 생명은 어떻게 태어날 수 있었을까? 많은 종교인과 일부 철학자들은 생명이 신神이나 그 밖의 불멸의 존재라는 형태로 영원히 존재해 왔다고 가정하면서 이 문제를 회피하고 있다. 그러나 과학에서는 그와 다른 관점을 얻을 수 있다. 우리는 과학에서 초자연적인 대답보다는 자연적인 답변을 구한다. 그리고 종교의 설명과는 다른 가능성에 눈을 돌리게 된다. 그 대답은 생명이 우주가 탄생한 이후 언젠가 - 최소한 한 번은 - 무생물에서 태어났다는 것이다.

생명의 기원을 밝혀내기 위해서는 사람들의 기록이나 기억에 의존할 수 없고, 지구 그 자체에 남아 있는 증거에 관심을 기울여야 한다는 것은 자명하다. 증거들은 퇴적암 속에 화석의 형태로 남아 있다. 암석의 나이는 주변 암석에 남아있는 방사능의 양을 통해 추정할 수 있다. 가령 불안정한 칼륨의 동위원소는 용암이 식어 응고될 때 마치 봉인을 하듯 화산암 속에 갇히게 된다. 이 동위원소의 반감기는 1억 3천만 년이다. 다시 말해서 원소가 스스로 붕괴해서 그 양이 반으로 줄어드는 데 그 정도의 시간이 걸린다는 뜻이다. 그 동위원소의 일부는 안정된 아르곤 가스로 변해서 암석 속에 갇혀 있게 된다. 남아 있는 칼륨 동위원소의 양과 포획된 아르곤 가스의 양을 이용해서 간단한 계산을 하면 암석의 나이를 결정할 수 있다.

111

화석 기록은 생명의 탄생에 관한 놀라운 이야기를 들려준다. 생명은 약 35억 년 전에 박테리아나 조류와 같은 단세포 생물에서 시작되었다. 그리고 그 행진은 오늘날 우리를 포함한 다양한 생물종에 도달하기까지 끊이지 않고 계속되었다. 지구 자체의 나이도 가장 오래된 생명의 기록에 비하면 고작 10억 년 정도 많을 뿐이다. 지구의 나이를 60세의 사람에 비유한다면, 지구가 생명을 개화시킬 준비를 갖추게 되기까지의 기간은 사람이 사춘기에 접어드는 시기에 해당한다. 그리고 인류가 기록을 남기기 시작한 이래 오늘에 이르기까지의 기간은 불과 30분 전부터이다. 그러나 불행하게도 지질학적 기록은 35억 년 전 이

전으로 거슬러 올라가면 차츰 희미해진다. 최초의 박테리아와 유사한 생물체들이 어떻게 탄생하게 되었는지 이야기해 주는 암석은 남아 있지 않다. 생명 탄생의 최초의 과정은 깊은 수수께끼에 묻혀 있는 셈이다.

그러나 사람은 박테리아보다 훨씬 복잡한 구조를 가지고 있다. 만약 우리가 단세포 생물에서 인간에 이르는 진화 과정을 이해할 수 있다면, 그리고 단세포의 수정란이 다세포의 성체로 변화하는 발생 과정을 이해할 수 있다면, 박테리아가 무생물인 물질에서 탄생하는 과정을 쉽게 이해할 수 있지 않겠는가?

이 문제를 올바로 이해하기 위해서 우리는 오늘날 존재하는 생물의 구조를 알아야 할 것이다. 이 과제를 해결하려면 여러 권의 책을 써도 모자랄 정도이다. 그러나 이 자리에서 나는 생물과 무생물을 구분하는 데 도움이 될 수 있는 한 가지 이야기만 하겠다. 생물은 고도로 조직화되어 있다. 나는 되도록 우리에게 친숙한 용어를 선택했다. 어떤 과학자들은 '네거티브 엔트로피negative entropy'와 같은 용어를 더 좋아하지만, 그 속에 들어 있는 기본적인 생각은 같다. 내가 굳이 '조직화'라는 말을 사용한 이유는 윌리엄 셰익스피어의 완성된 작품과 타자기를 이용해서 아무렇게나 찍어놓은 알파벳 문자들을 구분하기 위해서, 또는 교향곡과 마룻바닥에 접시를 떨어뜨릴 때 나는 소리를 분간하기 위해서이다. 가령 셰익스피어의 작품처럼 생물의 활동에 의한 산물도 조직화될 수 있다. 그러나 달 표면의 월석처럼 생명과

112

Robert Shapiro

관련되지 않는 물질은 조직화의 정도가 훨씬 덜하다. 무생물과 비교하면 박테리아도 상당히 조직화되어 있다. 먼지 입자와 박테리아를 비교하는 것은 아무렇게나 늘어놓은 글자와 셰익스피어의 희곡을 비교하는 것과 마찬가지이다.

생명의 기원에 대해 연구하는 과학자들 중 일부는 생물과 무생물 사이에 벌어져 있는 조직화의 간격이, 충분한 시도가 이루어졌다면, 단순히 우연한 기회로 좁혀질 수 있었으리라고 믿는다. 그들은 스탠리 밀러와 해럴드 유리의 유명한 실험에 크게 고무되었다. 밀러와 유리는 1953년에 실험을 통해 간단한 기체 혼합물에 전기 에너지를 통하면 특정 아미노산이 쉽게 형성될 수 있음을 입증했다. 이 아미노산은 단백질이라는 집을 짓는 벽돌과도 같다. 다시 말해서 생명을 형성하는 가장 중요한 구성 요소 중 하나인 것이다. 이처럼 핵심적인 화학물질이 그토록 간단하게 태어날 수 있다면, 생명을 구성하는 그 밖의 요소들도 마찬가지이지 않을까?

그러나 애석하게도 생명은 밀러-유리 실험에서 생성된 '생물발생 이전prebiotic'의 화학 혼합물보다는 훨씬 고도로 조직화되어 있다. 가령 타자기 앞에 앉아 마음 내키는 대로 글자를 찍는다고 하자. 여러분은 "죽느냐 사느냐 그것이 문제로다"라는 유명한 구절을 기억할 것이다. 여기서 다시 한번 상상의 도약을 하면 여러분이 임의적으로 찍어놓은 글자들 중에서 그 유명한 햄릿의 한 구절이 나올 수 있다는 상상이 가능할 것이다. 그러나 냉정하게 그 확률을 계산하면, 지난 45억 년 동안 지구상에 존재해 온 모든 물질의 원자 하나하나가 타자기이고, 그 무수한 타자기들이 저마다 임의적으로 글자들을 찍어낸다 하더라도, 이런 식으로 한 편의 희곡이나 소네트(14행시)를 지을 수 있는 가능성은 매우 희박하다.

상당수의 종교인들을 포함해서, 그 밖의 사상가들은 자연적인 과정을 통해 무생물에서 생물이 탄생했다는 이야기는 절대 불가능하다고 주장한다. 그들은 열역학 제2 법칙을 그 근거로 제시하면서 비조직화된 물질에서 조직화된 물질이 탄생한다는 것은 그 법칙에 위배된다고 말한다. 그러나 열역학 제2 법칙은 폐쇄된(닫힌) 계系에만 적용이 가능하다. 그 법칙은 지구상에서 무생물 화학물질이 태양과 같은 외부 에너지원에서 에너지를 흡수해서 고도로 조직화될 가능성을 배제하지 않는다. 이렇게 무생물이 조직화되면서 얻는 이득은 태양이 열과 빛을 내며 조직화를 상실하는 과정과 상쇄되기 때문에 열역학 법칙을 위배하지 않게 된다.

그러나 화학적인 계들이 에너지를 흡수할 때 그 계들은 일반적으로 그 에너지를 스스로를 가열시키는 등 조직화를 증대시키지 않는 방식으로 사용한다. 우리는 이 화학적인 계들이 생명에 이르는 조직화라는 최초의 계단을 오르게 만들어주었던 에너지가 어떤 형태였는지, 그리고 그러기 위해 어떤 특수한 원료가 필요했는지 그 비법을 알지 못한다. 그런 과정이 일어날 수

114

있었던 환경은 지극히 드물고 복잡했을 수도 있다. 혹은 반대로 그 비법을 알고 나면 맥주를 양조하거나 포도주를 발효시키는 정도로 간단할지도 모른다.

생명의 탄생에 대해 더 많은 것을 알기 위해서는 어떻게 해야 할까? 한 가지 방법은 생물 발생 이전의 실험을 좀 더 진행하는 것이다. 물론 지금까지 많은 사람이 그런 실험을 수행했다. 그러나 그들은 생물의 자기조직화self-organization 과정을 밝혀내려고 애쓰기보다는 오늘날 생물체 속에 들어 있는 화학물질들을 찾는 데 주력했다. 오늘날 존재하는 고도로 진화된 생화학물질이 생물을 향해 비틀거리며 시행착오를 되풀이하던 초기 과정에 존재했을 가능성은 거의 없는 것 같다. 우리에게 필요한 지식은 광물, 지방산 금속염, 공기를 이루는 구성 성분과 같은 간단한 화학물질들이 자외선과 같이 풍부하고 연속적으로 공급되던 에너지에 노출되었을 때 어떤 일이 일어나는가이다. 그 물질이 단순히 타르로 변하거나, 열과 같은 에너지로 발산하고 말까? 대개의 경우 이런 일이 벌어졌을 것이다. 그러나 정확한 혼합이 이루어졌을 때 복잡한 화학적 주기들이 그 물질을 진화하게 만들 것이다. 그렇게 되었다면, 우리는 생명의 기원에 대해 매우 중요한 단서를 얻을 수 있다. 이런 실험에는 복잡하거나 값비싼 실험장비가 필요 없기 때문에 대학교 학부 과정이나 고등학교 실험 시간에도 해볼 수 있다. 그런 점에서 아마추어 과학자들이 과학의 근본적인 문제를 해결하는 데 기여할 수 있는 좋은 주제인 셈이다.

우리 자신의 기원을 찾기 위한 또 하나의 과학적 접근 방식은 무척 큰돈이 들어간다. 그러나 그 과정에서 엄청난 흥분과 영감을 맛볼 수 있을 것이다. 20세기에 우리는 태양계를 탐사할 수 있는 능력을 개발했다. 그러나 그 탐사가 제대로 이루어졌다고 확신하기는 힘들다. 이 말의 뜻은 자신의 전문적인 연구 분야에 깊이 몰두해 있는 극소수의 과학자들의 관심이 아니라 일반 대중들의 폭넓은 관심을 끌고, 그들이 자진해서 연구에 필요한 경비를 부담하게 만들지 못했다는 것이다. 태양계는 현란할 만큼 많은 천체들로 이루어져 있고 그 천체들은 저마다 수십억 년 동안 에너지에 노출되어 온 서로 다른 화학적 계들을 간직하고 있다. 그중 일부는 조직화하는 방향으로 발전했을 수도 있다. 우리 지구와는 전혀 다른 경로일 수도 있지만, 이런 경로를 향해 출발한 계를 발견함으로써 우리는 자기조직화와 우리 자신의 최초 단계들의 특성에 포괄된 원리들에 관한 생생한 단서들을 얻을 수 있을 것이다. 태양계에 포함된 행성들을 대상으로 한 이런 식의 보물찾기로 다른 유형의 초기 생명 형태를 발견할 수도 있고, 그렇지 못할 수도 있다. 그러나 이 우주탐사 계획에 활력을 불어넣으리라는 점은 분명하다.

'우리는 어디서 왔는가', 이 글의 제목에서 나는 마치 어린아이처럼 생명의 기원이라는 문제를 '어디서 왔는가'라는 위치 찾기 문제로 다루었다. 어떤 과학자들은 생명이 지구가 아닌 다른 곳에서 시작되어서 지구라는 행성으로 이주하게 되었다고 주장했다. 그 말이 사실이라 하더라도 가장 핵심적인 문제는 여전히 해결되지 못한다. 그 문제란 '우리는 어떻게 태어났는가'이다. 생명 탄생의 위치라는 문제는 다른 측면에서 매우 중요할 수 있다. 설령 우리가 지구에서 태어났다 하더라도, 우리가 어떻게 태어났는지 알기 위해서는 우리를 기다리고 있는 드넓은 우주로 모험을 떠나야 하는 것이다.

로버트 셔피로(ROBERT SHAPIRO)는 미국의 화학자로, 2011년 세상을 떠나기 전까지 뉴욕 대학교의 화학과 교수를 지냈다. 그는 주로 DNA 화학 분야에서 약 90편의 논문을 단독 또는 공동으로 저술했다. 특히 그와 그의 동료 연구자들은 주변 환경의 화학물질이 우리의 유전물질에 손상을 입힐 수 있으며, 그 결과 나타나는 돌연변이나 암을 유발하는 여러 가지 가능성에 대해 집중적으로 연구했다. 그는 국립보건연구소, 에너지성, 국립과학재단 등의 여러 단체의 지원으로 연구를 수행했다.

저서로 우주 속에서의 생명의 범위를 다룬『지구 너머의 생명(제럴드 파인버그와 공저)』,『지구 생명의 기원』, 그리고 사람의 유전 암호를 해독하려는 시도를 다룬『인간의 청사진』등이 있다.

작은 난자가
어떻게

복잡한
생명을
탄생시킬까

루이스 월퍼트
Lewis Wolpert

＊

난자처럼 작고 거의 활동이 없는 것처럼 보이는 세포에서 어떻게 복잡한 사람이 태어날 수 있을까? 이 작은 세포를 인체의 모든 조직으로 바꾸어주는 장치들은 다 어디에 있을까? 유전물질인 유전자는 어떻게 이런 과정들을 제어할까? 그리고 유전자들은 어떻게 그토록 다양한 동물들을 생성할 수 있을까? 이런 물음들은 생물학이 안고 있는 가장 큰 문제들 중 하나이다. 그리고 여기에 답변을 얻기 위해 이루어진 최근의 진전들은 무척이나 흥미롭다.

수정된 난자 세포는 무수한 세포들을 생성하고 - 사람은 수십억 개의 세포로 이루어져 있다 - 그 세포들이 조직되어 눈, 코, 팔다리, 심장, 두뇌와 같은 구조가 된다. 그렇다면 그 구조들, 또는 최소한 그런 구조를 만드는 데 필요한 계획이 난자 속에 어떻게 들어 있을까? 그런데 그 과정들이 난자 속에서 일어나는 것은 아니다. 발생이란 이미 들어 있는 패턴이 단순히 확장되는 식으로 작동하지 않는다. 분명 거기에는 조직 메커니즘의 작동이 필요하다. 초기 배아의 일부가 제거되면, 교란에도 불구하고 그 배아는 정상적으로 조절과 발생을 계속할 수 있다. 수백 개의 세포가 이미 존재할 때 배아가 분할되면, 일란성 쌍둥이가 태어날 수 있다.

발생development에 대해 이해하려면 우리는 세포와 유전자를 모두 살펴보아야 한다. 발생은 세포의 움직임이라는 차원에서 가장 잘 이해될 수 있다. 그 움직임은 유전자에 의해 제어된다. 세포는 발생 중인 배아의 가장 기본적인 단위이다. 수정란은 분열과 증식을 거듭하면서 새로운 유형의 세포를 발생시킨다. 우리는 근육 세포, 신경 세포, 피부 세포, 수정체 세포 등에서 이런 다양성을 찾아볼 수 있다. 우리 몸속에는 약 250종류의 서로 다른 세포가 있다. 그러나 발생은 서로 다른 종류의 세포들을 만드는 것 이상의 활동이다. 이렇게 만들어진 세포들은 패턴형성과 형태형성morphogenesis, 즉 형태 변화의 과정을 수행해야 한다. 일례로, 세포들이 조직되어 팔다리와 같은 구조를 이루는 것이 그런 과정에 해당한다. 이런 인체 구조들은 거의 비슷한 종류의 세포로 이루어져 있다. 여기에는 패턴형성의 과정이 포함되며, 패턴형성은 세포들에게 위치에 관한 정체성identity을 부여해서 신체 구조가 적절한 방식으로 발생하도록 해준다. 패턴형성은 공간적인 조직화spatial organization에 해당한다. 근육과 뼈를 올바른 장소에 오게 해서 팔이 다리와 다른 특성을 갖게 하고, 박쥐의 날개가 새의 날개와 다르게 만드는 것이다. 그에 비해 형태형성은 배아가 그 형태를 변화시키는 물리적인 메커니즘과 관

120

계가 있다. 일례로 우리의 뇌는 처음에는 세포들로 이루어진 평평한 판이었다가 튜브 형태로 말린다. 이 과정은 세포들의 활발한 활동과 서로 달라붙는 점착성의 변화로 일어난다. 일반적으로 패턴형성이 형태형성에 앞서 일어나며, 세포들에게 형태를 바꾸거나 점착성을 변경시켜야 할 위치를 알려준다.

사람을 다른 척추동물들과 구분시켜 주는 것은 세포의 종류라기보다는 패턴형성과 그에 따른 공간적인 조직화의 차이이다. 예를 들어 팔다리나 뇌세포에서도 약간의 차이는 있을 수 있지만, 중요한 것은 그 세포들이 공간적으로 어떻게 조직되는가이다. 우리의 뇌에 침팬지의 뇌에는 없는 특수한 세포가 들어 있지는 않다.

발생 과정에서 세포는 증식하고, 특성을 변화시키고, 힘을 행사하고, 신호를 방출하거나 받는다. 이런 모든 활동은 염색체의 DNA에 들어 있는 유전자 속 유전정보의 제어를 받는다. 그러나 DNA는 비교적 수동적이고 안정적인 화학물질이다. 세포 활동에 대한 DNA의 제어는 그 세포 속에서 어떤 단백질이 합성되어야 하는지를 명령하는 식으로 이루어진다. 단백질은 모든 일이 일어나게 만드는 세포 속의 마술사이다. 단백질은 세포 속에서 일어나는 화학반응과 화학구조를 모두 제어한다. 실제로 세포가 어떤 특성을 가지는가는 그 세포 속에 들어 있는 특수한 단백질들에 의해 결정된다. 단백질은 세포의 운동을 일으키고, 세포의 형태를 결정하며, 세포의 증식을 가능하게 한다. 각각의 세포는 저마다 고유한 단백질 집합을 – 적혈구 세포 속에 들어 있는 헤모글로빈이나 췌장 세포 속에 들어 있는 인슐린처럼 – 가지고 있다. 그러나 DNA가 모든 단백질을 제조하는 명령을 가지고 있기 때문에, 그리고 각각의 단백질이 유전자에 의해 부호화되어 있기 때문에, 어떤 단백질이 특정 세포 안에 있느냐 여부는 그 단백질에 관여하는 유전자가 켜져 있느냐on, 꺼져 있느냐off에 달려 있다. 따라서 유전자의 '온-오프' 전환이 발생의 중심적인 특성이다. 유전자가 어떤 단백질이 합성되어야 하는지, 그리고 그 결과로 발생하는 세포가 어떤 활동을 해야 하는지 결정하기 때문이다. 모든 세포는 수정란에서 동일한 유전정보를 받는다. 세포들 사이에서 나타나는 차이는 그 이후 단계에서 서로 다른 유전자들이 켜지거나 꺼지기 때문에 나타나는 것이다.

그렇다면 이처럼 유전자 활동에서 차이가 나는 까닭은 무엇일까? 그 차이 중 일부는 이 글의 첫머리에서 난자가 거의 활동이 없는 것처럼 보인다고 한 나의 말이 사실이 아니기 때문이다. 예로 개구리나 파리의 경우, 어미가 알을 생산한 시점부터 알의 특정 영역에 특수한 단백질들이 존재한다. 따라서 알이 분열하면서 일부 세포들은 특정 종류의 단백질을 획득하고, 다른 세포들은 다른 단백질을 얻는다. 그리고 이들 단백질들이 전혀 다른 종류의 유전자들을 활성화시킨다. 그러나 알에서 나타나는 이러한 차이는 개략적인 영역을 설정할 뿐이고, 세포 사이의 의사소통cell communication이 배아의 패턴을 형성하는 주된 방법이다. 그에 비해 사람의 배아는 세포간intercellular 의사소통에 배타적으로 의존하는 것으로 생각된다. 그 이유는 난자에 어떤 차이가 있다고 생각할 근거가 없기 때문이다. 배아의 조절 능력을 위해서는 ― 즉 교란 요인이 일어났을 때 정상적으로 발생을 지속시키는 능력 ― 절대적으로 의사소통이 필요하다. 그렇지 않다면 손상을 극복해 나갈 무슨 방법이 있겠는가?

그렇다면 배아에 들어 있는 세포들은 자신이 무엇을 해야 할지 어떻게 알까? 그 답은 부분적으로는 그들이 자신들의 위치를 '알고 있다'는 사실에 의존한다. 복잡한 배아 대신 단순한 국기國旗를 생각하면 조금 더 쉽게 이해할 수 있다. 프랑스 국기를 예로 들어보자. 가령 여러 개의 세포들이 일렬로 늘어서 있고, 각각의 세포들이 모두 푸른색, 붉은색, 흰색이 될 수 있는 능력을 갖추고 있다고 가정하자. 그렇다면 어떤 메커니즘이 프랑스 국기의 패턴을 ― 다시 말해서 그 줄의 처음 3분의 1에 해당하는 세포들은 푸른색이 되고, 다음 3분의 1은 흰색, 나머지 3분의 1은 붉은색이 되도록 ― 발생시킬 수 있겠는가? 이것은 초기 배아가 직면하게 되는 문제와 그리 다르지 않다. 초기 단계에서 배아는 뼈, 근육, 내장, 피부 등으로 성장하게 될 여러 영역으로 나뉘어야 하기 때문이다.

이 문제에 대한 해결책은 여러 가지가 있을 수 있다. 그러나 가장 일반적이면서 흥미로운 방법은 모든 세포가 자신의 위치를 알게 하는 것이다. 세포들이 줄의 맨 끝 지점에 대한 자신의 위치를 '알고 있다면', 자신이 가지고 있는 유전 명령(이 명령은 모든 세포가 똑같다)을 이용해서 자신이 어느 3분의 1에 속하는지 판단하고 푸른색, 흰색, 붉은색 중에서 한 가지 색을 발생시킬 수 있다. 이런 메커니즘이 작동하게 만드는 한 가지 방법은 줄을 따라 형태발생을 제어하는 화학물질인 모르포겐morphogen의 농도 차이를 이용하는 것이다. 세포들은 모르포겐 농도를 읽어 자신의 위치를 파악할 수 있다. 예를 들어 높은 농도에서는 붉은색 세포가 발생하고, 중간 농도에서는 흰색 세포가 발생하는 식이다. 더 일반적인 방법으로는 세포들마다 지정된 위치가 있고, 각각의 위치에서 무엇을 해야 하는지에 대한 유전 명령이 있다면 매우 폭넓은 패턴의 다양성이 일어날 수 있다.

세포의 위치를 알려주는 신호 방식을 살펴볼 수 있는 좋은 보기로는 개구리의 발생 과정에 대한 고전적인 실험을 들 수 있다. 배아 패턴은 처음에는 수정란의 분열로 나타나는 공 모양의 배아 표층에 지정된다. 이 과정은 본질적으로 2차원 패턴을 제공하며 이후 소화기관이나 골격을 형성하게 될 영역들은 여전히 배아 바깥에 존재한다. 그 영역들은 낭배囊胚 형성이라 불리는 과정을 거치면서 안쪽으로 들어가게 된다. 그들이 배아 안쪽으로 들어가는 장소가 신체 중심축의 기본 패턴을 수립하는 신호 영역이 된다. 이 영역을 다른 배아에 이식시키면 그 배아에도 신호를 주어 머리와 신체가 발생하게 한다.

위치 신호의 또 다른 예는 팔다리의 발생 과정에서 찾아볼 수 있다. 신호 영역은 손이나 발이 돋아나는 아체芽體의 뒤쪽 가장자리에 위치하며, 손가락이나 발가락이 어디에서 나와야 하는지 그 위치를 지정해 준다. 이 신호 영역을 또 다른 아체의 앞쪽 가장자리에 이식시키면 그 신호로 마치 거울상처럼 반전된 한 쌍의 손과 발이 발생하는 결과가 나타난다. 이 과정은 모르포겐 속에 들어 있는 거울상 이미지의 농도 차이가 신호를 주는 것으로 해석될 수도 있다.

또한 세포들은 자신들의 위치를 기록하고 기억할 필요가 있다. 곤충의 초기 발생 과정에 대한 여러 학자들의 연구는 매우 성공적이어서 초기 배아의 패턴을 결정짓는 데 관여하는 유전자들을 식별해 내는 단계에까지 도달하고 있다. 곤충의 몸을 구성하는 서로 다른 부분들의 발생이 유전자들에 의해 제어되고, 그 유전자들은 저마다 특성을 가진다는 사실이 밝혀졌다. 그 유전자들은 호메오 유전자homeotic gene라 불린다. 이들 유전자에 돌연변이가 일어나면 파리의 더듬이와 다리의 위치가 바뀌는 식으로 몸의 일부가 다른 부분으로 뒤바뀌는 결과가 나타난다. 이것을 호메오시스homeosis, 즉 상동이질형성이라고 한다. 이 유전자들은 호메오박스homeobox라 불리는 작은 영역을 공유하고 있다. 그런데 놀라운 사실은 호메오박스를 가지고 있는 유전자들은 파리 이외에 다른 모든 동물에서도 발견되며 그 기능도 위치 정보를 기록한다는 점에서 동일하다는 것이다. 쥐와 개구리의 배아에는 신체의 기본축을 따라 분명한 호메오박스 유전자

발현 패턴이 나타난다. 이 패턴이 세포들의 위치를 알려주는 기능을 하는 것으로 생각된다. 이 유전자들이 올바로 작동하지 않으면, 예를 들어 갈비뼈가 잘못된 위치에 발생할 수 있다. 마찬가지로 팔다리의 호메오박스에도 유전자들이 명확한 패턴으로 들어 있다. 게다가 새로운 신호 영역을 이식시켜서 그 결과로 하나의 거울상 팔다리가 만들어지면, 호메오박스 유전자들의 발현에서 초기 반응이 변화를 일으킨다. 그러나 가령 우리 손을 구성하는 다섯 개의 손가락이 복잡한 근육, 뼈, 힘줄의 배열에 대한 지시를 호메오박스 유전자와 그 신호로부터 어떻게 얻는지 이해하기 위해서는 아직도 밝혀내야 할 과제가 많이 남아 있다.

방안을 날아다니는 파리와 쥐, 그리고 사람의 외양이 아무리 달라도, 분자 발생학molecular embryology은 겉보기로는 전혀 다른 것처럼 보이는 파리와 쥐, 또는 파리와 사람이 거의 유사한 메커니즘을 이용해서 발생한다는 사실을 밝혀주었다. 심지어 이들은 거의 비슷한 유전자들을 사용하기까지 한다. 최근에는 파리의 날개와 척추동물의 사지를 발생하게 하는 유전자와 신호 패턴이 거의 유사하다는 사실이 밝혀졌다. 발생 과정에서 세포의 활동을 변경시키는 것은 유전자의 극히 미묘한 차이이며 궁극적으로 그 작은 차이가 동물계의 그토록 큰 다양성을 빚어내는 것이다.

루이스 월퍼트(LEWIS WOLPERT)는 영국의 발생생물학자로, 런던 유니버시티 칼리지의 해부학과 발생생물학 교수로 재직했으며 2021년에 세상을 떠났다. 그의 주된 연구 분야는 세포생물학과 발생생물학이었다.

그는 1968년에 동물학 학회가 수여하는 과학메달을 수상했고, 1980년에 왕립학회의 회원이 되었으며 대중 과학이해 위원회 의장을 역임했다. 또한 1990년에 대영제국 훈장을 받았으며, 보건을 위한 유전 의학 연구 위원회 의장도 지냈다.

그는 1986년에 왕립학회에서 크리스마스 강연을, 1990년 봄에는 워윅 대학에서 강연을 했다. 1988~1989년에는 TV 프로그램인 「안테나(BBC2)」의 사회자를 맡았고, 라디오 3 방송국에서 과학자들과 25차례에 걸쳐 인터뷰를 했다. 그가 진행했던 최초의 라디오 시리즈는 『과학에 대한 열정』이라는 이름의 책으로 출간되었다. 또한 그는 「DNA, 비밀의 여왕」, 「미적분학의 창시자들」 등을 비롯한 여러 편의 다큐멘터리를 제작하기도 했다. 그 밖에도 『하나의 세포가 어떻게 인간이 되는가』, 『과학의 비자연적인 본성』, 『당신 참 좋아 보이네요』 등의 저서를 출간했다.

HOW
THINGS
ARE

제3부

진
화

근친상간은
왜
금기인가

패트릭 베이트슨
Patrick Bateson

확고한 입장을 가졌던 영국의 지휘자 토머스 비첨은 다음과 같은 충고를 한 적이 있었다. "근친상간과 모리스 춤(영국 민속춤의 일종)을 피하라." 아마도 그는 그 두 가지를 시골 생활에서 경계해야 할 어두운 측면으로 간주한 것 같다. 오늘날에도 마치 중세 영국을 부활시키기라도 하려는 듯, 영국 시골 마을의 여름 초원에서는 사람들이 요란하게 몸을 흔들며 춤을 추고 바람을 넣은 돼지 오줌보를 흔들어대는 모습을 볼 수 있다. 다른 사람들은 농촌이든 아니든, 연중 어느 시기이든 가리지 않고 은밀하게 자신의 딸이나 여자 형제를 성적으로 학대하기도 한다.

　　가족 내 성적 학대에 대해서 쉬쉬하는 분위기는 최근까지도 이어져 침묵이 귀를 먹먹하게 만들 정도지만, 비참하게도 여전히 비일비재한 것 같다. 실제로 거의 모든 문화권에서 근친상간 금지 규정이 그토록 널리 발견된다는 사실 자체가 그 점을 뒷받침해 준다. 이런 관점에 따르면, 근친상간 금기는 남성으로부터 여성을 보호한다. 그러나 만약 그렇다면, 여성들은 왜 또 다른 형태의 남성 폭력으로부터는 이와 비슷하게 보호받지 못하는가? 이런 문제는 순수한 사회학적 설명만으로는 만족스러운 답을 얻을 수 없기 때문에 전혀 다른 설명에 호소하기도 한다. 대부분의 설명에 따르면 근친상간 금기는 그로 인해 발생하는 생물학적 대가를 치르지 않기 위한 일종의 안전장치이다. 그러나 대부분의 사람들이 근친교배의 생물학적 결과에 대한 지식이 부족하기 때문에 위의 설명에도 문제가 있다. 현대 사회에서 그 생물학적 대가는 대개 극도로 과장되지만, 일부 사회의 구성원들은 그 부정적 영향에 대해 모르는 것 같다. 비록 가까운 친척과의 성관계를 금하고 있기는 하지만 말이다. 설령 그들의 조상이 그들보다 더 많은 것을 알고 있었다 하더라도, 순전히 생물학적 설명만으로는 근친상간과 연관된 수많은 세부 사실들을 만족스럽게 설명할 수 없다.

여러분이 영국 성공회의 '기도서'를 볼 기회가 있다면 그 금기를 언급한 구절을 발견할 것이다. 기도서 뒤표지에 친척과 인척 관계를 나타낸 표가 있는데, "영국 국교회는 여기에 관계되는 그 누구와의 결혼도 금한다"라고 적혀 있다. 남자는 모친, 여자 형제, 딸을 비롯해서 그 밖의 유전적으로 연관된 모든 여성과 결혼해서는 안 된다. 여성의 경우도 마찬가지이며, 금기의 대상에는 삼촌, 조카, 조부, 또는 손자까지 포함되어 있다. 여러분은 이렇게 말할지도 모른다. "생물학을 위해서는 더할 나위 없이 반가운 일이 아닌가!" 그러나 금기 대상의 목록은 계속 이어진다. 남자는 장모나 외손자 며느리와 결혼해서는 안 된다. 이쯤이면 여러분도 당황하게 될 것이다. 교회가 이렇게까지 금기 대상을 시시콜콜하게 정해놓았다면, 중세 시대 사람들의 생활은 도대체 어떤 것이었을까? 그들은 외손자 며느리와 결혼을 고려할 만큼 오래 살았단 말인가? 그러나 그것이 중요한 문제는 아니다. 요점은 결혼을 금지하는 25가지 관계 유형 중 적어도 6가지는 유전적 연관이 전혀 없다는 사실이다. 이 점에서 훨씬 더 많은 모호한 문제가 등장한다.

흥미롭게도 영국 국교회는 사촌간의 결혼에 관해 그다지 우려하지 않았다. 다른 문화권에서도 마찬가지이지만, 여기에서 다시 두드러진 모순이 발견된다. 상당히 많은 문화권에서 친사촌과 이종사촌 사이의 결혼이 금지되는 반면, 고종사촌간의 결혼은 허락할 뿐 아니라 많은 경우 적극적으로 장려되기까지 한다. 친사촌이란 그들의 아버지가 형제간이고 이종사촌은 어머니가 자매간인 경우이다. 고종사촌은 한쪽 아버지가 다른 쪽 어머니의 남자 형제인 경우를 말한다. 근친상간 금기에 관한 생물학적 설명과 관련되어 발생하는 문제는 친사촌, 이종사촌, 고종사촌이 많은 문화권에서 법적으로 사뭇 다르게 다루어지고 있지만 정작 유전적으로는 다르지 않다는 점이다.

많은 동물들은 애써 근친교배를 피하려고 애쓴다. 동물들에서 근친교배를 피하는 방향으로 진화가 이루어진 과정을 살펴보면 사람의 근친상간 금기의 기원을 더 깊이 통찰할 수 있을까? 그러나 사람들 사이에서 구전으로 전해진 금기를 뜻하는

'근친상간'이 동물에게 그대로 적용되어서는 안 된다는 점을 유의해야 할 것이다. 만약 우리가 그 문제의 논점을 처음부터 단정 짓거나 사람의 금기가 동물에서 나타나는 교배 금지와 같은 것이라고 가정하려는 것이 아니라면 말이다. 어쨌든 일부 동물에서 그 종이 오랫동안 이계교배를 해왔을 경우 동종교배가 이루어진다면 무거운 대가를 치르게 된다. 예를 들어 실험실에서 새처럼 운동성이 높은 동물의 수컷을 암컷 형제와 교배시키고 다시 그 자손들을 교배시키는 식으로 몇 세대를 거듭하면 대개의 경우 그 계통은 금세 죽는다. 그 이유는 대개 유전자가 그들의 부모와 같은 쌍을 이룰 수도, 그렇지 않을 수도 있기 때문이다. 일부 유전자는 서로 다른 유전자와 쌍을 이룰 때 해가 없지만, 동일한 유전자끼리 쌍을 이루게 되면 치명적이다. 치사致死 열성 형질이라 알려진 이런 유전자는 근친교배가 계속될수록 같은 유전자끼리 쌍을 이룰 가능성이 높아진다.

잠깐 주제에서 벗어나 다른 이야기를 하자면 맨 처음에 이계교배가 진화하게 된 것은 대개 사람들이 우려하는 근친교배의 유전적 대가 때문이 아니다. 치사 열성 유전자가 존재하는 이유는 오히려 이계교배의 결과이다. 그것은 상대의 우성 유전자에 의해 억제되기 때문에 게놈(전체 유전자)에 보이지 않게 축적된다. 이계교배가 최초로 진화하게 된 이유는 아마도 성性의 진화를 위해 필요했기 때문일 것이다. 성은 감염을 최소화시키기 위한 것이며 그런 측면에서 이계교배 없이는 아무런 가치도 없다.

동물이 근친교배를 한다면, 구애와 짝짓기 문제로 힘들게 노력하지 않고도 잘 증식할 수 있다. 유성생식은 기생생물을 더 쉽게 찾아낼 수 있게 해준다. 그 이유는 부모 숙주의 면역 체계에 발각되지 않도록 자신을 변장하는 기생생물이 그 숙주와 유전적으로 다른 자손의 조직에서는 쉽게 발견되기 때문이다. 숙주의 유성생식이 없더라도 숙주에게 일어나는 유전자 돌연변이도 기생생물이 면역체계에 잘 보이게 만들 것이다. 그러나 기생생물은 금세 돌연변이를 일으켜 숙주의 변화에 대응할 수 있다. 기생생물은 숙주보다 훨씬 빠른 속도로 번식하기 때문에 유성생식이 없다면 기생생물의 피해를 면할 수 없다.

오늘날에는 많은 종의 구성원들이 형제자매처럼 가까운 친척관계가 아닌 상대와의 교배를 선호한다. 그렇다면 그들은 상대가 자신의 친척인지 여부를 어떻게 식별할 수 있을까? 새에 대한 연구에서 밝혀진 한 가지 메커니즘은 다음과 같다. 새가 어린 새끼였을 때 부모와 형제의 모습을 익혀서 가까운 친척을 식별하는 원형으로 삼는다는 것이다. 그 새들이 자라게 되면 어렸을 때 익힌 원형의 기준과 조금 다른 상대를 선호하게 되고, 그에 따라 자신과 유전적으로 다른 개체들과 교배하여 근친교배의 악영향을 최소화할 수 있다는 것이다. 또한 일본산 메추라기를 가까운 친척이 아닌 다른 메추라기들과 함께 키우는 실험도 이루어졌다. 그 새들이 성장하자 어렸을 때 알았던 새들과는 다소 외양이 다른 새를 더 좋아하게 되었다.

메추라기를 이용한 실험실 연구와 비슷하지만 자연적으로 일어난 실험이 인간에 대해 이루어진 적이 있었다. 그중에서 가장 뛰어난 분석은 19세기와 20세기 초의 일본 통치하의 대만에서 이루어졌다. 일본인들은 그 섬에 살고 있는 모든 사람의 출생, 결혼 및 사망 기록을 자세히 작성해 두었다. 남아시아의 다른 여러 지역과 마찬가지로 결혼은 주로 다음 두 가지의 흥미로운 형태로 일어났다. 다수 형태는 일반적인 것으로 두 사람이 성인이 되어 만나 서로 결혼하는 것이다. 소수의 형태로는 아내가 될 여자가 어린 나이에 장차 남편이 될 가정에 들어가는 것이다. 이 경우 배우자들은 서로 형제처럼 자라게 된다. 이런 식으로 그들은 실험실에서 사육되는 메추라기처럼 유전적으로 아무런 관련도 없는 이성으로 양육되었다. 후일 이렇게 성장한 배우자의 성적 관심이 실험 대상이 되었다.

스탠퍼드 대학의 인류학자 아서 울프는 이 일본인들의 기록을 상세히 분석하였다. 그는 이혼 여부, 결혼 생활의 성실도, 자녀의 수 등을 조사한 결과 소수의 결혼 형태가 다수의 결혼 형태보다 현저하게 덜 '성공적'임을 알 수 있었다. 어린 시절부터 형제자매처럼 함께 자라난 젊은 쌍은 결혼 후에도 서로에 대해 특별한 성적 관심을 갖지 못하게 된다. 이런 현상에 대한 많은 자료가 제출되었기 때문에 울프는 자료를 정확하고 확실하게 분석해서 여러 가지 가정들을 구별했고, 그 결과 사람이 성적 파트너를 선택하는 데 미치는 주된 영향은 어릴 때 시작되는 경험이라는 분명한 결론을 내렸다.

　　인간 행동에서 나타나는 이러한 측면들이 근친상간 금기를 비롯해서 전 세계적으로 발견되는 다른 형태들의 금기를 이해하는 데 어떤 도움을 주는가? 이 문제를 설명하기 위해 1세기 전에 에드워드 웨스터마크가 『인간 결혼의 역사The History of Human Marriage』라는 저서에서 처음 제안한 고찰을 소개하기로 하자. 웨스터마크는 누구나 자신이 하지 않는 행동을 하는 사람들을 보면 그들을 멈추게 하려는 경향이 있다고 주장했다. 얼마 전까지만 해도 왼손잡이는 혐오의 대상이었고 오른손을 사용하는 습관을 들이도록 '자신의 의사와 무관하게' 강요되었다. 또한 동성애자들은 대부분의 문화권에서 힘든 고초를 겪어왔다. 그는 이와 마찬가지로 근친상간을 범한 사람도 차별을 당한다고 주장하였다. 어릴 때부터 이성 친구들과 친하게 지낸 사람은 그들에게 그다지 매력을 느끼지 못하며, 비슷하게 닮은 다른 사람에 대해서도 탐탁지 않아 한다. 근친교배로 태어난 지적장애 아동을 돌보기 싫어하는 것은 사회와는 아무런 관련도 없다. 왜냐하면 대부분의 경우 그들은 근친교배가 초래하는 생물학적 영향에 대해 모르기 때문이다. 그런 현상은 모두 어울리지 않는 비정상 행위에 대한 억압으로 나타나는 것이다. 비록 우리 사회에 상당수의 사례가 있지만, 그러한 순응주의는 오늘날의 관점에서 볼 때 지나치게 가혹하게 보인다. 그러나 인간이 진화해 온 환경에서 우리는 행동 통일에 많은 것을 의존해 왔기 때문에, 달라서 거슬리게 느껴지는 행동은 모든 사람에게 잠재적으로 파괴적인 영향을 줄 가능성이 있었다. 순응주의가 왜 인간의 사회적 행동의 강력한 특징이 되었는지를 설명하기는 그다지 어렵지 않다.

근친상간 금기의 여러 가지 변형을 설명하는 마지막 단계는 어릴 때부터 가장 친하게 지낸 사람이 금기의 대상에 포함될 가능성이 가장 높다는 주장이다. 이것이 영국 국교회의 규칙에서 결혼 대상의 예외 조항들을 설명해 준다. 특히 친사촌 간의 결혼은 금지되지만 고종사촌 사이의 결혼은 장려되는 현상을 가장 잘 설명해 준다. 이들 문화권에서, 남자 형제는 남자 형제끼리 그리고 여자 형제는 여자 형제끼리 지내기 때문에 친사촌들이 함께 자라는 경향이 있다. 형제와 자매는 결혼한 이후 대개 다른 장소에서 살기 때문에 고종사촌들은 훨씬 덜 친하다.

이런 주장이 옳다면 생물학과 인간의 근친상간 금기 사이에 분명한 연결이 있음을 알 수 있다. 그러나 그것은 금기가 진화했다는 단순한 생각에 근거한 것이 아니다. 왜냐하면 그로 인해 근친교배를 막고 생물학적 대가를 최소화할 수 있기 때문이다. 한마디로 요약하자면 그 주장은 생물학적 진화 과정에서 두 가지 완벽하게 훌륭한 메커니즘이 나타났다는 것이다. 하나는 장기간의 성 파트너를 선택할 때 근친교배와 이계교배 간의 올바른 균형을 이루게 해주는 메커니즘이다. 그리고 다른 하나는 사회적 조화와 관련이 있다. 이 두 가지 메커니즘이 결합될 때, 그 결과는 가까운 가족 중에서 성적 파트너를 선택하는 사람에 대한 사회적 반감으로 나타난다. 그리고 이러한 사회적인 반감이 언어와 결합되면서 근친상간 금기를 나타내는 법칙들이 태어났고, 이런 금기들은 처음에는 말로 구전되다가 나중에는 문자의 형태로 대를 이어 전달되었다는 것이다. 웨스터마크의 주장은 금기 사항들이 서로 왜 유사한지뿐 아니라 왜 서로 다른지에 대해서도 이해할 수 있게 해준다는 면에서 무척 매력적이다.

토머스 비첨은 근친상간에 관해 전통적인 견해를 지녔다. 그가 판에 박힌 견해를 가졌다는 것은 그가 음악가로서 항상 똑같은 악보로 연주한다는 의미이다. 그가 지휘하는 작품을 익히 잘 알고 있는 사람이라면 누구나 그 작품이 어떻게 끝날지 알고 있다. 나는 근친상간 금기라는 인간 문화의 출현이 음악가가 방금 다른 사람이 연주한 음악에서 착상을 얻어 즉석에서 연주하는 재즈의 형태와 더 비슷하다고 주장했다. 새로운 주제가 등장하면서 연주는 스스로의 독자적인 생명을 얻게 되고, 처음에는 전혀 예상할 수 없는 대목에서 끝맺는다. 어렸을 때부터 친하게 알고 있는 성 파트너의 선택에 대한 금지와 사회적 순응은 생물학적 진화의 소산일 것이다. 이 모든 것을 종합하여 판단하면 가까운 친척간의 성관계에 대한 사람들의 반감을 이해할 수 있게 될 것이다. 그리고 그 반감이 언어와 결합되면서, 사람들은 근친상간에 대한 금기를 가지게 되었다. 오랜 역사를 통해 이처럼 복잡화를 거듭해 온 과정은 찾아보기 힘들 것이다.

패트릭 베이트슨(PATRICK BATESON)은 영국의 인류학자이자 생물학자로, 케임브리지 대학의 행동생물학 교수였으며 2017년에 세상을 떠났다. 2003년에 과학에 대한 공헌을 인정받아 훈작사 작위를 받았고, 케임브리지 대학 킹스 칼리지 학장과 왕립학회 회원을 역임했다. 그는 처음에 동물학자로 출발해서 행동 발달에 대해 오랫동안 연구를 계속했다. 인간의 근친상간 금기에 대한 그의 관심은 새의 배우자 선택에 관한 연구에서 시작되었다. 저서로는 『행동 측정(폴 마르탱과 공저)』, 『행동 발달과 통합』, 『행동, 발달, 그리고 진화』가 있다.

피부색이
다른 이유는
무엇일까

스티브 존스
Steve Jones

많은 사람들이 검은 피부를 가지고 있다는 것은 모두가 알고 있는 사실이다. 더구나 흑인은 아프리카에 가장 많이 집중되어 있으며, 지난 몇 세기의 격동이 있기 전까지는 유럽 및 아시아, 아메리카에서 검은 피부색을 가진 사람들을 찾아보기 힘들었다. 왜 이렇게 되었을까?

　　이 질문은 아주 간단한 것처럼 보인다. 만약 그 질문에 단순한 답을 할 수 없다면 자신에 대한 우리의 이해가 무언가 잘못된 것이 분명하다. 그런데 사실 인류와 연관된 이 놀라운 사실에 대한 명백한 설명은 없다. 그 사실을 설명할 수 없다는 것은 진화론의 장점과 약점, 그리고 과학이 과거에 관해 이야기할 수 있는 것과 없는 것에 대해 많은 것을 시사해 준다.

　　모든 해부학 교과서는 사람들이 다르게 보이는 이유에 대해 나름대로 설명을 해준다. 의사들은 오랜 과거에 살았던 의사들 이야기를 하면서 잘난 체하기를 좋아한다. 의학 교과서에는 흑인이 독특한 말피기층이 있기 때문에 검은 피부를 가진다고 쓰여 있다. 이것은 17세기 이탈리아 해부학자인 말피기의 이름을 딴 피부의 층이다. 여기에는 '멜라노사이트'라 불리는 세포가 많이 들어 있다. 그 세포 내부에는 멜라닌이라는 검은 색소가 있는데 이 색소가 많을수록 피부색이 더 검어진다. 말피기는 유럽인보다 아프리카인의 피부에 멜라닌이 더 많다는 사실을 알아냈다. 이렇게 해서 문제가 모두 해결된 것처럼 보였다.

이것은 내가 '피커딜리식 설명'이라고 부르는 것의 예이다. 피커딜리는 런던의 번화한 거리 중 하나의 이름인데, 기묘하게도 그 말은 영어가 아니다. 나는 런던의 거리에 어떻게 그런 이름이 붙여졌는지 설명해 주는 재미있는 책을 가지고 있다. 그 책에 나오는 피커딜리라는 도로명의 기원에 대한 설명은 해부학자들과 마찬가지로 그 주제를 좀 더 자세하게 묘사하는 데 그치는 빈약한 설명의 단적인 예였다. 그 거리명은 옛날에 그곳에 살면서 만들었던 깃이 높고 넓은 피커딜이라는 칼라에서 비롯되었다고 한다. 거기까지는 좋다. 그러나 아직 답변되지 않은 흥미로운 문제가 분명히 남아 있다. 우선 왜 그 칼라를 피커딜이라고 불렀을까? 그것은 우리가 일상적으로 입는 의복에 적용되는 용어가 아니다. 애석하게도 내가 가진 책에는 거기에 대한 언급이 없다.

말피기의 설명은 의사들에게는 충분할지 몰라도 생각이 많은 사람들을 만족시키지는 못할 것이다. 그 설명은 아프리카인의 피부가 '어떻게' 검은색을 띠게 되었는지는 말해줄 수 있어도, '왜' 그렇게 되었는가라는 더 흥미로운 문제에는 답을 주지 못한다.

흑인의 부모, 조부모, 그리고 훨씬 먼 조상까지도 모두 흑인이며, 백인 역시 마찬가지일 것이기 때문에 해답은 과거에 있다. 그리고 그 점에 과학적 방법의 어려움이 있다. 최초의 흑인이나 최초의 백인이 지구상에 나타났을 때 무슨 일이 일어나고 있었는지 직접 살펴보기란 불가능하다. 대신 간접적인 증거에 의존해야 한다.

어느 이론보다 단순하면서도 일관된 한 가지 이론이 있다. 그 이론은 오랜 세월 동안 많은 사람에 의해 거듭 주장되어 왔다. 그 이론은 오직 믿음에만 의존한다. 그리고 믿음만 있다면, 증명에 대한 의문 따위는 절대 일어나지 않는다. 그 때문에 그 이론은 과학의 영역 밖에 놓여 있다.

그 이론은 모든 생물이 신의 명령으로 따로따로 창조되었다고 설명한다. 유대교와 기독교의 설명에 따르면 아담과 이브는 에덴동산에서 창조되었다. 후일 엄청난 홍수가 일어났고 노아 부부만이 살아남았다. 그들에게는 셈, 함, 야벳이라는 세 아들이 있었다. 셈이 셈족을 이루었듯이 그들은 장성한 후 각기 별개의 종족으로 나뉘어졌다. 함의 자손들은 검은 피부를 가졌다. 그리고 그들의 후손이 아프리카인이 되었다. 이 이론은 많은 사람에게 이 글에서 제기한 질문에 대한 충분한 답을 준다.

노아 이야기는 역사에 대해 직설적인 진술을 할 뿐이다. 그에 비해 일부 창조 신화들이 과학에 더 가깝다. 그런 신화들은 왜 사람들이 다른 모습을 하고 있는지 '설명'하려고 시도한다. 아프리카의 한 창조 신화는 신이 진흙으로 남자를 빚어 불에 구운 다음 거기에 생명을 불어넣었다고 이야기한다. 아프리카인들만이 제대로 구워졌고 그래서 흑인이 되었다. 그런데 유럽인들은 신이 충분히 구워지기 전에 꺼내는 바람에 만족스럽지 못하게도 흐릿한 분홍색을 띠게 되었다는 것이다.

이런 창조 신화들의 문제는 반증이 불가능하다는 것이다. 나는 다양한 생명체가 불과 몇천 년 전에 신의 개입에 의한 직접적인 결과로 지구상에 나타났다고 열렬히 믿는 사람들로부터 많은 편지를 받았다. 그러나 그들을 달리 설득할 아무런 증거도 없다. 인간이 태어나기 수백만 년 전에 공룡이 살았다는 증거로 그 공룡들이 바위 위에 남긴 '발자국'을 보여주면, 그들은 인간과 공룡이 친구처럼 함께 살았다고 말한다. 그들은 자신들이 믿는 진리를 확신하고 있기 때문에 자신들의 견해를 학교 교과서에 실어야 한다고 주장하기까지 한다.

어떤 이론이든 간에 모든 증거가 하나의 이론을 지지하는 것으로 해석될 수만 있다면 논쟁을 벌일 하등의 이유도 없다. 사실 어떤 이론에 대한 믿음이 충분히 강하다면 증거를 찾을 필요조차 없다. 그런 확신이 수 세기 동안 과학을 가로막은 것이다. 그렇지만 최소한 과학자들은 확신하지 않는다. 그들의 생각은 새로운 지식에 의해 끊임없이 시험되어야 한다. 만약 그 시험에서 그들이 틀렸음이 확인되면 그 이론은 기각된다.

오늘날 인간이 초자연적인 작용에 의해 창조되었다고 믿는 생물학자는 아무도 없다. 모든 사람은 인간이 생명의 초기 형태로부터 진화되었다는 사실을 받아들인다. 비록 진화의 증거가 압도적이기는 하지만, 어떻게 진화가 일어났는가에 대해 논쟁의 여지는 많이 남아 있다. 피부색에 관한 논의가 대표적인 경우이다.

현대의 진화생물학은 19세기에 영국의 생물학자 찰스 다윈에서 시작되었다. 그는 지질학에 대한 연구를 통해 자신의 개념들을 빚어냈다. 그가 살던 시대에 대부분의 사람들은 산맥이나 깊은 골짜기와 같은 거대한 지형적 특성이 지진이나 화산 폭발과 같은 갑작스러운 격변으로만 일어날 수 있다고 생각했다. 그런데 그런 격변은 아주 드물게 일어나기 때문에 과학자들이 직접 볼 수 있는 가능성은 거의 없었다. 다윈은 충분한 시간만 주어진다면, 아무리 가느다란 시냇물이라도 점차 바위를 깎아내려 깊은 협곡을 만들 수 있다는 사실을 깨달았다. 그는 현재야말로 과거의 열쇠라고 말했다. 오늘날의 지형에서 진행되는 과정들을 관찰함으로써 수백만 년 전의 사건들을 추정할 수 있다는 것이다. 같은 방법으로, 살아 있는 생물에 대한 연구를 통해 진화 과정에서 어떤 일이 일어났는지를 알아볼 수 있다.

1859년에 출간된 『종의 기원On the Origins of Species』에서 다윈은 그로 인해 새로운 형태의 생물이 진화할 수 있는 메커니즘을 제시했다. 그가 "변화를 수반하는 대물림descent with modification"이라 부른 것이 그 간단한 장치에 해당하는데, 두 가지 주요 부분으로 이루어진다.

하나는 유전된 다양성을 생성한다. 오늘날 이 과정은 돌연변이라고 알려져 있다. 매 세대마다 정자나 난자가 만들어질 때 유전자를 복사하는 과정에서 작지만 중요한 실수가 일어날 가능성이 있다. 때로는 피부 색깔에서 돌연변이가 나타난 결과를 볼 수 있다. 수천 명 중 한 명꼴로 피부 색소가 전혀 없는 선천성 색소결핍증인 백색증albino이 그것이다. 백색증은 아프리카를 비롯해서 전 세계에서 발견된다. 이 병은 색소 유전자에 손상을 입은 정자나 난자를 통해 대물림된다.

두 번째 장치는 여과기이다. 여과기는 처한 환경을 극복하는 데 능한 돌연변이와 그렇지 않은 돌연변이를 구분한다. 돌연변이는 대부분 유해한데, 백색증도 그 한 예이다. 돌연변이 유전자를 지닌 사람은 거의 살아남기 힘들며 그렇지 않은 사람보다 자손을 남기기 어렵다. 따라서 보통 돌연변이는 빨리 사라진다. 그렇지만 때로는 이전보다 생존의 역경을 이겨내기 유리한 방향의 돌연변이가 일어나기도 한다. 갑작스럽게 환경이 바뀌어 변화를 일으킨 유전자가 생존에 더 유리해진 경우다. 그리고 그 유전자를 물려받은 개체는 살아남을 확률이 높아지며 더 많은 자손을 낳게 되고, 따라서 유전자는 더 널리 퍼지게 된다. 이러한 단순한 메커니즘에 의해, 개체군은 '자연선택' 과정을 통해 진화했다. 다윈은 '진화란 성공적인 실수의 연속'이라고 생각했다.

만약 다윈의 장치가 충분히 오랫동안 작동했다면, 새로운 형태의 생물, 즉 새로운 종이 태어나게 되었을 것이다. 시간이 충분히 주어진다면, 단순한 선조로부터 모든 생명 다양성이 탄생할 수 있었을 것이다. 연구할 수도 없고 되풀이할 수도 없는 아주 먼 과거의 특수한 사건들(예를 들어, 단 한 번 벌어진 창조의 사건)을 마음속에 상상할 필요는 없었다. 오히려 현재 살아 있는 생물계 자체가 진화라는 메커니즘이 실제로 작동했다는 증거였다.

그렇다면 다윈의 도구는 피부색에 관해 무엇을 말해주는가? 생물학에서 자주 그러하듯이, 우리가 다윈에게서 얻는 것은 완전한 설명이라기보다는 흥미를 끄는 일련의 실마리들이다.

생물이 어떻게 진화하는지에 관한 여러 가지 증거가 있다. 가장 훌륭한 증거는 화석, 즉 우리에게 전해지는 오랜 과거의 유물에서 나온다. 화석은 속에 그 시대에 대한 많은 이야기를 담고 있다. 뼈(또는 뼈가 그 속에서 변형된 바위)의 화학적 조성은 시간의 흐름에 따라 바뀐다. 분자는 우리가 알고 있는 속도로 붕괴되며 일부 방사성 물질은 하나의 형태에서 다른 형태로 변화한다. 이런 사실들은 원래 그 뼈가 구성하고 있던 생물이 언제 죽었는지에 대한 실마리가 된다. 새로운 화석이 오래된 화석의 뒤를 이어 나타나는 변천 과정에서 멸종된 생물들의 역사를 추적할 수도 있다.

인간의 화석 기록은 그다지 좋은 상태가 아니다. 말의 화석보다도 훨씬 못한 정도이다. 그렇지만 상당한 공백에도 불구하고 많은 화석이 남아 있어서 우리 자신과 별반 다르지 않게 보이는 생물이 약 15만 년 전에 나타났음을 명백히 밝혀준다. 그보다 훨씬 전에 상당히 인간을 닮은 유인원과 흡사한apelike 동물들이 있었지만, 설령 그들이 오늘날까지 살아남았다 하더라도 우리 종에 포함되도록 허락되지는 않았을 것이다. 아무도 이들 멸종 동물들과 우리 사이의 단절되지 않은 연결 관계를 추적하지 않았다. 그럼에도 불구하고 현생 인류로까지 변화된 오랜 과거의 생물에 관한 증거는 압도적이다.

다만 화석화된 인간의 피부가 남아 있지 않기 때문에 화석을 통해서는 피부색에 관해 아무런 직접적인 사실을 알 수 없다. 화석은 최초의 현생 인류가 아프리카에서 출현했다는 것을 보여준다. 현대의 아프리카인은 흑인이다. 그렇다면 필경 검은 피부가 흰색 피부보다 먼저 진화했을 것이다. 전 세계적으로 밝은 피부색을 가진 사람들이 사는 지역에는 – 예를 들어 북유럽의 경우 – 약 10만 년 전까지도 많은 사람이 살지 않았다. 따라서 흰 피부는 매우 빠른 속도로 진화한 셈이다.

다윈은 과거에 무슨 일이 일어났는지를 추정하는 또 다른 방법을 제시했다. 오늘날 살아 있는 동물들을 서로 비교하는 방법이다. 만약 두 종이 해부학적으로 비슷하다면, 그들은 다른 신체 구조를 지닌 동물들보다 최근에 공통 조상으로부터 분기했을 것이다. 때로는 살아 있는 후손들을 살펴봄으로써 멸종한 생물의 구조를 추측할 수도 있다.

이러한 접근 방법에서는 골격뿐 아니라 DNA와 같은 분자도 사용될 수 있다. 많은 생물학자는 DNA가 일정한 속도로 진화한다고 믿는다. 세대가 거듭되면서 매 세대마다 작지만 예상 가능한 비율의 소단위subunit 들이 한 형태에서 다른 형태로 변한다는 것이다. 만약 이런 주장이 사실이라면 (그리고 자주 일어난다면) 두 종 사이에서 나타나는 변화를 계산해서 그들의 유연관계가 얼마나 가까운지 밝혀낼 수 있을 것이다. 더욱이 그들이 (화석을 이용해서 연대를 추정할 수 있는) 조상을 공유하고 있다면, DNA를 '분자시계'로 사용하여 진화 속도를 측정할 수도 있다. 설령 아무런 화석도 얻을 수 없다 해도, 그들의 DNA를 비교하는 방법으로 그 분자시계가 똑딱거리는 속도를 통해 다른 종들이 갈라진 시기를 밝힐 수 있을 것이다.

침팬지와 고릴라는 신체 구조로 볼 때 우리 친척으로 보인다. 이들의 유전자도 같은 사실을 암시하고 있다. 사실 침팬지와 고릴라는 우리와 DNA의 98%를 공유하고 있기 때문에, 극히 최근에 우리와 분리되었음을 알 수 있다. DNA 분자시계를 이용하면 그들이 약 6백만 년 전에 갈라진 것으로 추측할 수 있다. 그런데 침팬지와 고릴라 모두 검은 피부를 가지고 있다. 이 사실 역시 최초의 인간이 흑인이었으며 흰 피부는 그 이후에 진화되었음을 시사하고 있다.

그러나 우리는 아직도 '왜' 흰 피부색이 진화되었는지 설명하지 못하고 있다. 화석과 침팬지로부터 얻은 유일한 암시는 인간이 열대 지방에서 이동하면서 변화가 일어났다는 것이다.

우리가 근본적으로 열대 지방의 동물임에는 의심의 여지가 없다. 남녀를 불문하고 사람은 누구나 더위보다 추위를 견디기가 훨씬 어렵다. 기후와 피부색은 특정 관계를 지니는 듯 보인다.

이런 생각이 타당한지 조사하기 위해서, 우리는 다윈처럼 살아있는 생물들을 살펴보아야 한다. 왜 검은 피부는 덥고 햇볕이 강한 지역에서 유리하고, 흰 피부는 춥고 햇볕이 약한 기후에서 유리한가? 이런 사실을 설명하는 이론들을 만들기는 어렵지 않다. 그중 일부는 꽤 설득력을 가질 수도 있다. 그러나 그런 이론들을 실험하기란 무척 어렵다.

그런데 가장 명백하다고 여겨진 생각이 실제로는 사실이 아니다. 다시 말해서 검은 피부가 강한 열에서 몸을 보호해 준다는 생각은 잘못이다. 무더운 날 검은 색 철제 의자에 앉아본 사람이면 누구나 검은색 물체가 흰색보다 태양에 노출되었을 때 '더' 뜨거워진다는 사실을 알 것이다. 검은색이 태양 에너지를 더 많이 흡수하기 때문이다. 태양은 많은 생물의 삶을 지배한다. 도마뱀은 태양 볕과 그늘 사이를 분주히 오간다. 캘리포니아의 뜨거운 사막에서 도마뱀이 은신처에서 2미터 이상 벗어난다면 돌아가기 전에 뜨거운 열로 죽고 말 것이다. 아프리카의 사바나는 한낮이면 생명체라고는 찾아볼 수 없는 죽음의 땅이다. 그 시간에는 동물들이 뜨거운 태양을 견뎌낼 수 없기 때문에 그늘에 숨어 있다. 대부분의 생물의 경우, 더운 지방에서 사는 개체군은 태양 에너지의 흡수를 줄이기 위해 더 어두운색이 아니라, 더 밝은 피부색을 갖는다.

사람들 역시 뙤약볕을 이겨내기 힘들기는 마찬가지이다. 사실 흑인이 백인보다 더 불리하다. 검은 피부는 태양열로부터 사람을 보호해 주기는커녕 문제를 더 악화시킨다.

그러나 약간의 창의성을 발휘하면 실제와 들어맞도록 이 이론을 약간 변형시킬 수 있다. 어쩌면 아프리카인들은 검은 피부 덕분에 자고 일어난 후 해가 떴을 때 몸을 데워 새벽의 한기를 견뎌내는 데 도움을 얻을지도 모른다. 햇빛이 강렬하게 내리쬐는 한낮에는 언제든 나무 밑의 은신처를 찾을 수 있으니까 말이다.

태양광은 매우 강력해서 피부에 손상을 가한다. 멜라닌은 햇빛으로 피부가 상하지 않게 막아주는 역할을 한다. 손상이 시작되었음을 알리는 신호 중 하나는 심하게 탄 피부이다. 멜라닌 색소의 비상층은 아래에 있는 피부를 보호해 준다. 따라서 흰 피부를 가진 사람들은 피부색이 검은 사람들보다 피부암에 걸릴 위험이 훨씬 더 크다. 피부암 발병률은 호주의 퀸즐랜드 지방에서 가장 높다. 그 지방의 백인들이 해변가에 누워서 강렬한 태양에 몸을 노출시키기 때문이다.

이것이 햇빛이 강한 지역에서 검은 피부가 흔한 이유임은 분명하다. 그렇지만 조금만 생각해 보면 그렇지 않을 가능성도 있다. 가장 위험한 피부암인 악성 흑색종은 악성 질환이며, 희생자는 주로 중년층이다. 그 질병은 당사자들이 피부색에 관여하

152

Steve Jones

는 유전자를 자식들에게 모두 전달한 후 희생자를 죽인다. 만약 그 질병이 환자들을 어린 시절에 죽게 만든다면 자연 선택은 훨씬 효과적으로 작용할 것이다. 어린아이들이 생존 테스트에서 탈락하면 그 유전자는 보유자와 함께 사라지고 말 것이다. 그러나 나이 든 사람의 죽음은 전혀 다르다. 그들의 유전자는(피부색이든 그 밖의 다른 특성에 관여하는 것이든) 이미 다음 세대로 전달된 후이기 때문이다.

피부는 독자적인 기능으로 놀랄 만큼 많은 일을 수행한다. 그중 하나가 비타민 D의 합성이다. 비타민 D가 없으면, 아이들은 구루병을 앓게 된다. 구루병은 뼈가 무르고 연약해지는 질병이다. 우리는 몸에 필요한 대부분의 비타민(극미량이 요구되는 필수 화학 물질)을 음식을 통해 얻는다. 그러나 비타민 D는 예외이다. 그것은 신체에 들어 있는 천연 화학물질에 햇빛이 작용하여 피부 내에서 만들어질 수 있다. 그러기 위해서는 햇빛이 신체에 흡수되어야 한다. 따라서 햇빛에 노출되었을 때, 흑인이 흰 피부를 가진 백인보다 훨씬 적은 비타민 D를 합성한다. 비타민 D는 특히 아이들에게 중요한데, 아기들이(아프리카인이거나 유럽인이건 간에) 성인보다 피부색이 더 밝은 것은 바로 그 때문이다.

인류가 태양이 강한 아프리카에서 흐리고 비가 많은 북부로 퍼져나가는 과정에서, 상대적으로 흰 피부를 만드는 유전자가 유리해졌을 것으로 추측된다. 유럽인이 흰 피부를 가진 이유도 그 때문인지 모른다. 그러나 설령 그렇다 해도 그 사실이 아

153

프리카인이 왜 검은지 이유를 밝혀줄 수 있을까? 너무 많은 비타민 D는 위험하다(비타민 정제를 복용하는 일부 사람들이 상당한 대가를 지불하고야 깨닫게 되는 경우가 많듯이). 그러나 아무리 피부가 희어도 심각한 정도의 해를 끼칠 정도로 비타민을 합성하는 것은 아니며, 검은 피부의 역할이 과도한 비타민 D 합성을 막기 위한 것도 아니다.

그러나 다른 비타민을 보존하는 것은 중요하다. 혈액은 몇 분에 한 번꼴로 몸 전체를 순환하며, 그 과정에서 모세혈관을 통해 피부 표면 근처를 지나게 된다. 거기에서 혈액은 태양의 유해한 효과에 노출된다. 햇빛은 비타민을 파괴시킨다. 따라서 피부가 다갈색으로 그을릴 정도로 일광욕을 하는 사람은 비타민 결핍증에 걸릴 위험이 있다. 더 심각한 문제는 피부에 침투한 햇빛이 면역 체계에 의해 만들어진 방어 단백질인 항체를 손상시킨다는 점이다. 감염병이 흔하고 종종 음식이 부족한 아프리카에서는 비타민의 균형과 면역 체계가 이미 삐걱대는 셈이다. 침투한 햇빛으로 더해지는 부담은 건강과 질병 사이의 균형을 깨뜨리기에 충분하다. 그렇기 때문에 검은 피부 색소가 생존을 위해 필수적일 수 있다. 그렇지만 아직까지 이 이론을 직접 증명한 사람은 아무도 없다.

왜 검은색 피부를 가진 사람이 있는가 하는 것에 대해서는 그 밖에도 여러 가지 이론이 있다. 태양을 피해 나무 밑에 숨는 아프리카인에게 검은 피부는 완벽한 위장을 제공한다. 성적인

154

선호가 피부색의 진화와 관련이 있을 수도 있다. 만약 어떤 이유에선가 사람들이 피부색을 기준으로 자신의 상대를 선택한다면, 가장 매력적인 유전자가 좀 더 효과적으로 전파될 것이다. 아프리카에서 검은 피부가, 그리고 유럽에서 흰 피부가 조금만 (그리고 아마도 다소 우연히) 선호되었어도 그런 일은 충분히 일어날 수 있었을 것이다. 이런 유형의 자연선택은 공작의 경우에 분명히 일어나지만 - 암컷은 밝은 무늬의 꼬리를 가진 수컷을 더 좋아한다 - 그런 일이 인간에게 일어난다는 증거는 없다.

우연 역시 또 다른 방식으로 중요한 역할을 할 수 있다. 어쩌면 약 10만 년 이상 전에 극소수의 사람들만이 아프리카에서 벗어날 수 있었을지 모른다. 만약 그들 중 일부가 우연히 비교적 흰 피부의 유전자를 가지고 있었다면 아프리카인과 북부로 이주한 후손들 사이의 외모에서 나타나는 부분적인 차이는 단순한 우연으로 발생할 수 있다. 오늘날에도 백색증이 흔한 북아메리카 인디언 마을이 있다. 오래전에 그 마을을 세운 소수의 사람들 중 한 사람이 백색증 돌연변이 유전자를 가지고 있었고 문제의 유전자는 그곳에서 많이 확산되었다.

이렇듯 혼란스러운 상황은 과학이 역사를 재구성하는 작업이 얼마나 어려운 일인지 잘 보여주고 있다. 과학은 가설을 시험하고 반증하는 학문이라고 한다. 지금까지 살펴보았듯이 사람의 피부색에 차이가 나는 이유에 관한 이론들은 차고도 넘칠 만큼 많다. 그 이론들 모두가 틀렸을 수도 있고 하나나 둘, 또는 모두가 옳을 수도 있다. 전 세계의 여러 지역에서 오래전에 피부색의 차이를 일으킨 원인이 무엇이었든 간에 아무도 그것을 직접 살펴볼 수는 없는 노릇이기 때문이다.

그러나 과학이 항상 직접적인 실험을 통한 검증을 필요로 하는 것은 아니다. 거의 대부분의 경우에는 일련의 간접적 단서만으로도 충분하다. 사람이 좀 더 단순한 선조로부터 진화되었으며 현재 살아 있는 다른 생물과 유연관계를 가지고 있다는 암시는 너무도 강한 설득력을 갖기 때문에 도저히 무시할 수 없다. 더욱이 우리는 너무 많은 견해들에 비해 지나치게 적은 사실만을 확보하고 있기 때문에, 우리 자신이 진화해 온 과거의 세부적인 사실들을 모두 확인할 수 없다. 그러나 진화에 대한 연구의 역사를 통해 나는 언젠가 이 글에서 간략하게 다룬 일련의 암시가 어느 날 갑자기 왜 어떤 사람들은 검은 피부를 가지고 있고 다른 사람들은 흰 피부를 갖는지에 대한 강력한 증거로 바뀔 수 있으리라는 신념을 가지고 있다.

스티브 존스(STEVE JONES)는 영국의 생물학자로, 런던 유니버시티 칼리지의 유전학 교수이자 UCLA 골턴 실험실의 유전학과 생물 통계학부 책임자로 일했다. 그의 관심 연구 분야는 초파리에서 인간에까지 이르는 동물들의 진화 과정에 관한 유전학이다. 그의 야외 연구 중 상당 부분은 달팽이의 생태 유전학에 집중되었지만, 사람의 유전적 특질

과 진화에 관한 논문도 여러 편 발표했다. 특히 그는 인구 변동과의 관계에서 현대인에게 일어나는 유전적 변화 유형을 수학적으로 분석하는 작업에 관여해 왔고, 사람의 화석 기록의 유전적 의미와 인종의 생물학적 본질에 관해서도 많은 논문을 발표했다.

그는 《네이처》 '뉴스와 평론' 란에 고정적으로 기고했으며, 라디오 4와 월드 서비스의 BBC 라디오 과학 프로그램에 정규 패널로 출연했다. 저서로는 『유전자 언어』가 있으며, 『케임브리지 인류 진화 백과사전』의 공동 편저자이기도 하다.

동성애는 돌연변이 인가

앤 파우스토-스털링
Anne Fausto-Sterling

목사 존 매더(1636년의 글)와 스파이더맨(1994년판의 발언)은 절대 서로의 견해를 받아들이지 않을 것이다. 매더는 동성애를 "비자연적인 불결함"으로 간주하는 반면, 스파이더맨은 "자연은 신이 결코 우리 모두를 똑같지 않게 만들었음을 입증하고 있다"라고 주장한다. 두 사람은 제각기 '인간이 어떠해야 하는가'라는 자신의 생각을 생물학적 근거로 뒷받침하려고 시도했다. 매더는 동성애를 비자연적인 행위라고 단호하게 규정하고 범죄로 간주하였다. 반면 스파이더맨은 불쌍한 처지에 동정적이라, 일반인들이 혐오하고 두려워하는 돌연변이에 대해 자연을 근거로 들며 사람 사이에 나타나는 차이가 얼마나 정상적인지 설명한다. 함축적으로든 명시적으로든, 두 주장 모두 생물학과 의학의 두 가지 기본 개념을 ─ 정상적인 것과 자연적인 것 ─ 사용하고 있으며, 동시에 그 개념들을 혼동하고 있다.

159

진화생물학자의 관점에서 생식은 진화가 이루어질 수 있는 재료와도 같다. 그렇다면 자손을 배제한 성적 결합보다 더 反진화적이고 비자연적인 것이 있을 수 있을까? 20세기 중반

이후 행동 생물학자들은 동물에서 나타나는 동성 결합의 많은 사례를 발견했다. 어떻게 그런 일이 있을 수 있을까? 저명한 행동 생물학자인 프랭크 비치는 수컷-수컷과 암컷-암컷이라는 두 가지 성 패턴의 공통성을 자세하게 기술하였다. 포유류에서 동성애는 분류학적으로 다섯 가지 목目에 속하는 최소한 13개 종種에서 나타난다. 때로는 동물계에서 동성 간의 성관계가 생식이 아닌 사회적 기능으로 기여하기도 한다. 만약 우리가 생식의 문제를 넘어서 정상적인 것의 정의를 확장시킨다면, 우리는 이러한 상호 관계를 쉽게 자연적인 것이라고 부를 수 있을 것이다.

그뿐 아니라 때로는 동물에서 같은 성끼리의 결합이 생식과 '관계되기도' 한다. 미국 남서부에 살고 있는, 모두 암컷으로 이루어진 도마뱀속屬이 있다. 이들은 처녀생식으로 번식한다. 다시 말해서 암컷이 난자를 생산하는데 이 난자는 어떻게든 자신의 온전한 염색체 수를 유지하거나 복원하며, 정자의 도움 없이 배아 발생을 시작한다. 생물학자 데이비드 크루즈는 이 도마뱀이 암컷들끼리 교미한다는 사실을 발견하고 무척 놀랐다. 암컷 하나가 색깔을 바꾸어 양성이 섞여 있는 군집체 내의 수컷과 비슷한 모습으로 스스로를 바꾼 다음 암컷에게 올라탄다. 그러나 올라탄 놈은 음경을 삽입하는 대신 암컷의 배출강을 문지른다. 그러면 밑에 깔린 암컷이 알을 낳는데, 알의 숫자는 교미하지 않았을 경우 낳은 알보다 훨씬 많다. 일정 시간이 경과한 후 암컷의 등에 올라탄 암컷은 수컷의 특성을 잃게 되고, 난소에서 배란 준비를 갖춘 알을 생산한다. 이번에는 이미 성숙된 난자를 낳은 암컷이 '수컷' 역할을 맡아 이전에 수컷 역할을 했던 암컷에 올라탄다. 크루즈는 이러한 동성 접합이 알의 생산을 증가시킴으로써 생식 성공률을 가능한 한 높이기 위한 과정임을 상세히 보여주었다.

　　그러면 레즈비언 도마뱀 이야기가 왜 나왔을까? 인간의 동성애가 동물의 동성애에서 나왔다고 주장할 생각은 없다(설령 그것이 사실이라 하더라도). 더구나 인간 사이에서 나타나는 동성 접촉이 단순히 동물적 충동이라고 주장하지도 않겠다. 나의 견해는 좀 더 단순하다. 동성애는 다양한 환경에 처한 생물학적 세계에서 일어나기 때문에 자연을 근거로 삼아 그것이 부자연스럽다고 주장할 수 없다는 것이다. 만약 자연이 자연스러운 것을 대상으로 금본위제를 실시한다면, 동성애와 이성애 모두 금으로 분류될 것이다.

　　이제 우리는 스파이더맨에게 승점을 줄 수 있지만, 논쟁은 거기에서 끝나지 않는다. 존 매더가 우리와 같은 시대에 살았다면, 그는 자기 자신을 방어하는 표현을 생각해 냈을 것이다. 그는 "비자연적이라는 것은 17세기식으로 볼 때 비정상적이라는 말이다"라고 말할 것이다. 그가 진정 말하고자 한 것은 당신이 동물에서 그 예를 발견할 수 있든 없든 간에 동성애는 비정상적 행위라는 것이다. 이제 우리는 단순한 예를 근거로 한 논쟁, 즉 동물이 동성애를 하느냐 하지 않느냐는 논쟁을 뒤로 하고, 두 가지 다른 종류의 주장을 살펴보기로 하자. 하나는 도덕적인 것이고 다른 하나는 통계적인 것이다.

도덕적 주장은 필연적으로 신이나 그 밖의 더 높은 형태의 명령에게 호소해야 한다. 매더는 신이 인간에게 번식을 위한 것 이외에는 모든 성행위를 멀리하게 했고 성행위도 자손을 생산하기 위한 목적에 한정시켰다는 도덕적 규범을 주장했다. 그의 관점에 따르면 다른 행동들은 신의 눈에 비정상으로 비칠 것이다. 쟁점이 바뀌면서 이제 자연과 자연적인 것은 서로 무관한 별개의 것이 되었다. 따라서 스파이더맨은 신이 우리에게 준 자연의 의미에 대해 반론을 제기하는 방식으로 맞대응할 수밖에 없다. 논쟁이 이러한 도덕적 바탕에서 이루어지면, 우리는 대개 신학적 주장을 위해 과학적 주장을 폐기하지 않을 수 없었다. 그리고 신학적 주장이 자연계에서 정당성을 확보하려면 큰 문제에 부딪히게 된다. 오히려 그러한 주장들은 신념에 의해서만 실체화될 수 있는 믿음에 근거를 두고 있음이 틀림없다. 이러한 관점에서 본다면 레즈비언 도마뱀은 분명 자연에 어긋나는 행위를 하는 셈이다.

대개 생물학자와 의학자는 어떤 현상을 말할 때 비자연적 unnatural이라는 표현 대신 비정상적abnormal이라는 표현을 선호한다. 그 과정에서 그들은 존재/부재의 논쟁에서 통계학적 논쟁으로까지 발전한다. '다지증'이라 불리는 유전적 특성에 대해 생각해 보자. 그 증상은 상당히 드물게 나타나며 태어날 때 손가락과 발가락의 수가 각기 10개보다 많다. 내과의들은 그것을 비정상이라고 생각한다 - 그에 비해 정상아는 손가락과 발가락이 모두 20개이다. 의사들은 대개 외과 수술을 통해 여분의 손가락 한두 개를 제거하는 방법으로 그 아이가 '정상적'으로 보이고 느끼도록 한다(여기에서 다시 문제가 되는, '정상적'이라는 말이 나온다).

다지증은 자연적으로 발생하기 때문에 자연적이지만 통계적으로는 드문 일이다. 만약 여러분이 1백만 명의 어린이를 표본으로 출생 시 손가락과 발가락 숫자를 세어 본다면, 그들 중 대다수가 모두 20개의 손가락과 발가락을 가지고 있으며, 그보다 많거나 적은 경우는 극히 일부라는 사실을 알게 될 것이다. 만약 여러분이 이러한 변이를 그림으로 나타낸다면, 통계학자가 정규 곡선normal curve이라고 부르는 곡선을 접하게 된다. 그것은 마치 종과 같은 모양을 가지고 있기 때문에 종곡선이라 부른다. 곡선 아래쪽에 해당하는 대부분의 면적은 손가락과 발가락 개수가 19개나 20, 21개인 아이들을 나타낸다. 그러나 더 적은 면적 - 소위 꼬리 - 은 16, 17, 18개(또는 그보다 더 적은) 그리고 22, 23, 24개(또는 그보다 더 많은)인 소수의 아이들을 나타낸다. 개업의는 10개의 발가락과 10개의 손가락을 가진 아이들을 정상이라 부른다. 실제로 그 아이들은 통계적으로 평균에 해당한다. 의사들은 그 나머지 아이들을 비정상이라 일컫고 선천적 결손증으로 간주한다.

손가락과 발가락에 관해 이야기할 때는 문제가 무척 분명한 것처럼 느껴진다. 그러나 키처럼 변이가 다양한 특성의 경우는 어떨까? 어떤 사람의 키가 작다고 해서 그를 난쟁이라고 부르거나, 너무 크다고 하여 거인이라고 부르는 기준은 무엇인가? 일반적으로 의학에서는 – 표준편차 계산, 즉 주위의 평균 변이량이나 종곡선의 높이를 측정하는 과정을 통해 – 본질적으로 임의적인 과정에 의존한다. 의학 통계학자들은 흔히 표준편차의 두 배 이상 크거나 작은 것을 비정상으로 분류한다. 분명 그러한 경우들은 정상 곡선의 테두리를 벗어나 있다 – 키가 60센티미터인 성인과 2미터 25센티미터인 성인은 각각 난쟁이와 거인으로 분류된다. 그들은 도달할 수 있는 최종 신장에서 비정상인 것이다.

그러나 실제적인 관점에서 볼 때, 그러한 통계학적 비정상 상태는 다소 문제가 될 수도 있다. 침대, 수도꼭지, 자동차, 부엌 개수대, 화장실, 천장 등은 평균치와 그에 가까운 수치를 기준으로 설계된다. 키가 2미터 25센티미터인 사람은 특수 제작된 침대와 맞춤 의복이 필요하다. 태어날 때부터 발가락이 8개인 사람은 걷는 데 어려움을 겪을 것이고, 외과 의사는 그 사람의 발을 좀 더 정상에 가깝게 만들기 위해 수술을 해야 할 수도 있다. 통계상의 차이에서 시작된 문제가 사회적 또는 의학적 문제가 된다. 그리고 드물게 그중 일부가 비정상이 된다.

인간은 자연을 변화시키는 방법을 배웠다. 예를 들어, 의학자들은 박테리아를 조작해서 인간의 성장 호르몬(장기간 뼈의 생장에 관여해서 어린이들의 키를 조절하는 데 관여하는)을 대량 제조하는 방법을 발견했다. 예전에는 사람의 뇌하수체 분비선에서 성장 호르몬을 추출하는 방법밖에 없었으며(따라서 항상 공급이 부족했다), 신장이 정상 곡선의 꼬리 양 끝부분에 해당하는 어린이들만 치료를 받았다. 그 결과 난쟁이가 될 운명이었던 일부 아이들이 평균 키에 가깝게 성장할 수 있었다. 그러나 잠재적 난쟁이들을 위해 성장 호르몬을 판매하려 드는 자본은 거의 없었다. 많은 양의 호르몬을 필요로 할 만큼 선천적 난쟁이들이 많지 않기 때문이었다. 따라서 의사들(그리고 국립보건연구소)는 '저신장증short stature'이라는 새로운 질병을 만들어냈다. 그것은 일종의 통계적 질병이며, 여성보다 남성들이 더 큰 관심을 가지는 것 같다. 이 새로운 질병에서 150센티 이상 자라지 않을 것으로 판단되는 소년들은 성장 호르몬 처치를 받을 수 있게 된다(물론 그들을 정상으로 만들기 위하여). 그러나 새로운 치료법은 애당초 저신장증을 정의했던 정규 분포인 종곡선 자체까지 변화시킬 것이다.

　　그렇다면 표준 곡선 아래쪽에 속하는 척도를 변화시킴으로써 우리는 무언가 비자연적인 것을 만들고 있지 않은가? 만약 성장 호르몬의 사용이 충분히 일반화된다면 - 이전에는 자연 상태에 존재하지 않던 - 신장 분포가 변화된 새로운 개체군이 탄생하게 될 것이다. 그렇다면 성장 호르몬 처치는 과연 옳은 것일까? 여기에서 다시 한번 우리는 도덕적 질문으로 되돌아간다. 하느님이나 아메리칸 인디언의 주신主神, 또는 그 이름이 무엇이든 간에 우리에게 어떤 행동을 금하는 영적 존재가 있는 것일까? 키가 작은 성인은 비정상인가? 그들에게 자신들의 질병을 '치유할' 약을 금지하는 것이 도덕적으로 잘못인가? 동성애는 비자연적인가? 아니면 비정상인가? 자연, 비자연, 정상, 비정상, 도덕, 부도덕은 우리들의 손아귀를 이리저리 빠져나가 버린다. 우리는 그 주제들에 대해 토론할 때, 가능한 최대한의 신중을 기해야 할 것이다. 그러면 최소한 같은 문제를 동시에 논할 수 있을 것이다. 존 매더와 스파이더맨은 결코 화해하지 못할지도 모른다. 그러나 어디에서 그들의 견해가 엇갈리는지 좀 더 분명해질 것이다.

166

앤 파우스토 스털링(ANNE FAUSTO-STERLING)은 미국의 진화생물학자이자 여성학자로, 로드 아일랜드 주 브라운 대학의 생물학과 젠더(gender) 연구 명예 교수이다. 그녀는 미국과학진흥협회 회원이며, 과학과 인문학 양면에서 폭넓은 인정을 받고 있다.

그녀는 초파리의 발생유전학 분야에서 많은 연구서를 냈고, 발생 이론을 체계화시키는 과정에서 젠더에 대한 선입견이 어떻게 작용하는지를 정밀하게 분석한 논문을 여러 편 발표했다.

또한 스털링은 과학 이론의 수립에서 인종과 젠더가 미치는 영향, 그리고 역으로 젠더와 인종에 대한 개념을 구성하는 과정에서 이러한 이론들의 역할에 관해 많은 글을 썼다. 그녀는 과학에 대한 이해가 페미니즘을 주장하는 학생과 학자들에게 매우 중요하며, 역으로 과학에 페미니즘적인 통찰력을 도입하는 작업이 과학도와 연구자들에게도 필수적이라고 강하게 주장한다.

저서로는 『젠더 신화: 여성과 남성에 관한 생물학 이론』, 『섹스-젠더, 사회 세계 속의 생물학』, 『섹싱 더 바디』 등이 있다.

우리는 정말로
원숭이에서
진화했을까

밀퍼드 월퍼프

Milford H. Wolpoff

그 무엇보다, 고인류학은 새로운 발견들의 중요성 때문에 악명 높은 과학 분야로 알려져 있다. 신문들은 화석이 새롭게 발견될 때마다 과학자들을 놀라게 했다거나 그들이 주장했던 결론을 뒤집었다는 식의 극적인 보도를 좋아한다. 그러나 고인류학자들이 조금이라도 방심했다면 훌륭한 이론을 세울 수 없었을 것이다. 언젠가 나는 언론의 그런 보도 행태를 접하고 몹시 화가 난 적이 있었다. 인간 진화에 대한 견고한 이론을 수립하는 고인류학의 능력에 대한 언론의 인식은 형편없었고, 이를 표출하는 발표에 매우 화가 치밀었던 것이다. 심사가 뒤틀린 나는 진화인류학자들의 국제 모임에서 못된 농담으로 '기존의 인간 진화에 관한 모든 이론을 뒤엎는 자연 현상의 새로운 발견'이라는 제목의 논문을 발표하겠노라고 제안했다. 그러자 심사 위원회는 나보다 더 심한 장난으로 그 제목을 받아들여 논문을 쓰라고 윽박질렀다.

169

과학은 설명할 지식의 실체를 필요로 하며 새로운 발견이 이전의 설명을 수정할 필요를 창출하면서 진보하는 경향이 있다. 그러나 우리의 과거를 이해하는 과정에서 우리가 이루는 진정한 발전은 정신의 발견, 즉 새로운 사고가 이 세계를 조직하는 방식에 부여하는 독창적인 개념들이다. 우리가 세계를 조직하는 방식이 우리가 세계를 이해하는 방식이 되기 때문이다. 우리의 정신적 구성물, 즉 이론은 그 사실들을 설명해야 하기 때문에 사실에 근거한다. 그러나 이 이론은 실재實在와 독립된 독자적인 삶을 갖는다. 이론은 이러한 상호 관계의 기반을 개괄함으로써 실재를 넘어서며, 궁극적으로는 자료의 체계화와 설명에서 매우 설득력이 높기 때문에 모순되는 정보에 직면해도 기각하기 힘들다. 그것이 통찰력이든 그저 지나가는 생각이든 그 밖에 무엇이든 간에, 실상 진보가 이루어지는 곳은 이론 수립의 영역이다.

살아 있는 모든 형태의 생물은 공통의 대물림으로 서로 연관되며 유전적 변화가 지구상의 생명의 다양성을 가능하게 만들었다는 진화론은 우리의 지식을 구성하는 혁명적인 발전 중하나이다. 진화론이 생물학에서 혁명적인 발전임에는 거의 의문의 여지가 없다. 그러나 진화론이 '우리'의 선조와 '우리'의 다양성을 설명해 준다는 사실에도 불구하고, 또는 아마도 바로 그 사실 때문에 진화론은 폭넓은 불신의 대상이 되고 있다. 진화론을 믿지 않는 사람들이 가장 불쾌하게 여기는 것은 변형을 수반하는 대물림이 우리가 다른 동물과 실제로 친척임을 의미한다는 점이다 - 이러한 이해는 모든 사람이 가지고 있는 기본적인 신념 체계의 기초를 흔드는 것처럼 보인다. 다시 말해서 진화론은 우리 인간이 고유하며 특별한 존재라는 신념을 허물어뜨린다는 것이다. 가장 받아들이기 어려운 주장은 오늘날 학생들이 배우고 있는 '사람이 유인원의 후손이다'라는 사실이다. 과연 이것이 진정 사실일까?

　　1925년에 있었던 스코프스 재판Scopes trial[5]을 다룬 영화 「침묵의 소리Inherit the Wind」에서 나는 재판이 막 시작되려는 법원 밖에서 마치 마을 축제 분위기를 연출하는 듯한 장면에 깊은 인상을 받았다. 테네시 어니 포드의 흥겨운 노래 "그 옛날 종교를 내게 주오Give Me That Old Time Religion"가 배경에 흐르면서, "인간은 유인원에서 진화하지 않았다"라고 적혀 있는 플래카드와 포스터가 물결치는 장면이었다. 그리고 나서 마치 조소를 보내듯, 다음과 같은 문구 아래에서 담배를 피우며 앉아 있는 침팬지의 모습이 비춰졌다. "다윈은 틀렸다 - 유인원이 인간에서 진화한 것이다!" 그 재판이 끝나고 영화가 제작된 지 수 세대가 지난 오늘날, 나는 그 문구가 얼마나 우스꽝스러운 것인지 생각하게 되었다. 도대체 유인원과 우리의 관계는 무엇인가?

　　당시 진화론에 대한 반감이 얼마나 강했는지 표현하기 위해 영화에 도입된 진화론에 대한 풍자를 내가 문제 삼은 까닭은, 오늘날 우리의 과거에 대해 방대한 양으로 늘어나는 지식의 직접적인 결과이다. 좀 더 간단하게 이야기하자면, 비록 우리의 관점이 어느 기준에 비추어 보아도 여전히 혼란스러운 상태를 벗

5　　미국 테네시주에서 과학 교사 존 스코프스가 진화론을 가르치지 못하게 한 테네시주 법을 어기고 진화론을 가르쳤다는 이유로 벌금형을 받은 재판이다 - 옮긴이

어나지 못하고 있다고 인정할 수밖에 없지만, 오늘날 우리는 스코프스가 테네시주에 도전했을 때보다는 더 분명하게 상황을 파악하고 있다.

진화 과학자의 좌절감을 안고 과거를 들여다보는 것이 어떤 것인지 이해하려면 서로 마주보도록 놓인 두 개의 거울을 상상하면 된다. 만약 여러분이 제대로 된 위치에서 두 거울 사이를 걷는다면, 첫 번째 거울 앞에 섰을 때 당신 모습이 비치는 것을 볼 수 있다. 또한 두 번째 거울에서는 첫 번째 거울에 비친 여러분의 더 작은 두 번째 상도 보게 될 것이며, 다시 첫 번째 거울에는 두 번째 거울에 비친 훨씬 더 작은 상이 비치고, 이런 식으로 계속될 것이다. 여러분도 상상할 수 있듯이, 거울은 완벽하지 못하다. 거울에 비친 상을 자세히 살펴보면 첫 번째 가장 큰 상은 당신과 약간 다르게 보인다. 따라서 두 번째 상은 더 다른 모습을 나타나게 되며, 그다음은 더 달라지게 된다. 나중에는 흥미로울 만큼 충분한 차이가 나게 되더라도, 이미 그 상이 너무 작아져서 또렷하게 볼 수 없게 된다. 이렇게 초점이 흐려진 상이 바로 진화론의 기반에 해당하는 변화의 증거이다. 그리고 이따금 초점이 맞은 또렷한 상들, 즉 '새로운 발견'이 있다. 그러나 그 상들의 중요성은, 진화 자체가 아니라 진화가 설명하는 영역에 있다. 이런 식으로 오직 과거로만 향해 있는 편협한 관점으로는 인간의 진화에 대한 이해에서 발전을 기대할 수 없다. 우리의 기대는 그 기대를 인정하거나 기각시키는 발견보다 훨씬 중요

172

Milford H. Wolpoff

하다. 우리가 사물을 그 자체로 보는 것이 아니라 우리 관점에서 본다는 것은 이미 여러 사람이 지적한 바 있다.

우리는 과거를 탐사하는 과정에서 몇 가지 철학적 쟁점과 맞닥뜨리게 된다. 그 탐사에 자연 속에서의 인간의 위치를 묻는 가장 근본적인 질문이 포괄되기 때문이다. 그 과정은 근연近緣 관계에 따라 생물을 분류하는 이론 및 실행인 분류학에 대해서도 문제를 제기한다. 분류학은 진화의 과정을 반영한다고 여겨진다 ― 다시 말해서, 가장 비슷해 보이는 종이 가장 가까운 친척이라고 추정된다. 그러나 금세기 들어 외관의 유사성으로 유연관계를 잘못 추정할 수 있다는 사실이 밝혀졌고, 분류에서 가장 중요한 특징이 무엇인가를 찾아내는 과정에서 자칫 분류학이 유사성의 분류가 아니라 종의 계통임을 잊기 쉽다는 사실도 알려졌다. 분류명과 종의 계보에서 차지하는 배열은 유사성이 아닌 역사적 연관관계를 반영하는데, 이는 마치 인간의 혈연관계를 지칭하는 명칭(아버지, 사촌 등)이 개인의 계통을 반영하는 것이지 그들이 서로 얼마나 닮았는지를 나타내는 것이 아닌 것과 마찬가지이다. 그러나 과학적 사고의 모든 부산물이 그렇듯이 (결국 진화의 역사는 우리가 과거에 일어났다고 생각하는 일에 대한 과학적 가정에 불과하다), 분류학 역시 상당한 정도로 분류학자들의 편견과 선입견을 반영하고 있다고 생각된다. 그리고 분류학의 중심 대상이 사람일 경우, 분류학은 (생물계에서) 우리가 차지하는 중요한 위치와 우월성을 확인해 주는 수단이 되며, 인간을 별개의 존재로 설정한 다음 우리와 비교해서 다른 생물들을 설정하는 수단으로 작용한다. 사실 인간의 중요성과 특수성에 대한 우리의 평가는 자연 속에서 차지하는 우리의 위치와 지구상에서 다른 종들과의 진정한 관계에 대한 이해를 통해 확립되어 왔다.

'사람man과 유인원'이라는 표현은 분류학적 유연관계를 나타낼 뿐 아니라, 성차별주의적이면서(man은 사람뿐 아니라 남자를 뜻하므로) 동시에 지극히 인간 중심적인 부적당한 문구이다. 몸집이 큰 대형 유인원 - 아프리카의 고릴라와 침팬지, 오랑우탄, 그리고 최근 멸종한 남아시아와 동남아시아의 기간토피테쿠스 Gigantopithecus[6] - 는 인간과 오랫동안 진화적으로 대비되었다. 대형 유인원들이 사람의 어떤 특성을 보여주고, 어떤 특징을 결여하고 있다는 식의 이야기는 마치 그들이 사람으로 진화하려고 시도했지만 실패한 것 같은 인상을 주었다. "사람이 유인원에서 진화했다"는 주장에는 진화에 성공하지 못한 불행한 영장류라는 식의 형편없이 잘못된 견해가 암암리에 내포되어 있다. 인간이 '현생' 유인원에서 유래될 수 없었음을 이해한다면, 그 말은 단지 이들 대형 영장류가 우리의 공통 조상과 비슷하다는 사실을 뜻할 뿐이다(그림 1). 거기에는 인간이 현재의 높은 위치에 도달하기까지 진화하는 동안 유인원은 진화의 기회를 채 갖기도 전에 진화 과정이 멈추었다는 식의 가정이 포함되어 있다. 우

6   중국의 홍적층이나 인도의 제3기에서 발굴된 영장류 - 옮긴이

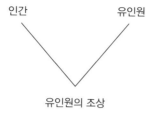

인간   유인원

유인원의 조상

그림 1   **인간의 계보에 대한 고전적 다윈주의의 관점**

리는 털이 없는 이족보행 동물로 커다란 뇌가 매끈한 몸통 가장 높은 위치에 있으며, 손은 보행의 필요에서 자유로워져 물건을 옮기거나 도구를 이용하고, 주위 환경을 조작할 수 있게 되었다. 이와는 대조적으로 타잔 덕분에 유명해진, 털북숭이에 긴 팔을 가진 나무 위에 사는 짐승이 있다. 그들은 진화의 사다리를 끝까지 오르지 못했다고 여겨진다. 분류학자들이 대형 영장류를 호미니드와 성성이과pongid로 분류하는 것은 그런 관념을 잘 투영한다(여러분이 형식적인 분류나 라틴어를 선호한다면 사람과 비슷한 영장류 anthropoid primate를 이루는 두 과인 'Hominidae'와 'Pongidae'로 표현할 수도 있다). 호미니드는 현재 우리들을 비롯해서 유인원에서 갈라진 이후 인류의 조상들을 모두 포함하며, 성성이과는 현생 유인원들을 비롯해서 사람과 갈라진 이래의 모든 유인원의 조상들을 포함한다. 이런 명백한 분류에 의해 우리는 그들과 공식적으로 분리되었다. 그렇다면 이렇게 분류하지 못할 이유가 있는가? 우리는 그들과 '엄연히' 다르지 않은가?

사람과 유인원 사이에 분명한 차이가 있다는 것은 모두 알고 있는 사실이며, 그러한 일련의 차이점들이 우리가 다른 동물과 다른 사람다움humanity의 특성이 무엇인지 그 윤곽을 잡는데 도움을 준다. 이들 차이점 중에는 우리에게만 고유한 특징들이 있다 - 예를 들면, 양족성兩足性(직립 자세, 두 다리를 이용한 보행), 큰 뇌와 매우 복잡한 행동(사회적 상호작용, 언어, 계층화된 역할 등), 지식과 기술에 의존하게 만드는 약하고 거의 털이 없는 몸, 생존과 지속을 가능하게 하는 재주와 교활함 등이 그것이다. 그 밖의 다른 차이점들은 인간이 아니라 유인원들에게 공유되는 고유한 속성들을 반영한다. 그런 차이점으로는 서식지의 유사성(대부분 울창한 열대우림에 살고 있다), 크기와 형태의 유사성(예를 들어 뒷다리에 비해 매우 길어진 앞다리, 짧은 요추), 나무 위에서 살아가는 데 필요한 교목성喬木性 운동의 특이한 혼합형태(기어오르기, 팔로 매달리기, 발로 움켜쥐기, 양손으로 번갈아 가지에 매달리며 나무를 헤치고 나아가는 이동방식), 그리고 이들 영장류가 두 발로 걷거나 땅 위에서 앞발의 발바닥이 아닌 손가락 관절이나 주먹을 지면에 대고 네발로 걸을 수 있다는 것을 보여주는 지상 생활 적응 등을 들 수 있다.

분류학에서 이러한 사실들을 단순히 형식적이며 체계적인 방법으로 언급하기 때문에 아무런 문제가 없는 것처럼 보인다. 그러나 문제가 있다. 호미니드와 성성이과의 분류학적 대비는 자매군이라 부르는 유연類緣 관계가 매우 가까운 종들 간의 대비

176

Milford H. Wolpoff

이다. 이 말은 다음과 같은 사실을 의미한다. 자매군이란 직접적인 공통의 부모를 공유하는 가까운 친척이다. 당신과 당신의 형제는 개인들로 이루어진 자매군의 예이다. 그러나 당신과 당신의 사촌은 자매군이 '아니다'. 왜냐하면 당신의 형제는 사촌보다 당신과 더 가까운 부모를 공유하기 때문이다.

비록 지금도 우리가 유인원에서 진화했다는 속설이 나돌고 있기는 하지만(이런 주장은 진화론을 가르치는 사람들보다는 진화론을 비판하는 사람들에 의해 더 자주 사용되고 있다), '사람과 유인원'의 공통부모가 인간도 유인원도 아니라는 사실은 이미 상당히 오래전에 밝혀졌다. 그러나 그것은 문제가 아니다. 문제는 인간이 유인원의 자매군이 '아님'을 보여주는 지난 10년간의 연구에서 나온다! 이런 연구의 상당 부분은 고생물학 분야에서 이루어졌다. 특히 그 연구는 1000만 년에서 1400만 년 전의 오래된 화석인 라마피테쿠스Ramapithecus 라 불리는 영장류 − 이 영장류는 인간의 조상이라 여겨졌기 때문에 한때 호미니드로 간주되기도 했다 − 의 분석과 해석에 의거한다.

라마피테쿠스와 사람 계통과의 관계(그림 2)는 스코프스 재판 몇 년 후, 인도의 시왈리크 산맥에서 발견된 턱과 이빨 조각들의 특성에 대한 연구를 통해 최초로 결정되었다. 라마피테쿠스의 화석화된 뼈와 이빨이 처음 발견되었을 때, 이것은 사람의 기원에 관한 다윈의 이론에 부합했기 때문에 인간 조상의 유골로 생각되었다.

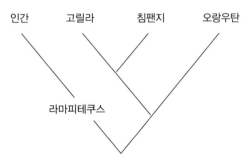

인간　　고릴라　　침팬지　　오랑우탄

라마피테쿠스

그림 2　　　　　　　　　　　　　　**이전의 분류**

　　다윈은 그가 믿었던 사람다움의 네 가지 고유한 특징을 제
기했다. 두 발을 이용한 이족보행, 도구의 사용, 송곳니의 축소,
그리고 뇌 용적의 증가가 그것이다. 그는 최초의 인류가 탄생할
수 있었던 것이 지상 생활에 적응하고, 나뭇잎과 과일 섭취에서
사냥으로 섭생이 변화한 결과라고 주장했다. 그의 추론의 사슬
은 다음과 같다. 우선 도구의 사용이 고기 섭취에서 중요한 역할
을 차지했다(이로 인해 송곳니가 축소되었다), 두 발로 걷게 되자 손이
자유로워져 물건을 나르고 도구와 무기를 사용할 수 있게 되었
다, 그리고 기술 발달(그리고 그로 인해 야기된 사회적 통제)의 요구로
훨씬 더 복잡한 학습이 이루어지면서 뇌의 변화가 초래되었다.
　　최초의 라마피테쿠스 화석은 작은 송곳니를 가지고 있는
것처럼 보였다. 그것은 다윈의 모형에서 인간이 처음 출현한 시
기에 송곳니의 절단 기능이 손으로 다루는 도구에 의해 대체되
는 결과로 여겨졌다. 이것은 다윈이 추론한 인간의 네 가지 고유

178

Milford H. Wolpoff

한 특성 사이에 이루어지는 정正의 피드백 관계의 일부였다. 느린 속도이기는 했지만 더 많은 라마피테쿠스 화석이 발굴되면서, 이러한 특성들이 다윈의 설명 모형과 어떻게 일치하는지 입증하기 위한 시도가 이루어졌으며, 심지어는 이들 최초의 호미니드들이 '반드시 만들었어야 하는' 석기石器의 증거를 찾기 위한 연구가 시작되기까지 했다. 라마피테쿠스의 팔다리뼈가 발견되기 훨씬 전부터, 라마피테쿠스가 두 발을 이용한 이족 동물이라는 주장이 제기되었다. 이러한 사실은 회수된 라마피테쿠스의 조각난 화석이 가장 초기의 호미니드 중 하나라고 '알려진' 증거를 넘어서는 이론의 엄청난 힘을 잘 보여준다. 그 이유는 그 이론이 다윈의 호미니드 기원론과 부합하기 때문이다.

라마피테쿠스가 가진 또 다른 중요성은 사람 계통이 아주 오래되었음을 말해준다는 점이다. 사람의 조상은 현생 유인원 종들이 서로 갈라져 나오기 오래전, 적어도 1400만 년 전인 마이오세 중기에 존재했다. 그것은 사람이 모든 유인원의 자매군이라고 생각한 비교 해부학자의 가정을 증명해 주는 것처럼 보인다. 이러한 가정을 뒤바꾸어 놓은 것은 두 가지 발견이었는데 하나는 화석에서, 그리고 다른 하나는 유전학 실험실에서 나왔다. 그리고 그것은 분류학이 반드시 유사성을 증명할 필요는 없으며 계보를 보여주는 것임을 다시 한번 상기시켜 주었다.

그런데 좀 더 완벽한 라마피테쿠스 화석이 발견되자 문제가 생겼다. 보존 상태가 좋은 표본을 통해, 초기 해석이 틀렸으며 고대의 아시아계 영장류의 진짜 관계는 사람이 아닌 현생 오랑우탄과 같은 아시아계 유인원이라는 것이 밝혀졌다. 사람과의 유사성은 여전히 사실이지만, 더 완벽한 표본을 통해 살펴보았을 때, 유사한 특징이 모든 유인원과 사람의 공통 조상의 해부학적 구조를 반영하는 것이지 라마피테쿠스와 사람 사이의 어떤 특별한 관계로 그들이 공유하게 된 고유한 특징은 아니라는 점이 명백해졌다. 이 문제는 누가 먼저 갈라져 나왔는가로 볼 수도 있었다. 처음에는 인간이 먼저 갈라져서 모든 아시아계 및 아프리카계 유인원 종의 자매군이 되었다는 생각이 지배적이었다. 그러나 좀 더 완벽한 라마피테쿠스 화석이 발견되자 오랑우탄이 먼저 분리되어 나왔고(그림 3), 그들이 아프리카계 유인원(침팬지와 고릴라)과 '사람의' 자매군이라는 것을 알게 되었다.

180

유인원과 사람의 관계를 뒷받침하는 추가 증거는 전혀 다른 자료들을 근거로 삼고 있다. 그것은 현생 종의 유전자 비교이

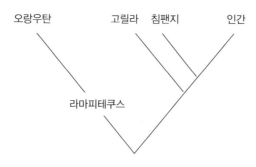

그림 3　　　　　　　　　　　　　　　　　　**현재의 분류**

다. 먼저, 수십 년 전에는 단백질과 같은 유전자의 산물을 통한 간접 연구를 통해 유전적 관계를 추정하였다. 이런 연구를 통해 오랑우탄과 아프리카 유인원, 그리고 오랑우탄과 사람 사이의 유연관계가 같다는 사실이 밝혀졌다. 다시 말해서 오랑우탄이 먼저 분기되었다는 것이다. 이 분기 시기는 라마피테쿠스가 분기한 시기와 거의 비슷하기 때문에 호미니드가 될 수 없었다. 이 연구 결과들은 당시 라마피테쿠스를 호미니드로 인정하고 있던 해석과 상반되었기 때문에 많은 고인류학자들은 자신들이 잘 알고 있던 화석 유물에 더 큰 신빙성을 부여하고 라마피테쿠스를 호미니드로 인정하는 해석을 계속 지지했다. 화석 유물이 그 사실을 입증해 준다고 생각했기 때문이다. 물론 유전 인류학자들은 자신들이 가장 잘 알고 있는 유전학에 근거를 두고 나름대로 주장을 펴나갔으며, 그 결과 양 진영 사이에서 오랫동안 대립이 계속되었다. 오늘날에는 DNA 구조 자체(즉, DNA 분자 상의 정확한 염기쌍 배열)를 직접 비교하여 분기의 순서를 밝히는 작업은 흔한 일이 되었다. 따라서 세 종 중에서 어느 두 종이 가장 최근에 분리되었는지를(즉, 어느 두 종이 자매종인지를) 합리적이고 확실하게 결정할 수 있게 되었다.

181

놀랍게도 사람의 자매종은 분류학에서 제시한 몸집이 큰 대형 유인원 종(그림 1)도 아니며, 유전 자료에서 처음 밝힌 아프리카 유인원 군(침팬지와 고릴라)도 아니며 오직 침팬지뿐이라는 사실이 거의 확실하다(그림 3). 사람과 침팬지의 자매종으로 가장 유연관계가 가까운 친척은 고릴라이다. 아시아계 대형 유인원인 오랑우탄은 이들 세 아프리카 영장류의 자매종이며, 이러한 사실은 고생물학의 해석과 일치한다.

　따라서, 유전 증거에 따라 오랑우탄이 아프리카산 계통에서 최초로 분기되었다는 사실이 밝혀지게 되었다. 이에 따라 아프리카산 유인원과 사람으로 구성된 한 무리의 종이 생긴다. 그 관계를 나타내기 위해서 이 아프리카 그룹에 붙일 특별한 이름이 필요하게 되었다. 나는 그 명칭으로 라틴어 아과亞科인 'Anthropithecine'에서 따온 안트로피테신Anthropithecine을 제안했다. 나중에 아프리카 종들 중에서 고릴라가 침팬지/사람 계통에서 갈라져 나왔으며, 그보다 최근에 침팬지와 인간이 서로 분리되었다.

　유전학자와 고인류학자는 진화의 해석에서 오랫동안 의견 대립을 계속해 왔다. 그들은 서로 "우리 증거가 당신네 증거보다 더 확실하다"라고 주장해 왔다. 그러나 서로의 가설이 상대가 제시한 가설을 독립적으로 시험하는 데 사용되면서 이들 두 과학 분야 사이에 적절한 관계가 이루어졌다. 이런 관계를 통해 유전학과 고인류학을 생각해 보면, 현생 종들 간의 유전적 관계가 아프리카의 화석 기록을 만들어냈을 것이라는 어느 정도 분명한 예측이 가능해진다. 예를 들어, 고릴라의 해부학적 구조는 아프리카 종들의 조상과 비슷할 것이라는 추정이 가능해지고, 최근 사람의 기원에 대한 추정도(예를 들어 인간-침팬지의 분기 시

182

Milford H. Wolpoff

기) 이루어진다. 그렇다면 얼마나 최근인가? 최근 미토콘드리아 DNA를 통해 인정된 추정 연대는 500만 년 내지 700만 년 전으로 생각된다. 화석 기록을 해석해 보면 이런 추정을 확인할 수 있다.

이런 사실은 우리에게 무엇을 뜻하는가? '인간이 어떻게 (그리고 왜) 유인원과 연관되는가'라는 보다 큰 질문에 대해서 이런 세세한 사실들이 별반 큰 차이를 가져오지 않는 것처럼 보인다. 그러나 분류학에서 함께 분류된 그룹은 크리스마스 사진 속에 들어 있는 가족들과 같다 - 아무도 빠지면 안 된다. 분류학적 그룹은 - 그것이 당신의 가족 구성원이든, 혹은 모든 사람 종이 속해 있는 그룹이든 간에 - 하나의 조상과 그로부터 나온 '모든' 자손들로 이루어진 단일계통monophyletic이어야 한다. 누군가가 그 그룹에서 빠진다면 그것은 더 이상 단일계통이 아니다. 그렇게 될 경우 그 그룹은 한 조상(부모, 조부모 등)에서 유래한 '모든' 자손들로 구성되지 못하기 때문이다. 우리 가족 중에서 품행이 좋지 않거나 생김새가 흉한 일부 구성원을 제외한다면 가족 사진은 좀 더 그럴듯해지겠지만, 분류학자들은 좋아하지 않는다. 더 이상 자연적인 그룹이 아니기 때문이다. 사람과科에서는 단일계통 그룹을 구성하기가 쉽다 - 모든 현생인류를 포함시키면 되기 때문이다. 우리 자신은 그렇다 치더라도, 그 밖의 다른 누가 우리와 같은 무리에 속할까?

우리는 그것이 누구인지 알고 있다. 그것은 바로 유인원이다. 그러나 그 사실을 오늘날 우리가 이해하고 있는 진화적 유연관계라는 측면에서 살펴볼 때, 그것은 더 이상 단일계통 그룹을 지칭하지 않는다. 유인원만으로 이루어진 과가 없으며 유인원만을 가리키는 분류 체계상의 적당한 명칭도 없다. 같은 과에 속하는 구성원 중 아무도 제외될 수 없다는 조건은 '인간은 그 속에 반드시 포함되어야 한다'는 것을 의미한다. 그렇지 않다면 당신을 제외한 채 형제자매, 부모, 조부모, 숙모, 삼촌이 가족사진을 찍는 것과 마찬가지일 것이다. 이제 자연 속에서 우리가 차지하는 위치, 그리고 인간과 유인원의 진정한 관계가 밝혀지고 있다. 유인원이 단일계통이 되기 위해서는 사람이 반드시 그 속에 포함되어야 한다. 우리를 포함하지 않고 유인원만을 포괄하는 분류학적 그룹이 없다면, 그 말은 우리가 유인원임을 뜻하는 것이다.

184

누가 우리의 무리인가에 대한 이러한 변화된 관점을 통해, 우리는 우리 자신에 대한 몇 가지 통찰을 얻을 수 있다. 얼마 전에 인간이 원숭이에서 진화했다는 생각을 기초로 '털없는 원숭이The Naked Ape'라는 유명한 말이 만들어졌다. 그러나 그 개념이 틀렸기 때문에 그 용어는 널리 받아들여지지 않았다. '사람이 유인원에서 진화했다'는 말은 유인원과 우리 사이의 관계를 바라보는 방식이 잘못되었기 때문에 옳지 않다. 매우 특별한 종류이기는 하지만 계통 관계로 볼 때 '우리가 유인원인' 것은 사실이다. 사람의 기원이 지금의 우리를 만든 것은 아니며, 우리를 지금과 같은 고유한 존재로 만든 것은 우리의 계통이 아니다. 우리

Milford H. Wolpoff

의 출발은 놀라운 성공에 이르게 된 경로로 우리를 보냈을 뿐이며, 그 성공은 이전까지 이 지구상에 알려지지 않았고 - 지금 우리가 아는 한 - 우리를 둘러싸고 있는 우주에서 그와 필적할 만한 것을 찾을 수 없을 만큼 독보적이다. 우리 종이 어렴풋한 선사 시대부터 자신에 대해 배워야 할 무언가가 있다면, 그것은 그 경로가 시작되는 곳이 아니라 그 경로가 거쳐 온 단계들에서 찾아야 할 것이다.

밀퍼드 월퍼프(MILFORD H. WOLPOFF)는 미국의 고인류학자로, 미시간 대학의 인류학박물관의 인류학 교수이다. 그는 '이브' 인류기원론에 대한 비판으로 널리 알려져 있다. '이브' 이론은 현대인이 10만 년 내지 20만 년 전에 아프리카에서만 발생된 새로운 종이라고 주장한다. 지난 14년 동안 그는 미국, 호주 및 중국의 동료 학자들과 이브의 존재를 뒤엎을 수 있는 화석 증거를 발굴하면서 인류의 기원 문제에 대해 연구했다. 그는 《뉴욕 타임스》, 《뉴 사이언티스트》, 《디스커버》 등 여러 잡지에 기고했고, 「오리진」을 비롯한 여러 편의 다큐멘터리에도 출연했다. 저서로는 『인간진화』, 『고인류학』 등이 있다.

왜
진화론을
두려워하는가

스티븐 제이 굴드
Stephen Jay Gould

생명 과학의 기본 개념들 중에서 진화는 가장 중요하면서도 사람들 사이에서 가장 잘못 이해되고 있는 주제이다. 우리는 종종 그 주제와 무관한 사실, 그리고 그 주제로는 설명할 수 없는 사실들을 올바로 인식함으로써 그 주제를 가장 잘 이해할 수 있다. 따라서 우리는 영국 작가 G. K. 체스터턴이 인문학에서 가장 중요하다고 여긴 측면을 과학에 적용해서, 몇 가지 제한 사항들에 대한 이야기로 논의를 시작할 것이다. "예술은 제한이다: 모든 상picture의 본질은 제한을 가하는 그 틀frame이다."

첫째, 진화론을 비롯해서 어떤 과학도 궁극의 기원이나 윤리적 의미라는 주제에는 접근할 수 없다. (하나의 사업으로서의 과학은 자연법칙이 공간과 시간 속에서 항상 균일하게 적용된다는 가정하에 경험 세계의 현상과 규칙성을 발견하고 설명을 가하려 든다. 이 과정에서 가해지는 제한은 매력이 넘치는 무한한 세계를 '그림' 안에 한정시키는 것이다. 따라서 이 '틀'과 연관되는 대부분의 주제들은 어떤 경우에도 답을 얻을 수 없다.) 그렇기 때문에, 진화론은 우주 속의 생명의 궁극적 기원이나 자연의 무수한 대상물들 중에서 생명이 갖는 본질적 중요성을 다루는 학문이 아니다. 이러한 의문은 과학이 아니라 철학(또는 신학)의 범주에 속한다. (더구나 나는 이러한 의문에 누구나 만족할 수 있는 보편적인 답이 있다고 생각하지도 않는다. 그러나 이 문제는 다른 자리에서 다루어져야 하는 주제이다.) '과학적 창조론자'로 행세하는 열광적인 정통파 그리스도교 신봉자들은 창조론이 진화론과 동등한 대접을 받아야 하며 학교에서 똑같은 수업 시간이 배정되어야 한다고 주장한다. 그들은 자신들의 주장의 근거로 창조론과 진화론 모두 궁극적으로 밝혀지지 않은 사실을 다룬다는 점에서 똑같이 '종교적'이라고 할 수 있기 때문이라고 말한다. 그러나 실제로 진화론은 그러한 주제를 전혀 다루지 않기 때문에 충분한 과학적 입장을 견지할 수 있다.

188 　　둘째, 그동안 진화론에는 커다란 짐이 지워져 있었다. 그리고 그 짐에는 자연의 사실성에 대한 설명이 아니라 서구의 해묵은 사회적 편견과 심리적 소망을 나타내는 개념과 의미들이 하나 가득 들어 있었다. 첨예한 인간적 관심사를 다루는 과학 분야는 모두 이런 류의 '짐'을 피할 수 없을지도 모른다. 그러나 그간 진화론에 두텁게 덧칠해진 이토록 강력한 사회적 색깔이 우리가 다윈 혁명을 완성시키지 못하게 가로막는 장애물로 작용했다. 이러한 편견 중 가장 치명적이며 사람들에게 큰 강제력을 갖는 것은 진보라는 개념이다. 다시 말해서 진화가 복잡성의 증진, 생체역학적으로 보다 나은 설계, 더 큰 용량의 뇌를 가지게 하는 방향으로 발전하려는 추진력을 가지고 있다는 믿음, 또는 그

밖에 자신을 자연이라는 거대한 건축물의 가장 높은 위치에 올려놓으려는 인간들의 오랜 열망을 중심으로 하는 - 그리하여 이 지구를 다스리고 개발할 수 있는 천부적인 권리를 주장하는 - 진보에 대한 편협한 규정이다.

다윈의 정식화에서 진화란 보편적인 '진보'가 아닌 국지적인 환경 변화에 대한 적응이다. 얼음이 두꺼워지면서 체모가 차츰 늘어나는 방향으로 진화해 털이 많은 맘모스가 된 코끼리 계통系統은 모든 측면에서 우월한 코끼리로 발전한 것이 아니라, 단지 점점 더 추워지는 국지적인 환경 조건에 좀 더 잘 적응한 것일 뿐이다. 자신이 처한 환경에 적응하는 과정에서 복잡성을 더하게 된 모든 종種들의 몸속에 살고 있는 기생충(종종 여러 종)들을 살펴보자 - 기생충들은 대개 자유롭게 살던(숙주에 의존하지 않고) 그들의 선조에 비해 해부학적 면에서 상당히 단순화되어 있지만, 이들 기생충 역시 그 숙주가 외부 환경의 필요에 맞춰 진화함에 따라 숙주들의 내부 환경에 훌륭하게 적응한 셈이다.

최소한의 골자만 추려내면, 진화론은 무척이나 함축적 범위를 지닌 단순한 개념이다. 진화론의 기본적인 주장에는 자연학自然學의 중심에 해당하는 두 분야의 이론적인 근거를 제공하는 상호연관된 두 가지 진술이 있다. 두 이론 분야란 분류학(유기체 사이의 관계의 정도)과 고생물학(생명의 역사)이다. 진화란 ① 모든 유기체가 생명 나무의 분기分岐 패턴에 따라 공통 조상으로부터 갈라져 나온 계통과 혈통으로 서로 연관되어 있으며 ② 그 계통들은 변화라는 자연적인 과정에 의해 시간에 따라 그 형태와 다양성이 달라진다 – 다윈 자신이 선택한 표현으로는 '변형이 수반된 대물림descent with modification' – 는 의미다. 이렇듯 단순하지만 심오한 통찰은 오랜 세월 동안 사람들을 사로잡아 온 근본적인 생물학적 물음에 답해 준다. 유기체 사이의 관계를 형성하는 '자연 체계'의 근본은 무엇인가?'(고양이는 도마뱀보다는 개에 더 가깝다. 모든 척추동물은 곤충보다는 서로에게 더 가깝다 – 이 사실은 높이 평가되었고, 진화론이 그 이유를 밝혀내기 훨씬 이전부터 경이롭고 신비스러운 사실로 인식되었다.) 그 이전의 설명들은 검증이 불가능하거나(신의 명령에 따라, 신의 생각을 나타내는 해부학적 순서로, 신의 창조적인 손이 모든 종을 지으셨다) 불가사의하고 복잡하다(주기율표상의 화학 원소들처럼 모든 종도 자연적 장소를 가지고 있다)는 점에서 만족스럽지 못했다. 자연의 체계에 대한 진화론의 설명은 놀라울 만큼 간단하다. 종들 사이의 관계는 계보이다. 인간과 원숭이가 비슷한 것은 진화적인 시간에서 볼 때 비교적 최근에 공통의 조상을 가졌기 때문이다. 분류학적 순서는 다름 아닌 역사의 기록이다.

그러나 계보와 변화라는 – 변형을 수반하는 대물림 – 기본 사실만으로는 진화를 과학으로 설명하기에 충분치 않다. 과학에는 다음과 같은 두 가지 임무가 있기 때문이다. ① 경험 세계의 실제 상태를 기록하고 밝히는 것 ② 세계가 왜 지금과 같은 모습으로 작동하는가에 대한 설명을 고안하고 시험하는 것이다. 계보와 변화는 이 중 첫 번째 임무만을 수행한다 – 다시 말해서 진화의 사실을 기술하는 데 그치는 것이다. 우리는 진화적인 변화가 일어나게끔 만드는 메커니즘에 대해서도 알아야 한다 – 이것이 변형을 수반하는 대물림의 원인을 설명하는 두 번째 목적이다. 다윈은 자신이 '자연선택natural selection'이라고 이름 붙인 원리를 통해 가장 유명하고 가장 잘 증명된 변화 메커니즘을 제안했다.

사실로서의 진화는 우리가 알고 있는 어느 과학적 사실보다도 충분한 증거를 가지고 있다. 이는 지구가 태양 주위를 도는 것이지, 그 반대가 아니라는 확신만큼이나 확실하다. 반면 진화의 메커니즘은 흥미로운 논쟁 주제로 남아 있다. 과학은 입증된 사실의 원인을 둘러싸고 근본적인 논쟁을 벌일 때 가장 활기 있고 풍부한 결실을 맺는다. 다윈의 자연선택은 수많은 뛰어난 연구를 통해 강력한 메커니즘이자 특히 생물이 자신의 국지적 환경에 적응하는 발달 과정으로써 훌륭하게 입증되었다. 다윈은 이 메커니즘을 "우리의 감탄을 자아내는 완벽한 구조와 공적응共適應"이라고 불렀다. 그러나 광범위한 생명의 역사는 그 외에도 상이한 종류의 원인을 필요로 하는 다른 현상들도 포괄하고 있다. 예를 들어 파국으로 치닫는 대멸종 사건들에서 어떤 집단은 죽고 어떤 집단은 살아남는 것처럼, 생명의 패턴을 근본적으로 결정짓는 요인들에 우연성이 영향을 발휘할 가능성이 그것이다.

'왜 진화론을 두려워하는가?' 이 질문에 대한 가장 깊이 있고 근본적인 대답은 인간의 영혼 속에 있다. 그리고 여러 가지 이유로 나는 그 대답이 어떤 것인지 가늠할 수조차 없다. 우리는 조상들에게 이어져 있는 육체적인 끈에 매력을 느낀다. 우리는 대물림의 근원을 추적하는 과정에서 스스로에 대해 더 많은 것을 이해할 수 있으며, 몇 가지 근본적인 측면에서 우리가 누구인지 알 수 있게 되리라고 생각한다. 우리는 가계도에 여기저기 비어 있는 공백들을 메우기 위해 묘지를 찾아가고 교구敎區의 기록부를 뒤지고, 여백에 가족의 대소사가 빼곡히 기록된 가정용 성경을 열심히 읽고, 나이 지긋한 친척들을 방문한다. 진화 역시 – 물론 그보다 훨씬 포괄적인 규모에서이지만 – 그와 비슷한 현상이다. 진화는 우리의 성의 계보에 그치지 않고 인종, 종, 그리고 계통을 포괄하는 커다란 가계도이다. 과학이 그러한 문제를 다룰 수 있는 한, 진화는 "우리가 누구인가?", "우리는 다른 피조물과 어떤 관계를 가지며, 어떻게 연관되어 있는가?", "자연계와 우리와의 상호 의존의 역사는 무엇인가?", "우리는 도대체 왜 여기에 있는가?"라는 골치 아프면서도 매혹적인 문제에 해답을 준다.

그 외에도 나는 인간의 사고에서 차지하는 진화의 중요성이 지그문트 프로이트의 유명한 말에 잘 나타나 있다고 생각한다. 그는 반어적 표현으로 "모든 위대한 과학 혁명은 단 한 가지 공통된 특징을 가진다"고 말했다. 그것은 인간이 우주의 중심이라는 과거의 믿음들이 하나씩 무너진 이래 계속해서 인간의 오만함을 지탱해주던 토대를 하나씩 무너뜨려 왔다는 것이다.

프로이트는 그런 역할을 한 세 가지 과학 혁명을 언급했다. 하나는 코페르니쿠스 혁명이다. 코페르니쿠스는 인간의 자리를 작은 우주의 중심 무대에서 상상할 수도 없을 만큼 광대한 우주의 주변에 위치한 작은 바위 덩어리로 옮겨놓았다. 두 번째는 인간을 '동물의 후손으로 좌천시킨' 다윈의 혁명이다. 그리고 마지막은 프로이트 자신이 불러일으킨 혁명이다(이런 평가는 우리의 지성사를 되돌아볼 때 최소한의 표현일 것이다). 그는 인간 정신 속에서 무의식의 세계를 밝혀냈고, 인간 정신의 비합리성을 입증했다. 우리 자신을 '천사 바로 다음의 존재', 신의 형상을 따라 지어져 지구를 다스리는 권능을 부여받은 자연의 통치자라고 바라보던 시각에서 변형이 수반되는 대물림이라는 지극히 자연적인 과정의 산물(따라서 모든 다른 생물들과 혈족 관계인)이라고 여기는 생각으로의 변화보다 더 겸손하고 자유로운 것이 무엇이겠는가? 우리는 생명수라는 거대한 나무에 뒤늦게야 돋아난 아주 작고 보잘 것 없는 가지에 불과하며, 진화라는 사다리의 미리 예정된 궁극적인 정점이 아니라 그저 거쳐 가는 경유지에 불과하다. 자기 만족의 확신을 벗고 지성의 불꽃을 피워 올리자.

스티븐 제이 굴드(STEPHEN JAY GOULD)는 미국의 진화생물학자이자 고생물학자이며 달팽이 유전학자이다. 그는 2002년 세상을 떠나기까지 하버드 대학의 동물학 교수로 재직했다. 굴드는 1972년 닐스 엘드리지와 함께 '단속평형설'을 주장하여 학계의 주목을 받았다. 이는 생물종의 진화가 오랜 기간에 걸쳐 점진적으로 일어난다는 기존의 설과는 달리, 오랜 기간 안정적인 평형 상태를 유지하다가 종 분화가 나타나는 짧은 시기에 급격하게 진화적 변화가 이루어진다는 학설이다. 굴드와 엘드리지의 단속평형설은 고생물학과 진화생물학을 접목시키며, 현대 생물학과 진화 이론의 발달에 커다란 영향을 끼쳤다.

또한 굴드는 진화의 과정을 돌연변이와 자연선택을 중심으로 단순화하여 해석하는 신다윈주의의 '환원주의'와 이에 기반한 사회생물학이나 진화심리학의 '유전자 결정론' 등에 대해 비판적 태도를 나타냈으며, 진화과정에 영향을 끼치는 다양한 요인의 상호 작용을 강조했다.

그는 고생물학 및 진화생물학에서 이룩한 과학적 업적, 그리고 일반 대중에게 자신의 생각을 소통하는 뛰어난 능력으로 세계적인 명성을 얻었다. 『인간에 대한 오해』, 『플라밍고의 미소』, 『원더풀 라이프』, 『힘내라 브론토사우루스』, 『풀하우스』 등 수많은 저서를 펴냈다.

포유류는 어떻게

지구를 지배하게 되었는가

피터 워드
Peter Douglas Ward

자신에게 친숙한 것을 당연하다고 생각하는 경향은 모든 사람에게 공통적인 특징이다. 예를 들어 지구상에 현재 살고 있는 포유동물의 놀랄 만한 다양성을 살펴보자. 숲, 목초지, 대양 및 심지어 하늘에까지 포유류에 속하는 종들이 대거 서식하고 있어서 어떤 의미에서는 포유류에 의해 정복되어 있는 셈이다. 지구상에는 수많은 수의 포유류가 있으며 지배적 지위를 차지하고 있기에 지질학자들은 오래전부터 현재의 지질학적 연대를 '포유류 시대Age of Mammals'라고 불렀다. 그러나 이른바 포유류 시대가 세상을 지배한 기간은 지구상에 생물이 존재한 역사에 비한다면 그야말로 짧은 기간에 불과하다. 실제로 화석 기록에 따르면 포유류가 지구상에 존재해 온 기간이 2억 5000만 년에 이르지만, 우세종으로서의 지위를 차지한 것은 지난 5000만 년에 불과하다. 이 대목에서 우리는 이런 질문을 하게 된다. 포유류의 시대가 오래 지속되지 못하고 짧은 기간에 불과한 이유는 무엇인가? 현재 포유류(인간을 포함한)가 지구를 지배하는 까닭은 무엇일까?

포유류인 우리는 자신이 다른 종류의 지상 척추동물들 – 조류, 파충류 및 양서류 – 보다 우월하기 때문에 포유류가 지상 동물상 중에서 지배적인 구성원이라는 쇼비니즘에 오랫동안 빠져 있었다. 새는 분명 공중의 지배자이지만 순수하게 육상 생활을 하는 형태로는 단 몇 종만이 존재할 뿐이다. 파충류와 양서류는 대부분의 육상 서식지에서 포유류에 비해 그 수가 상대적으로 적다. 대부분의 과학자들은 포유류가 누리는 엄청난 경쟁 우위가 따뜻한 피의 순환으로 이루어지는 물질대사, 고도로 발달된 뇌, 추운 겨울을 견딜 수 있는 뛰어난 기능을 가진 체모, 새끼양육 등 여러 가지 '포유류성mammalness', 즉 포유류가 가지는 특성 때문이라는 사실에 동의한다.

학창 시절에 내가 배운 포유류의 출현에 관한 이야기는 다음과 같은 것이었다. 척추를 가진 최초의 육지 생물이 약 4억 년 전 바다(또는 호수, 시내 및 연못)에서 기어나왔다. 이들 최초의 육지 개척자는 양서류였다. 그런 다음 이들은 파충류의 선조가 되었다. 파충류는 알을 낳을 수 있었고 새끼에서 성체에 이르는 전 기간을 육생 서식지에서 계속 보낸다는 점에서 양서류와 달랐을 뿐 아니라 골격 구조도 원래의 양서류 형태에서 변화되었다. 이러한 변화를 통해 대략 약 2억 2500만 년 전에 진정한 최초의 포유류가 등장하게 되었다. 그러나 이들 초기 포유류가 곧바로 지구를 장악하지는 못했으며 당시 육지를 지배하던 공룡 밑에서 기나긴 견습 기간을 거쳐야 했다. 마침내 포유류의 우수성이 최고조에 달했고, 공룡은 점차 쇠퇴의 길을 걷게 되었다. 그리고 기후 변화의 압력, 작은 알을 먹는 포유류 무리들의 맹공격으로 공룡은 폭발하는 화산을 배경으로 멸종하게 되었다. 이 시나리오에서 공룡은 지상 생활에 더 잘 적응한 생물들을 예비하기 위해 기꺼이 대륙들의 관리자 역할을 수행한 셈이다. 그리고 포유류는 생리적으로나 생태학적으로 처음부터 월등한 능력을 타고났기 때문에 오늘날 지구를 지배하게 되었다는 것이다. 대개 이런 식으로 이야기가 전개된다.

그러나 고생물학 사고 실험을 통해 이 시나리오를 다시 검토해 보자. 사고 실험은 상당히 오래전부터 물리학자들이 즐겨 사용하던 방법이었다. 알베르트 아인슈타인도 사고 실험을 무척 좋아했다고 한다. 고생물학 사고 실험에서 우리는 지금까지 물리학자가 누렸던 것만큼이나 큰 재미를 만끽하게 될 것이다. 바야흐로 캘리포니아에 공룡을 재도입시키려고 하니까 말이다.

사고 실험의 장점은 따로 비용을 마련할 필요가 없기 때문에 주머니 사정을 걱정하지 않아도 된다는 것이다. 캘리포니아의 멘도시노 카운티 주변에 커다란 울타리를 만들어서 7000만 년 이전, 또는 백악기 후기의 공룡 동물상을 새로 조성한 우리의 공원에 들여오자('백악기 공원'이라 불러야 할까?). 이제 우리는 그 공원에서 트리케라톱스, 오리 부리를 가진 많은 공룡들, 목이 긴 용각류 공룡 몇 마리(백악기 후기에 대부분 사라져서 몇 마리만 볼 수 있다), 발음이 어려워서 항상 이름을 잊곤 하는 많은 수의 몸집이 작은 공룡, 그리고 티라노사우루스 렉스T. rex처럼 몸집이 큰 몇 마리의 육식 공룡들을 볼 수 있다. 멘도시노 카운티에는 아직까지 온전한 상태의 백악기 후기 숲이 남아 있기 때문에(세쿼이아 삼나무는 그 연대가 공룡 시대로 거슬러 올라가는 살아 있는 화석이다) 초식 공룡의 먹이가 되는 익숙한 식물들이 풍부하다. 따라서 우리의 신참 캘리포니아 이주자는 살아남을 수 있을 뿐 아니라 번성할 것이다.

그러나 우리의 공원에는 공룡들만 살고 있는 것은 아니다. 우리는 그곳에 사슴, 엘크, 호저, 스라소니, 곰, 쿠거 등의 토착 포유류 개체군도 남겨두었다. 이제 파충류 시대와 포유류 시대의 혼합 개체군을 그대로 놔두고 1만 년 동안 나들이를 떠나기로 하자. 우리가 다시 돌아왔을 때 우리 눈앞에는 과연 어떤 종이 나타나게 될까? 새끼돌보기와 온혈이라는 특징을 갖고 있는 포유류가 공간과 먹이를 둘러싼 경쟁에서 승리해 결국 공룡을 멸종시켰을까? 아니면 공룡이 자기 지위를 고수했을까? 그도 아니면 포유류와 공룡이 기묘하지만 훌륭한 조화를 이루어 모두 살아남을 수 있을까? 나는 공룡이 먹이와 공간을 둘러싼 경쟁에서 포유류를 능가했을 뿐 아니라 시간이 흐르면서 대부분의 대형 포유류가 자취를 감추게 되었을 것이라고 생각한다. 심지어 우리의 멘도시노 공룡들은 그들이 갇혀 살던 캘리포니아의 감옥에서 탈출하여, 오늘날 능력 있는 캘리포니아 사람들과 마찬가지로 시애틀이나 피츠버그처럼 좀 더 '살기 적합한' 장소로 이동하여, 궁극적으로는 다시 한번 지구를 다스리게 될 것이다. 어쩌면 마이클 크라이튼이 옳을지도 모른다. 우리는 어떤 대가를 치르고라도 본토에 무서운 종자들이 퍼지지 않도록 막아야 하는 것이다.

이제 우리의 가상 실험을 100차례 반복한다고 하자. 매번 같은 동물들이 살아남게 될까? 실험을 할 때마다 같은 결과가 반복될까? 나는 그런 일은 벌어지지 않을 것이라고 생각한다. 인간의 역사와 마찬가지로 생물의 역사 역시 미세한 작용이나 영향에 극도로 민감하며, 이러한 미세한 작용이나 환경은 시간이 경과하면서 거대한 변화로 증폭된다.

그런데 공룡들이 그토록 뛰어난 적응력을 가진다면 왜 우리 주위에 공룡들이 남아 있지 않은가? 그 답은 결정론이 아니라 우연chance이 진화의 전개를 지휘한다는 것이다. 공룡 멸종이 가장 좋은 예이다. 6500만 년 전 지구에 엄청난 크기의 소행성이 충돌하면서 멕시코의 유카탄 반도에 직경이 거의 320킬로미터나 되는 크레이터가 생겼다. 지구가 그렇게 큰 천체와 부딪힐 가능성은 지극히 희박하지만, 어쨌든 그 충돌은 일어났다. 공룡은 소행성 충돌이 있기 약 1억 년이 넘는 시간 전까지 번성을 계속해 왔다. 이 엄청난 격변으로 공룡들은 모두 사라졌고, 오늘날의 포유류 시대가 시작되었다. 만약 거대한 소행성 충돌이 일어나지 않았다면 지구상에 오늘날과 같은 동식물상이 형성되지 않았을 것이며, 따라서 지배적인 육상 동물의 지위도 아직까지 공룡이 차지하고 있을 가능성이 매우 높았을 것이다. 그리고 만약 그렇게 되었다면 과연 우리 종이 진화할 수 있었을까? 나는 그렇게 생각하지 않는다.

생물의 역사에서 우연성이 차지하는 큰 비중은 인류 문명의 발전에도 큰 영향을 미쳤다. 1993년 여름 그린란드에서 놀라운 발견이 있었다. 빙핵ice core을 분석한 결과, 지구상에서 지난 1만 년간 비교적 적은 기후 변화가 있었음이 발견된 것이다. 오랫동안 지속된 기후의 안정기 이전에 지구에는 짧고 갑작스러운 기후의 변화가 자주 일어났고, 상대적으로 따뜻한 간빙기와 빙하기가 여러 차례 이어졌다. 지구 전체에 걸쳐 10도에서 15도가량의 온도 변화가 이전에 알아왔던 수천 년 이상의 간격이 아닌, 수십 년 간격으로 일어났다. 일부 과학자들은 (나 자신을 포함하여) 농업과 인간 문명의 발생이 우리가 현재 겪고 있는 기후 안정기 덕분이라고 생각한다. 우리 종은 10만 년 이상 지구상에 존재해 왔지만 농업에 익숙해지고 도시를 건설한 역사는 채 5000년도 되지 않는다. 그렇다면 나머지 9만 5000년 동안 우리는 무엇을 했을까? 거대한 공룡 앞에서는 두려워하지 않았지만 엄청난 기후 변화에 맥을 추지 못하고 이리저리 쓸려다녀야 했던 초기 포유류와 같은 신세였을까? 다시 한번 우연성이 지극히 드문 기후의 안정기라는 형태로 지구상 생명의 역사에 크나큰 영향을 미쳤다.

이미 거대한 규모로 성장했으며 매일같이 그 수가 늘어나고 있는 우리 종은 거대한 소행성이 공룡을 멸종시킨 것처럼 지구의 생물상에 심대한 영향을 미칠 것이다. 우리 인류 자체가 오늘날 우리가 알고 있는 포유류 시대를 종식시킬 우연적 사건이다. 이런 역설은 최소한 포유류 시대에 신이 가장 최근에 굴린 주사위인 셈이다. 이 주사위 놀이에서 어쩌면 1이 두 개 나오는 최악의 경우의 수가 나올지도 모르는 일이다.

피터 워드(PETER DOUGLAS WARD)는 미국의 고생물학자로, 시애틀에 있는 워싱턴 대학 버크 박물관의 지질학과 고생물학분야 책임자이다. 그의 과학 연구 경력은 무척이나 다양하며, 화석 기록에 대한 연구와 오늘날의 해양 군집의 성격을 탐색하는 작업에 많은 시간을 할애했다. 1976년에 박사 학위를 받은 이래, 그는 이러한 주제를 다룬 과학 논문을 80편 이상 발표했다. 백악기 제3 멸종에 관한 국제 위원회 의장, 미국 과학 아카데미와 NASA의 후원으로 출간된《지구 역사상 전 지구적 재난》의 편집자를 지냈고, 지질학 기록에서 나타나는 멸종에 관한 달과 행성 학회와 NASA의 자문위원을 역임했다. 1984년에는 캘리포니아 과학 아카데미 특별 회원으로 선출되었으며, 워싱턴의 시애틀에 새로운 자연사 박물관을 건립하는 과정에도 참여하였다.

워드는 『노틸러스를 찾아서』, 『므두셀라의 고난에 대하여』, 『진화의 종말』 등의 저서를 집필했다. 마지막 두 권은 '로스엔젤레스 타임스 북 프라이즈(과학 부문)'에 추천되었으며, 『므두셀라의 고난에 대하여』는 고생물학 학회로부터 1992년의 가장 인기 있는 과학 서적으로 선정되어 '황금 삼엽충상'을 받았다.

202

HOW
THINGS
ARE

제4부

정신

실수가
우리에게
어떤 이득을
주는가

대니얼 데닛
Daniel C. Dennett

실수는 우리가 발전을 이룰 수 있게 해주는 중요한 힘이다. 물론 절대 실수가 허용되지 않는 순간도 있다. 가령 수술을 하는 의사나 여객기를 조종하는 조종사의 경우가 그러하다. 그러나 우리는 때로 실수를 저지르는 것이 성공에 이르는 비결이라는 사실을 제대로 깨닫지 못한다. 모험을 하지 않으면 아무것도 얻을 수 없다는 진부한 속담을 되풀이하려는 것은 아니다. 이 속담은 위험에 대한 건전한 태도를 격려하지만, 단지 실수를 무릅쓸 때가 아니라 실제로 실수를 함으로써 얻을 수 있는 이득에 대해 이야기하지는 않는다. 반면, 나는 여러분들에게 실수를 겁내지 말고, 과감하게 실수를 저지르는 습관을 기르라고 권하고 싶다. 그리고 실수를 했을 때에도 받아들이지 못하거나 외면하지 말고, 자신이 저지른 실수에 대한 감식가가 되어야 한다. 그래서 그 실수가 마치 예술작품이라도 되듯 마음속에서 철저하게 하나씩 검토해 보아야 한다. 여러분은 가능한 한 엄청난 실수를 저지를 수 있는 가능성을 찾아야 한다. 그래야만 자신이 저지른 실수를 올바르게 바로잡을 수 있기 때문이다.

이론을 먼저 익히고 나면 다음 단계는 실천이다. 실수는 깨달음을 얻을 수 있는 절호의 기회일 뿐 아니라, 진정한 의미에서 새로운 무언가를 배울 수 있는 유일한 기회다. 배움이 있으려면 학습자가 있어야 한다. 학습자는 저절로 진화했거나, 또는 그렇게 스스로 진화한 학습자에 의해 설계되어 만들어졌을 것이다. 생물학적 진화 역시 되돌이킬 수 없는 장구한 시행착오의 과정을 거쳐 이루어졌다. 만약 '착오(실수)'가 없었다면 '시행(도전)'은 아무 소득도 얻지 못했을 것이다. 설계design라는 과정이 있는 곳에서는 어디서건 이런 진리가 통용된다. 그 설계자가 아무리 영리하든, 아무리 어리석든 마찬가지이다. 문제점, 즉 설계상의 문제가 무엇이든 간에 여러분이 이미 그 답을 알지 못한다면 (누군가가 이미 그 답을 알고 있거나, 여러분이 살짝 답을 들여다보았거나, 또는 신이 계시를 내려 가르쳐 주지 않는 한) 그 답을 얻을 수 있는 유일한 방법은 깜깜한 어둠 속에서 창조적인 도약을 해서 그 결과를 통해 답을 얻어내는 길뿐이다. 여러분은 그 문제에 대한 답은 갖고 있지 않지만, 이미 많은 지식을 가지고 있기 때문에 자신이 이미 알고 있는 사실들이 이끄는 대로 얼마간의 도약을 할 수 있다. 다시 말해서 무작정 어림짐작을 하는 것이 아니라는 뜻이다.

생물의 진화는 사전에 아무런 지식도 갖고 있지 않았기 때문에 새로움을 향한 도약은 돌연변이에 의해 맹목적으로 이루어진다. 돌연변이란 DNA에 나타나는 '실수'가 복제되는 과정이다. 대부분의 돌연변이는 그 생물에게 치명적인 해를 입힌다. 돌

208

Daniel C. Dennett

연변이의 절대 다수가 해롭기 때문에, 자연선택의 과정은 돌연변이가 일어나는 비율을 아주 낮게 유지하는 방향으로 작용해왔다. 다행스럽게도 진화는 완전한 성공을 달성하지 못했다. 만약 그랬다면 진화라는 바퀴는 삐그덕거리다가 종내는 멎고 말았을 것이고, 그 새로움의 근원은 고갈되었을 것이다. 진화과정에 들어 있는 옥의 티, 그 작은 '불완전성'이야말로 생물계의 다양성과 뛰어난 설계를 가능하게 만든 원동력인 것이다.

모든 실수에 대한 가장 기본적인 반응은 다음과 같다. "좋아! 다시는 '같은' 실수를 반복하지 않겠어!" 자연선택은 복제를 하기 전에 잘 속아넘어가는 바보를 깨끗이 지워버리는 간단한 방법으로 이런 '각오'를 되새긴다. 어떤 동물이 "이럴 땐 절대 소리를 내지 마라", "철사는 건드리지 마라", 또는 "그걸 먹어서는 안 돼"라는 것을 배울 수 있으려면, 과거의 경우와 비슷한 선택압選擇壓[7]이 – 행동주의자들은 그것을 '부정 강화negative reinforcement'라고 부른다 – 뇌에 작용해야 한다. 그에 비해 우리 사람들은 훨씬 빠르고 효율적인 수준에서 문제를 처리한다. 실제로 우리는 과거에 자신이 저질렀던 실수와 당시 마음속에 새겼던 각오를 기억할 수 있다. 그리고 반성을 통해, 실수를 저지른 사람이라면 누구나 해결해야 하는 문제와 바로 맞닥뜨릴 수 있다. '도대체 문제가 뭐지?', '내가 무슨 짓을 했기에 이런 곤경

209

---

7   먹이 부족, 포식자의 활동이나 짝짓기 상대를 차지하려는 동성간의 경쟁처럼 자연선택을 유도하는 환경의 특성을 가리킨다 – 옮긴이

에 빠지게 되었을까?' 여기서 핵심은 여러분이 예리하게 분석의 메스를 가해 얻어낸 구체적인 세부 사실들을 잘 활용하는 것이다. 그래서 다음번 시도에서는 그 경험에서 정보를 얻어 처음처럼 아무 지식도 없이 어둠 속을 헤매지 않아도 되는 것이다. 이 시도가 다시 실패로 끝난다면 앞서와 마찬가지로 다음번 시도는 어디를 향해야 할 것인가라는 물음을 야기하게 된다.

가장 쉬운 예는 우리가 초등학교에서 배운 방법이다. 어려운 나눗셈 문제를 처음 받았을 때 얼마나 난처하고 끔찍스러운 느낌을 받았는지 떠올려 보라. 여러분은 두 개의 큰 숫자를 바라보면서 도무지 어떻게 셈을 시작해야 할지 갈피를 잡지 못했을 것이다. 나눗수가 나뉨수를 몇 번이나 나눌 수 있을까? 여섯 번, 일곱 번, 여덟 번? 하지만 그 횟수를 알아야 할 필요는 없다. 그저 자신이 좋아하는 수로 나누어 보고 그 결과를 지켜보면 되는 것이다. 나는 지금도 그저 '어림짐작으로' 나누기를 시작하면 된다는 이야기를 처음 들었을 때 얼마나 큰 충격을 받았는지 생생하게 기억하고 있다. 그런 게 '수학'이란 말인가? 여러분은 수학이라는 진지한 학문에서 어림짐작이 통한다는 사실을 상상이나 해보았는가? 그렇지만 나는 결국 그 방법이 얼마나 훌륭한지 깨닫게 되었다. 여러분이 택한 수가 너무 작다는 사실이 밝혀지면, 큰 수로 바꾸어서 다시 나눠보면 된다. 나눗수가 너무 크면 조금 작은 수로 바꾼다. 복잡한 나눗셈에서 언제나 적용되는 좋은 점은 여러분이 처음 선택한 나눗수가 아무리 터무니없는 것이라 하더라도 셈이 조금 길어질 뿐 큰 문제는 없다는 것이다.

완전한 어림짐작이 아니라 어느 정도 사전지식을 토대로 추측을 하고, 그 함축을 어렴풋이나마 깨달아서 그 결과를 토대로 다음 단계에서 교정해 나가는 이러한 일반적인 추측 방법은 우리 주변에서 흔히 찾아볼 수 있다. 가까운 예로 항해 중인 선박의 항해사들은 배의 현 위치를 대략적으로 추측해서 위치를 추정한다. 그러니까 우선 자신의 위도와 경도를 '정확하게' – 수 킬로미터까지 – 추측한 다음, 자신의 실제 위치와 추정값이 (놀라운 우연의 일치로) 같다면 하늘에 떠 있는 해의 고도가 어느 정도가 되어야 하는지 살펴본다. 그리고는 실제 태양의 고도를 측정해서 두 값을 비교한다. 그리고 조금 더 사소한 계산을 거쳐 처음에 추측했던 위치에 어느 방향으로, 어느 정도의 수정을 가해야 하는지 알게 된다. 처음에 제대로 추측을 하면 편리하긴 하지만 최초의 추측에서 실수를 저지르기 마련이라는 것은 전혀 문제가 되지 않는다. 중요한 것은 실수하는 것이다. 아주 세세하게 말이다. 그래야만 진지하게 바로잡을 일이 생길테니 말이다.

물론 문제가 복잡해질수록 그 분석도 힘들어진다. 인공지능 학자들에게 '공로 할당credit assignment(또는 책임 할당blame assignment)'이라고 알려진 문제도 마찬가지이다. 많은 인공지능 프로그램은 '학습'할 수 있도록, 다시 말해서 프로그램 실행에 문제가 발생했음을 감지했을 때 스스로 조정할 수 있게끔 설계되어 있다. 그렇지만 프로그램의 어떤 특성이 문제 해결에 공로를 세우고, 어떤 특성이 문제를 일으키는지 가려내는 작업은 인공지능 분야가 직면하고 있는 가장 힘든 문제 중 하나이다. 이런 사정은 진화론에서도 – 최소한 의구심과 혼란을 불러일으키는 원천이라는 면에서 – 마찬가지이다. 지구상의 모든 생물은 복잡한 생을 거친 다음 죽는다. 그런데 자연선택은 헤아릴 수 없이 많은 세부 사실들로 상상할 수 없을 만큼 복잡하게 뒤얽힌 미로를 뚫고 어떻게 긍정적인 요인과 부정적인 요인들을 일일이 식별해서 선에는 '보상'을 주고 악은 '응징'할 수 있는 것일까? 눈꺼풀 모양 하나만 잘못되었어도 우리 선조들 중 일부가 후손을 남기지 못하고 죽어갔을 것이라는 이야기는 정말일까? 그렇지 않았다면 자연선택의 과정은 우리의 눈꺼풀이 지금과 같이 훌륭한 모양을 갖게 된 이유를 어떻게 설명할 것인가?

공로 할당 문제를 해결하는 한 가지 방법은 실수 가능성을 '위계hierarchy'로 구축하는 것이다. 그러니까 계층의 매 단계마다 안전대책을 갖추고 있으면서 계단이 계속 높아지는 일종의 피라미드인 셈이다. 이것은 제대로 작동하는 부분들에 대해서는 칼을 대지 않고 기회를 틈타 모험을 감행하는 방법이다. 우선 계획을 세우고 매 단계마다 실수를 점검하고 문제를 해결할 수 있는 경로를 취하는 것이다. 그렇게 하면 좀 더 대담하게 모험을 할 수 있고 예기치 않았던 성공에서 오는 이득을 곧바로 취할 수 있으며 동시에 실패도 깨끗하게 인정할 수 있게 된다. 무대에서 묘기를 부리는 마술사들이 – 최소한 가장 뛰어난 일급 마술

Daniel C. Dennett

사들이 – 사람들을 깜짝 놀라게 만드는 비법이 바로 그것이다. (내가 이 비결을 여러분에게 폭로한다고 해서 마술사들이 화를 내지는 않을 것 이다. 특별한 비법이라기보다는 가장 저변에 깔려 있는 보편 원리에 가깝기 때 문이다.) 카드 묘기를 부리는 마술사들은 대부분의 마술이 운에 달려 있다는 – 자주 통할 뿐이지 항상 되는 것은 아니라는 – 사 실을 잘 알고 있다. 심지어는 천 번에 한 번꼴로 성공을 거두는 – 마술이라고 부를 수도 없는 – 묘기도 있다!

이제 여러분이 마술사가 될 차례다. 여러분은 청중들에게 이제부터 마술을 부리겠다고 말한다. 그리고 그 마술의 내용이 무엇인지 이야기하지 않은 채 성공 확률이 1000분의 1인 마술 을 시도한다. 물론 그 마술은 거의 성공을 거두지 못한다. 그렇 지만 여러분은 실수를 슬쩍 넘기고 두 번째 묘기를 시도한다. 이 번에는 확률이 100분의 1인 마술을 시도하는 것이다. 그 마술 도 실패로 돌아가면(그 묘기도 성공할 가능성이 거의 없다) 다시 세 번 째 묘기를 시도한다. 그것은 성공률이 10분의 1인 마술이다. 그 다음에는 4분의 1, 마지막으로 절반의 확률을 가진 묘기를 시도 한다. 그 모든 마술이 실패로 돌아가면(대개는 이전 단계의 안전망이 이런 최악의 경우가 발생하지 않도록 막아준다) 여러분은 절대 실수할 염 려가 없는 안전한 마술을 시도한다. 물론 그 마술은 청중들에게 별반 감흥을 불러일으키지는 못하겠지만 최소한 실패할 염려는 없다. 이 과정에서 매 단계마다 최종 안전망에 의존해야 한다면 여러분은 아주 운이 없는 것이다. 반대로 비교적 확률이 낮은 마술 중 하나라도 성공을 거둔다면 청중들은 깜짝 놀라 어안이 벙벙해질 것이다. "세상에! 어떻게 저런 일이 있을 수 있지? 내가 가지고 있는 카드를 어떻게 알아냈을까?" 쯧쯧! 사실 마술을 한 여러분도 그 이유는 알지 못한다. 여러분은 작은 확률에 기대를 걸고 맹목적인 시도를 했을 뿐이다. 단지 알아차리지 못하도록 '실수'를 은폐하는 방법으로 '기적'을 창조한 것이다.

진화도 마찬가지이다. 어처구니없는 실수는 아예 눈에 띄지 않는 법이다. 우리에게 보이는 것은 기가 막힌 일련의 성공뿐이다. 예를 들어, 현재까지 생존해 있는 모든 생물 중에서 90퍼센트가 자손을 낳지 못하고 죽었다. 그러나 여러분들의 선조들 중에는 그런 운명을 겪은 생물은 단 하나도 없었다. 그 얼마나 운 좋은 생명의 이어달리기인가!

과학과 마술 사이의 가장 큰 차이점은 과학의 경우 대중 앞에서 공공연히 실수를 저지른다는 것이다. 우리는 실수를 노출시키고, 모든 사람들은 - 당신 자신뿐 아니라 - 그 실수를 통해 교훈을 얻을 수 있다. 이런 식으로 여러분은 실수라는 공간을 통과한 자신의 경로에서뿐 아니라 다른 모든 사람의 경험을 통해 많은 것을 얻을 수 있다. 우리가 다른 생물종보다 뛰어난 이유는 바로 그 때문이다. 사람의 우수성은 우리의 뇌가 더 크거나 지능이 높기 때문이 아니라, 개인들의 뇌가 시행착오의 역사를 통해 획득한 전리품을 모두가 공유할 수 있기 때문이다.

그 비결은 언제 그리고 어떻게 실수를 했는지 아는 것이다. 그래서 그 경험을 통해 다른 사람이 같은 피해를 입지 않고 모든 사람이 교훈을 얻는 것이다. 나는 그토록 똑똑한 많은 사람이 이 사실을 제대로 깨닫지 못한다는 것이 무척이나 놀랍다. 나는 아무리 사소한 것이라도 자신의 잘못을 인정하지 않으려고 터무니없는 궤변까지 늘어놓는 저명한 과학자들을 많이 알고 있다. 그들은 "그래. 자네 말이 옳아. 내가 실수를 한 모양이야!"라고 말한다고 해서 하늘이 무너지지 않는다는 평범한 사실을 알지 못하는 것이다. 여러분은 사람들이 남의 실수를 지적하기 좋아한다는 것을 발견할 것이다. 만약 너그러운 성품을 지닌 사람들이라면 도움을 줄 기회를 준 여러분에게 고마워하고 추후 성공했을 때 그 점을 인정할 것이다. 반면 속좁은 사람들이라면 여러분의 실수를 떠벌려 무안을 주며 즐거워 할 것이다. 어쨌든 승자는 여러분, 그리고 우리 모두이다.

물론 사람들은 다른 사람의 '멍청한' 실수까지 바로잡기 좋아하지는 않는다. 따라서 여러분은 무언가 대담하고, 흥미로운 실수를 저질러야 한다. 다시 말해서 옳든 그르든 간에 독창적이어야 하고, 카드 마술사의 속임수에서 살펴보았듯이 모험적 사고의 피라미드를 건설할 필요가 있다. 그러면 전혀 예상치 않았던 보너스를 얻게 된다. 가령 여러분이 대담한 모험가라면 사람들은 여러분이 저지른 정말 멍청한 실수를 바로잡아 주는 일조차 흥미롭게 받아들일 것이다. 실제로는 여러분이 특별하지 않고, 다른 사람과 마찬가지로 늘상 실수를 연발한다 하더라도 말이다. 나는 외관상 자신의 연구에서 절대 실수를 범하지 않는 철학자들은 알고 있다. 그들의 장기는 다른 사람들의 실수를 잡아내는 것이다. 물론 그 일도 소중할 수 있다. 그러나 만약 그들이 실수를 저지른다면 아무도 그들의 실수를 너그럽게 웃어넘기며 용서하지 않을 것이다.

대개 실수에서 교훈을 얻기 위해 목숨을 내걸 필요까지는 없다. 그러나 그 실수를 잊지 말고 항상 주의를 기울여야 한다. 여기에서 가장 중요한 점은 우선 자신의 실수를 감추려 들지 말아야 한다는 것이다. 실수를 감추려 들면 앞서 말한 마술사와 마찬가지로 명성을 높일 수는 있을 것이다. 그러나 그것은 언 발에 오줌 누기식의 단기적인 처방밖에 되지 않는다. 결국에는 그 실수가 돌아와 여러분을 다시 괴롭힐 것이다. 둘째로 그 실수를 저질렀다는 사실을 '스스로' 부인하거나 잊으려고 애쓰지 않는 법을 배워야 한다. 물론 그렇게 되기는 쉽지 않다. 사람이 실수를 저질렀을 때 당혹감과 분노를 느끼는 것은 지극히 자연스러운 반응이다. 따라서 이런 감정적인 반응을 극복하려면 상당한 노력이 필요하다. 자신의 실수를 음미하는 괴이한 습관을 터득하려고 노력하라. 그리고 여러분을 나쁜 길로 이끄는 잘못된 버릇이 무엇인지 밝혀내는 과정에서 즐거움을 찾으라. 일단 자신이 저지른 실수에서 좋은 교훈을 얻을 수 있게 되면 여러분은 즐거운 마음으로 그 실수를 잊을 수 있게 된다. 그리고 좀 더 큰 실수를 저지를 수 있는 기회를 얻게 되는 것이다.

여러분은 평생을 살아가는 동안 많은 실수를 저지르게 될 것이다. 그리고 마법의 지팡이가 여러분이 가는 길을 보호해 주지 않는 한, 그 실수 중 일부는 여러분과 다른 사람들에게 정말 아픈 상처를 줄 것이다. 그렇지만 그런 실수를 극복할 수 있는 방법이 있다. 여러분이 상대적으로 고통이 덜한 실수들에서 많은 교훈을 얻을수록, 치명적인 실수를 저지를 가능성은 그만큼 적어진다는 점이다.

대니얼 데닛(DANIEL C. DENNETT)은 철학자이자 인지과학자로, 터프츠 대학교의 인지 과학 센터 소장 겸 철학 교수로 있다. 이 시대 가장 독창적인 사상가로 정평이 난 그는 심리철학, 인지과학, 생물철학의 선구자로서 마음·종교·인공지능 연구에 심대한 영향을 끼쳤다. 마빈 민스키는 그를 '버트런드 러셀 이후 가장 위대한 철학자'라고 평하기도 했다. 데닛은 리처드 도킨스의 밈 이론을 자신의 지향계 이론에 결합하여 의식·종교·인공지능 등에 흥미로운 철학 이론을 발전시켜 왔다.
그는 명강의로 여러 대학에서 높은 인기를 얻고 있으며,《타임》,《뉴스위크》,《뉴욕 타임스》,《월스트리트 저널》, 그리고 그 밖의 여러 잡지에 정신, 뇌, 컴퓨터, 인공지능 등의 주제로 다양한 특집기사와 뉴스 해설 기사를 쓰고 있다. 또한 여러 저서를 통해 세계적인 명성을 얻었다.《뉴욕 북리뷰》에서 더글라스 호프스태터는 데닛의 저서 『브레인스톰』을 "지금까지 사고(思考)에 대한 가장 뛰어난 저서 중 하나"라고 극찬했다. 그 밖의 저서로『다윈의 위험한 생각』,『의식이라는 꿈』 등이 있다.

평균에는
어떤 함정이
숨어 있을까

마이클 가자니가
Michael S. Gazzaniga

수數는 통계에 의해 조작될 때 사실이 된다. 통계가 없는 수는 그저 에피소드에 불과하다. 과학 훈련 과정에서 젊은 연구자들에게 한 번의 간단한 관찰로 대자연의 진정한 패턴이나 그 과정들을 온전히 밝혀낼 수 없다는 사실을 가르쳐주는 것은 무척 고결한 일이다. 그러기 위해서는 많은 관찰이 요구되고, 자료들의 평균을 내고 그 의미를 검증해야 한다. 우연적인 현상이라는 오래된 존재는 항상 발생 가능하며, 과학은 임의적인 사건과 진짜 과정을 구분하는 것을 목표로 삼기 때문에 과학자들은 항상 우연의 발생이나 임의적인 결과들을 경계해야 한다.

219

그러나 우리의 관찰을 조금 더 확실하고 강력한 것으로 만들기 위해 노력하는 과정에서 모든 자료의 평균을 구하려 할 때면 이상한 일들이 벌어진다. 노동통계 분야만큼 이 문제가 터무니없는 경우는 없을 것이다. 연구 결과에 따르면 X 해에 A 마을에 많은 사람이 살고 있었다. 그런데 Y 해에 B 마을에 갑작스런 인구 증가가 일어나고 A 마을에서는 인구가 감소한다. 이 경우에 일반적으로 노동력이 A 마을에서 B 마을로 이동했을 것이라는 추론이 이루어진다. 그러나 실제로 개인들을 연구해 보면 A 마을에서 B마을로 이동한 사람들은 거의 없다. 실제로 그들은 A마을을 이탈했지만 C, D, E 마을로 이동한 것이다. '평균'에 대한 이야기는 우리가 평균적인 보통 사람들이 생각하고, 느끼는 것 등에 대해 배우는 사회과학에서 가장 실망스럽다. 평균이라는 사고방식은 도처에서 찾아볼 수 있다. 가령 여러분들은 미국의 모든 가정이 평균적으로 2.3명의 자녀를 가진다는 말이 무슨 뜻인지 생각해 본 적이 있는가? 나는 그 수치가 인구통계학자와 도시계획자들에게 도움을 준다고 생각한다. 그러나 그 수치는 실제 개인들의 삶에서 무슨 일이 일어나는지에 대해서는 아무것도 알려주지 못한다.

　　최근에 미국 심리학계의 원로인 조지 밀러가 내게 자신의 동료 조이스 웨일의 연구에 대해 이야기해 준 적이 있었다. 그는 수년 전에 어린아이들의 언어발달에 관한 연구를 했다. 당시 아이들의 언어발달이 몇 가지 발전단계를 순차적으로 밟아나간다는 이야기가 있었다. 가령 4살 아이는 3살짜리가 갖지 못한 언어능력을 가지며, 마찬가지로 3살짜리는 2살 아이로는 불가능한 능력을 갖는다는 식이다. 그는 각 해당 연령층의 아이들을 연구했고, 그들의 언어능력을 조사해서 거기에서 나타나는 패턴의 평균을 냈다. 이런 식으로 자료를 평균하자 순차적인 패턴이 나타났고, 심리학자들은 그 결과를 언어능력의 규칙적 발전이라는 자신들의 이론을 뒷받침하는 자료로 삼았다. 그러나 웨일은 실제로 어린아이들 개개인의 언어능력이 어떤 식으로 발전하는지를 직접 연구했다. 오랜 기간에 걸친 연구 결과 아이들 개인이 평균적인 패턴을 전혀 따르지 않는다는 사실이 밝혀졌다. 이 사실은 평균적인 데이터만을 고려해서 개발된 평균 패턴과 이론은 실세계에서 아무것도 반영하지 않는 통계적인 변칙에 불과하다는 것을 여실히 보여주었다. 그러나 웨일은 자신의 연구 논문을 출간할 수 없었다. 평균에 대한 과학계의 뿌리 깊은 믿음이 오늘날 과학계 내에서 튼튼한 참호로 무장된 이론을 형성하고 있었기 때문이었다.

내가 굳이 이 이야기를 한 이유는 평균이라는 문제를 파헤치는 과정에서 나 자신도 지극히 단순한 진실과 마주쳤기 때문이다. 평균을 구하는 까닭은, 혼란의 뒤범벅에 불과한 자료들 속에서 연관관계를 찾으려 할 때 꼭 필요한 일이기 때문이다. 이 경우 우리는 비대칭을 나타내는 뇌의 양반구에서 특수한 영역들을 찾으려고 노력하는 셈이다. 100년 이상에 걸친 임상적 관찰은 사람의 뇌의 왼쪽 반구(좌뇌)가 인식 기능, 특히 언어능력과 깊이 연관된다는 사실을 시사하고 있다. 좌뇌의 구체적인 부분들을 탐색하는 과정에서 여러 과학자들은 왼쪽 반구의 측두엽의 일부가 오른쪽 반구의 그것보다 더 크다는 사실을 밝혀냈다. 오늘날 우리는 여러 차례 보도된 이 비대칭이 실제 표면적의 차이가 아니라 대뇌피질의 접힌 패턴의 차이에 불과하다는 것을 알고 있다. 60년대에 매우 독창적인 해부학적 연구가 진행된 덕분에 컴퓨터를 이용한 뇌의 영상화 작업은 괄목할 만한 발전을 이루었다. 이러한 새로운 기법들은 우리에게 살아 있는 뇌의 모습을 보여주고 그 3차원 구조를 상세하게 분석할 수 있게 해주었고, 2차원 분석에 내재된 오류를 교정할 수 있게 해주었다. 정상적인 사람의 뇌를 이런 방식으로 분석하면 측두엽의 비대칭성은 아무런 의미도 없게 된다.

그러나 똑같은 기술을 이용해서 좌뇌와 우뇌를 절반으로 잘라 27개의 관심 영역으로 나눈 다음, 둘을 비교해서 비대칭적일 가능성이 있는 다른 영역을 찾을 수도 있다. 우리는 각각의 영역에서 측정한 표면적의 평균을 내고 좌뇌와 우뇌를 비교했다. 우리가 비대칭이라 부르는 것의 한계 내에서, 우리는 평균적으로 사람의 뇌에 비대칭이란 존재하지 않는다는 사실을 발견했다. 문제는 우리가 조사한 각 개인의 뇌가 저마다 독특한 모습을 갖는다는 사실이다. 어떤 사람의 뇌는 왼쪽으로 비대칭을 이루고 있고, 어떤 사람의 뇌는 오른쪽으로 비대칭이다. 어떤 사람은 전두엽에 비대칭적인 영역이 있는 반면, 다른 사람은 후두엽에 그런 영역을 가지고 있다. 그리고 또 다른 사람은 두정엽과 측두엽에 비대칭 영역이 있다.

이런 여러 가지 예에서 평균은 일종의 이상화된 뇌의 상像을 세운다. 그에 비해 실제 생물학 세계에서 뇌는 지극히 비대칭적이며 그 변이의 폭은 매우 크다. 이런 모든 차이를 평균 내면 우리는 실제 자연 속에는 존재하지 않는 뇌를 구축하게 된다. 각

Michael S. Gazzaniga

각의 뇌는 제각기 다른 비대칭의 패턴들을 가지고 있다. 따라서 특수한 정신 기능에 관여하는 특수한 비대칭 영역이 있다는 식의 모든 단순한 주장은 오류일 수밖에 없다. 요약하자면 지금까지 살펴보았듯이 평균은 인위적일 수 있으며, 심지어는 체계적으로 잘못되었을 수도 있다. 실제로 우리 자신의 뇌가 가지는 고유한 패턴은 우리 자신의 고유한 정신에서 비롯되었을지도 모른다.

마이클 가자니가(MICHAEL S. GAZZANIGA)는 심리학자이자 신경과학자로 캘리포니아 대학교 산타바바라 캠퍼스의 심리학 교수이다. 그는 심리와 신경계를 연구하는 인지신경과학의 주요 연구자 중 한 명으로 손꼽힌다. 그는 지난 30년 동안 분할뇌 환자들에 대한 연구에 몰두했다. 분할뇌란 뇌의 양반구를 연결하는 신경섬유의 다발이 절단되어 한쪽 반구에서 시각적으로 훈련된 정보가 다른쪽 반구에 전달되지 못하는 현상을 말한다. 이 분야에 대한 그의 연구는 노벨상을 수상한 리처드 스페리, 분할뇌 현상을 처음 발견한 로널드 마이어즈와 함께 1960년에 시작되었다. 저서로는 『사회적인 뇌』, 『자연의 마음』, 그리고 『뇌는 윤리적인가』 등이 있다.

비난에 맞서
올바른 사유를
하려면

무엇이
필요한가

파스칼 보이어
Pascal Boyer

일전에 찾아와서 내가 설명했던 일부 이론들이(내 이론이 아니라) '지나치게 단순화되었다'고 이야기했고, 내가 그것이 그 이론의 가장 큰 덕목이라고 대답하자 상당한 충격을 받았던 학생에게.

L군에게

올바른 사유를 위해서는 지적 양식style 이 필요하다네. 그런 양식이 필요한 주된 이유는 몇몇 결정적인 실수를 피하기 위함인데, 불행하게도 그런 실수는 상당한 해악을 미칠 만큼 폭넓게 확산되어 있지. 사고는 자네에게 적절한 도구를 사용할 것을 요구하며, 내가 자네에게 이야기해 주고자 하는 도구는 그런 도구들 중에서도 가장 평범하고 모든 이론과 주장들 속에서 찾아볼 수 있기 때문에 사람들이 그런 도구가 있다는 사실조차 알아차리지 못하는 그런 수수한 도구라네. 그러나 그 도구는 분명히 사용되고 있을 뿐 아니라, 그 도구를 사용하지 않으면 과학을 할 수 없는 그런 종류라네. 내 생각에 자네는 그 도구가 없이는 과학적인 문제든 아니든 모든 문제를 진정 중요한 의미에서 사고

할 수조차 없을 걸세. 그러면 이야기를 좀 더 진전시켜 보기로 하세. 이 도구를 사용하는 사람과 그렇지 않은 사람 사이에는 분명한 차이가 있다네. 이런 두 부류의 사람들이 서로 의사소통하는 데는 항상 어려움이 따르기 마련이지. 그 도구는 '세테리스 파리부스ceteris paribus'라는 라틴어 이름을 가지고 있고, 그 이름 때문에 무언가 심오하고 신비스러운 분위기를 풍긴다네. 하지만 그 말을 영어로 옮기면 너무 간단해서 오해를 불러일으킬 정도이네. 그 뜻은 '다른 모든 조건이 동일하다면all else being equal'이네. 가령 자네가 이 말의 진정한 의미가 무엇이고 어떤 용례를 갖는지 파악하려고 조금만 시간을 투자한다면, 지적 양식의 매우 중요한 측면들에 닿을 수 있을 걸세.

이 도구의 중요성을 설명하기 위해서, 단지 부분적으로만 가상적인 한 가지 예를 들도록 하지. 가령 자네가 참조할 만한 정보에 전혀 접근할 수 없는 상황에서 사람들이 결정을 내리는 방식에 대해 생각해 본다고 하세. 사람들은 어떤 번호가 당첨될지 모르면서 복권을 사지. 그들은 자신들이 가장 뛰어난 후보인지 여부를 알지 못한 채 입사원서를 제출하네. 그들은 멀리하는 편이 좋은 부류의 사람들에게도 친절하게 접근하네. 이런 상황에서 자네는 사람들이 자신들이 예측하는 결과가 실제로 일어날 것이라고 생각할 때, 그리고 예상된 결과가 그들이 원하는 것일 때 특정한 결정을 내릴 가능성이 있다는 사실을 알게 될 걸세. 자네는 이러한 두 가지 요인을 곱하면 사람들이 결정을 내릴 가능성을 예측할 수 있다는 사실을 알아차렸겠지. 그것은 아주 큰 발견이네. 다시 말해서, 가령 자네가 어떤 결과가 바람직한 방향으로 나올 확률과 성공 확률을 측정할 수 있다면, 두 가지 측정치가 자네에게 피실험자가 그런 유형의 행동을 취할 확률을 줄 걸세. (이런 계산에 수반되는, 자네가 해결해야 하는 기술적인 문제들은 배제하기로 하지. 자네는 아주 뛰어난 수학적 정신의 소유자니까.)

이 원리는 아주 흥미로운 결과를 가져온다네. 예를 들어, 그 원리는 사람들이 다음과 같은 전혀 다른 두 가지 상황에서 어떤 결정을 내릴 가능성이 '똑같다'는 사실을 예측하기 때문이네. 그 상황이란 ⓐ 일어날 가능성은 극히 희박하지만 그 결과가 매우 바람직할 때 ⓑ 결과가 그다지 바람직하지는 않지만 실제로 일어날 가능성이 조금 더 높다고 생각될 때이지. 이것은 자네가 전제로 삼은 곱셈 개념이 낳은 결과이네. 다시 말해서 하나의 요인이 증가하면 다른 하나는 같은 비율로 감소하지. 자네는 이 발견이 상당히 만족스러울 것이네. 여러 가지 상황에 꽤 잘 적용되는 것 같기 때문이지. 자네는 이 방법으로 왜 복권들 중에서 어떤 종류는 사람들 사이에서 인기가 높고 다른 것들은 그렇지 않은지 설명할 수 있을 걸세. 또한 사람들이 실제로 취직될 가능성이 극히 적지만 일단 되면 자신에게 매우 유리한 직장에 입사원서를 내는 이유도 같은 방식으로 설명할 수 있지.

그러면 이번에는 자네의 발견을 여러 부류의 청중들에게 발표한다고 가정해 보세. 이 가상 상황에서 아직 아무도 의사

결정과 그 불확정성에 대해 공식적으로 생각해 보지 않았기 때문에, 자네의 '원리'는 완전히 새로울 테지. 나는 이 경우 자네가 두 가지 반응을 얻게 될 것임을 예측할 수 있다네. 물론 자네가 이야기하는 내용을 제대로 이해하지 못하는 사람은 제외하고 말이네. 우선 어떤 사람들은 자네의 이론의 모든 측면에 대해 사사건건 온갖 종류의 반대를 퍼부을 것이네. 일례로 그들은 자네가 어떤 결과의 성공 확률이나 그 결과가 바람직한 것인지 여부에 대해 이야기하지 말았어야 하고, 단지 피실험자들이 그런 여러 측면을 어떻게 '인지했는지'에 대해서만 이야기했어야 한다고 말할 걸세. 사람들은 실제로 사태가 돌아가는 방식에 기반해서 행동하는 것이 아니라 그들이 어떻게 생각하는지에 따라 행동한다네. 자네의 청중들은 만약 자네가 그 방정식에 세 번째 요인, 그러니까 결정에 포함되는 비용이라는 요인을 덧붙였다면 자네의 원리가 훨씬 더 사실적이었을 것이라는 이야기도 하겠지. 당첨금이 같고 당첨될 확률도 같다면, 사람들은 당연히 값이 싼 쪽의 복권을 살 것이네. 그 밖에도 여러 가지 비판이 쏟아질 것이네. 그런 비난을 듣노라면 조금 괴로울 게야. 그 비판들이 자네의 이론이 완벽과는 거리가 멀다는 것을 입증하기 때문이지. 그러나 자네는 진정한 과학자이고, 자네에게는 명예나 허영이 아니라 진실의 추구가 무엇보다 중요하지. 따라서 처음부터 다시 시작해야 한다네.

그런데 불행하게도 자네의 원리에 대해 또 다른 종류의 비판이 제기될 것이네. 어떤 사람들은 자네가 이론을 세운 방식에 대해서가 아니라 그 이론이 담고 있는 개념 자체에 대해서 반대할 게 분명해. 그들은 자네에게 이렇게 말하겠지.

"전체적인 전후 과정을 고려하지 않고 추상적으로 결정을 내리는 사람들에 대해 이야기하는 것은 아무런 의미도 없습니다. 우선 그 결정들은 전혀 다른 상황에서 이루어졌습니다. 복권을 사는 행위는 직장을 얻기 위해 입사원서를 제출하는 행위와는 전혀 달라요. 그렇다면 그처럼 상이한 상황에 대해 어떻게 공통의 '논리logic'가 존재할 수 있단 말입니까? 복권 구매자가 내리는 결정은 복권에 대한 그들의 생각에 의존하는 것이며, 어느회사에 입사원서를 낼 것인가의 결정은 지원자들이 마음속에 품고 있는 미래에 대한 꿈, 야망에 따라 달라집니다. 따라서 당신은 사람들의 결정과 연관되는 전후 배경의 상세한 내용들을 연구해야 합니다. 둘째, 우리는 사람들이 비이성적으로 행동하는 경우가 많다는 사실을 잘 알고 있습니다. 가령 술에 취해 일시적인 기분으로 복권을 살 수도 있으며, 그 밖에도 사람들은 무분별한 충동이나 비이성적인 감정에 따라 행동을 취할 수 있죠. 따라서 당신의 이론은 아무런 의미도 없습니다."

이번에도 자네는 청중들이 자네의 이론에 공감하지 않는다는 사실에 마음이 상했을지 모르지. 그러나 이번 가상 토론에서는 자네가 옳고, 청중들이 틀렸네. 그리고 나는 왜 그들이 잘못된 비판을 했는지 그 이유를 이해하는 것이 매우 중요하다고 생각하네. 자네는 그들이 자네 이론의 핵심을 놓쳤다고 생각하겠지. 마음을 진정시킨 다음, 자네는 반론을 펼 것이네.

"우선 제 이론의 의도는 모든 도박 행위나 구직 행위와 연관된 사실들을 남김없이 설명하려는 것이 아닙니다. 저는 그런 행동에서 나타나는 공통된 특성들을 설명하려 한 것입니다. 만약 여러분이 두 가지 상황이 공통점을 갖는다고 설명한다면, 그것은 여러분이 두 가지 경우가 모든 점에서 공통된다고 생각하기 때문이 아니라 그것들이 공유하는 특성들이 중요하다고 생각하기 때문일 것입니다. 둘째, 저는 이성을 가진 합리적인 사람이 바람직한 결과를 얻고 그렇지 못한 결과를 피하기 위해서 어떻게 행동할 것인가를 설명하려고 시도했습니다. 저는 괴팍하게 실패하려고 애쓰거나 정신착란 증세를 갖고 있는 사람처럼 완전히 예외적인 경우는 무시하기로 했습니다. 그런데 여러분은 어떻게 그런 터무니없는 비판을 할 수 있단 말입니까?"

그들은 자네의 이론이 '다른 조건이 동일하다면'이라는 단서를 전제로 삼는다는 사실을 이해하지 못하기 때문에 그럴 수 있다네. 필경 자네 스스로도 그 사실을 깨닫지 못하고 있겠지. 그들은 '다른 조건이 동일하다면'이라는 단서의 의미를 이해하지 못하거나, 또는 그것이 의미하는 지적 스타일을 좋아하지 않기 때문에 엉뚱한 비판을 퍼부을 수 있었을 것이네. 많은 사람에게 과학을 한다는 것은 모든 편견이나 기정 사실의 굴레를 벗어나 '실제로 어떤 일이 일어났는가'를 밝혀내는 것으로 간주된다네. 과학자들은 사물의 실제 있는 그대로의 모습을 기술하는 사람으로 여겨지지. 따라서 이들에게 과학자가 세우는 이론은 항상 '사실 그대로true to life'여야 하는 것이네. 이런 말은 과학자들을 으쓱하게 하는 이야기일 수 있지.

그러나 그것은 터무니없는 생각이네. 과학에서 '증거'만이 옳고 그름을 판정할 수 있다는 의미에서만, 과학 이론이 '사실 그대로'일 수 있네. 우리를 당황스럽게 만들고, 설명할 수 없는 사실이 만족스러울 만큼 우아한 이론보다 더 큰 무게를 가지며, 바로 그 점이 종종 과학적 활동을 곤혹스럽게 만드는 이유이기도 하다네. 그러나 다른 의미에서 과학적 개념은 '사실 그대로'이지 않고, 그렇게 될 수 없으며, 또한 '그렇게 되어서도 안 된다네'. '다른 조건이 동일하다면'이라는 단서의 진정한 의미는 바로 그것이라네. 그 말에 복잡한 의미는 없네. 사실, 앞에서 청중들의 어리석은 비판에 대해 자네가 편 반론 속에서 이미 자네는 그 말이 무엇을 의미하는지 잘 설명하고 있네. 그 의미를 조금 더 추상적인 용어로 표현하자면 다음과 같네. 이론 수립이 자네가 기술하려는 현상의 모든 가능한 측면들을 고려하는 것은 아니라네. 오히려 추상적 보편화라는 측면에서 기술될 수 있는 일부 측면들에 초점을 맞추는 것을 뜻하지. 그리고 단순성을 위해서 그 밖의 모든 측면들은 '상쇄되었다neutralize'고, 다시 말해서 '다른 조건이 동일하다'고 가정하는 것이네. 일부 사람들이 제대로 의미를 파악하지 못하고 당황해서 자네에게 그 밖의 다른 사정이 모두 같지 '않으며', 상황에 따라 달라진다고 주장한 까닭이 바로 그 때문이네. 그렇다면 자네는 그 풍부함과 복잡성 속에서 실제로 어떤 일이 일어나는가라는 문제를 고려하지 않고 어떻게 '결정'을 내릴 수 있는가?

자네가 어떤 현상을 설명하려 할 때에도, 자네는 모든 올바른 이론들이 다른 조건이 동일하다는 전제를 토대로 삼고 있다는 사실을 반드시 기억해야 하네. 그렇게 생각하지 않는다면 자네는 가장 단순한 현상도 설명하지 못할 것이네. 실제로 우리의 일상생활에 많은 실제 예시가 있네. 그러면 어려운 고등 과학을 들먹이지 않아도 되는 간단한 예를 하나 들어보세. 자네가 시력검사를 받는다고 하세. 그때 자네의 시력은 자네가 앉은 의자에서 3미터가량 떨어진 검사표에 인쇄된 글자들을 읽는 검사로 측정될 것이네. 검사표는 밝은색 판 위에 따로 떨어진 글자들이 배열되어 있지. 시력검사를 할 때 대개는 검사표를 밝게 하기 위해서 방의 다른 곳은 조금 어둡게 만들지. 의사들은 자네의 시력을 검사하는 데 만족하고, 그 검사 결과에 따라 어떤 렌즈를 사용해야 할지 결정하겠지. 만약 자네가 '다른 조건이 동일하다면'이라는 원리를 모르거나 이해하지 못한다면, 자네는 시력검사가 일상에서 보는 시야의 자연적 맥락들을 '고려하지 않는다'는 이유로 의사의 진단에 항의할 것이네. 대개 우리는 따로 떨어져 있는 글자가 아니라 의미를 가진 단어나 문장 속에 들어 있는 글자를 읽기 때문이지. 더구나 어두컴컴한 방안에서 밝은 화면 위의 글자를 읽는 일은 더 드물지. 대부분의 경우, 모든 물체는 색과 결을 가지고 있고 다른 물체들과 따로 떨어져 있는 것이 아니라 연속적으로 이어지거나 중첩되어 있는 것이 보통이지. 따라서 의사의 진단 결과는 자네의 실제 '시력'과 일치할 수 없네.

그러면 결정 과정에 대한 자네의 과학 이론에 대한 이야기로 다시 돌아가기로 하세. 자네는 그 '원리'(극도로 단순화시킨 것이며, 그 점에서 사실이라는 이점을 갖는)를 통해 불확실한 상황에서 이루어지는 결정 과정을 연구하는 전문가라는 훌륭한 경력을 이제 막 시작한 셈이지. 따라서 자네는 얼토당토않은 비판 때문에 언짢아하거나 화를 내서는 안 되네. 자네는 자네가 선택한 경로가 앞에서 가상의 청중들이 제기한 것과 같은 무수한 터무니없는 반론과 비판에 직면하게 될 것이라는 사실을 반드시 알아두어야 하네. 자네가 어디를 가든, '다른 조건이 동일하다면'이라는 말을 이해하지 못하는 사람들을 만나게 될 테니까 말이네. 그들은 자네와는 다른 사고의 틀을 가지고 있으며, 두 가지 다른 문화에 속해 있네. 러시아의 작가 알렉산더 지노비에프가 『하품나는 고지Yawning Heights』라는 자신의 저서에서 지적 행동을 지배하는 '두 가지 원리'에 대해 이야기했을 때 마음속에 품었던 생각이 바로 그것이었네. "과학적 원리는 추상을 만들어내는 데 비해 반反과학적 원리는 이러저러한 요인들이 고려되지 않았다는 이유로 그 추상들을 파괴한다. 과학적 원리는 엄격한 개념들을 구축하지만, 반과학적 원리는 그들의 진정한 다양성을 드러낸다는 구실로 그 개념들을 모호하게 만든다."

그렇다면 왜 우리는 이 지적 프로그램을 받아들여야 할까? 이런 식으로 생각하는 주된 이유, 그리고 서로 다른 요인들을 실재로부터 고립시키고 이상화시키는 중요한 이유는 그것이 자네가 과학을 계속하기 위해서 반드시 필요한 것이며, 과학이 다른 어느 지적 분야보다 더 성공적이었기 때문이네. 과학은 이 세계에 대해 어느 다른 사고방식보다 많은 것을 설명해 주었네. 따라서 그것은 다른 분야보다 '뛰어난' 것이 분명하네. 물론 '다른 조건이 동일하다면' 말일세.

파스칼 보이어(PASCAL BOYER)는 프랑스계 미국인 인류학자이자 진화심리학자로, 세인트루이스에 있는 워싱턴 대학 교수이다. 주된 연구 분야는 인류학과 인지과학의 접점으로, 그는 다양한 문화 현상들이 인간 정신의 보편적인 특성들에 의해 어떻게 제한되는지 연구한다. 그는 종교적 표현에도 관심을 가졌고, 어린아이와 성인들의 인지 활동에 대한 실험에 몰두했다. 연구의 초점은 인간 정신이 자연계에 대한 직관적이고 암묵적인 이해에 반(反)하는 표현을 즐기는 경향이 있음을 입증하는 것이다. 인간이 제기하는 문제들에 대한 답은 종교적 개념들이 아니다. 종교적 개념은 복잡한 경험에 대한 설명도 제공하지 못한다. 오히려 그 개념들은 진화가 우리에게 부여해준 인지능력의 일종의 부산물이라는 것이 그의 주장이다. 저서로『진리와 의사소통으로서의 전통』, 『종교 사상의 자연성』,『종교 설명하기』등이 있다.

우리는 어떻게 서로 의사소통을 하는가

당 스페르베르
Dan Sperber

의사소통. 우리 인간들은 항상 의사소통을 한다. 사실 우리는 대부분의 시간을 다른 사람과 이야기를 나누고 자신의 생각을 남에게 전하느라 보낸다. 그리고 그런 사실을 의식하지도 못한다. 우리는 말하고, 듣고, 쓰고, 읽고 – 여러분도 지금 이 책을 읽고 있지만 – 그림을 그리고, 무언가를 흉내 내고, 고개를 숙여 인사하고, 무언가를 가리키고, 어깨를 으쓱하고, 때로는 우리의 생각을 다른 사람에게 이해시키기도 한다. 물론 때로 의사소통이 힘들거나 아예 불가능한 경우도 있다. 그러나 다른 생물들과 비교하면 우리는 자신의 의사를 다른 사람에게 전하는 데 놀랄 만큼 능숙하다. 다른 종들은 – 그들도 의사소통을 한다면 – 훨씬 한정된 신호만을 가지고 있을 뿐이다. 예를 들자면, "여기는 내 세력권이야.", "위험해, 어서 달려!", "나는 교미할 준비가 되어 있어." 정도가 고작이다.

의사소통한다는 것은 누군가에게 여러분의 생각을 공유하려 시도한다는 의미이다. 하지만 어떻게 생각을 함께 나눌 수 있을까? 사고란 저 밖에 드러나 있거나, 또는 케이크처럼 잘게 자

236

를 수 있거나, 버스처럼 함께 사용할 수 있는 무엇이 아니다. 우리의 생각이란 엄밀하게 사적인 무엇이다. 생각은 우리 뇌 속에서 태어나고, 살아가고, 그리고 죽는다. 사실 그 생각들은 한 번도 뇌를 벗어나는 일이 없다(우리는 마치 생각이 뇌를 빠져나오는 것처럼 이야기하지만 그것은 단지 은유적 표현일 뿐이다). 한 사람이 다른 사람에게 보이거나 듣게 하기 위해 할 수 있는 유일한 일은 행동과 그 행동이 남기는 흔적뿐이다. 다시 말해서 운동, 잡음, 꺾인 가지, 잉크 얼룩 등이 그것이다. 이런 것들은 사고가 아니다. 그것들은 사고를 (또다른 은유인) '담고' 있지 않다. 그러나 이런 행동이나 그 흔적의 일부는 사고를 전달하는 역할을 한다.

그렇다면 이러한 의사소통은 어떻게 가능할까? 거기에 관한 오래된 이론이 있다. 그 이론은 고대 그리스의 철학자 아리스토텔레스까지 거슬러 올라간다. 물론 여러분은 그 사람의 이야기를 여러 번 들었을 것이다. 그의 이론에 따르면 의사소통을 가능하게 해주는 것은 우리가 공통적으로 사용하는 언어이다. 영어와 같은 언어는 일종의 기호이며, 그 언어 속에서 음들은 의미와 관련되어 있고, 의미는 음과 관련되어 있다. 따라서 질이 잭에게 어떤 의미를 전달하려고 할 때 그녀는 먼저 자신의 정신적인 영어 문법을 찾게 된다. 다시 말해서 그녀가 전하려는 특정 의미와 관계되는 음을 찾아서 잭이 들을 수 있도록 그 소리를 내는 것이다. 그러면 잭은 그의 정신적인 문법에서 자신이 들은 특정 음에 해당하는 의미를 찾는다. 이런 식으로 잭은 질이 마음속으로 무슨 생각을 하는지 알게 된다. 물론 이 모든 '찾기' 작업은 자동적이고 무의식적으로 (여러분이 단어를 발견하기 어려울 때나, 그 단어를 찾는 작업을 고통스럽게 의식하는 경우를 제외한다면) 이루어진다. 이러한 이중 변환 작업 – 의미를 음으로 부호화하고, 역으로 음을 의미로 해독하는 – 덕분에 이제 질과 잭은 하나의 생각을 공유하게 된 것이다. 물론 여기에서 이야기한 '공유'는 아직도 은유적인 의미일지 모른다. 그러나 최소한 이제 우리는 그 뜻을 어떻게 이해해야 하는지 알게 되었다.

'우리는 공통의 언어 덕분에 의사소통을 할 수 있다'는 오래된 이론은 매우 단순하고 뛰어나다. 만약 그 이론이 옳다면 매우 훌륭한 설명이 될 것이다. 실제로 동물들 사이에서 이루어지는 대부분의 의사소통에서는 그 이론이 적용된다. 꿀벌이나 원숭이들은 제각기 초보적인 기호들을 가지고 있으며, 부호화와 해독encoding & decoding 과정을 통해 서로의 의사를 전달한다. 우리 사람들 역시 풍부한 언어와 그 밖의 기호들을 가지고 있다. 그러나 – 바로 이 대목이 오래된 아리스토텔레스의 이론이 무너지는 지점이다 – 우리는 부호화와 해독 이상의 과정에 의해 서로의 의사를 전달하며, 동물들처럼 가끔씩이 아니라 거의 모든 시간 내내 의사소통이라는 행위를 하면서 살아간다. 따라서 우리가 언어를 갖는다는 사실은 우리의 의사소통 중 극히 일부만을 설명해 줄 뿐이다.

그러면 예를 들어보자. 여러분이 공항에서 빈둥거리며 시간을 죽이고 있다고 하자. 그런데 바로 옆에 서 있는 한 여성이 자기 친구에게 "늦어(It's late)"라고 말하는 것이 들렸다. 여러분은 '늦어'라는 말을 수없이 많이 들었을 것이고, 자기 입으로도 무수히 많이 했을 것이다. 그렇다면 여러분은 그 말이 무슨 의미인지 아는가? 물론 알 것이다. 그렇지만 여러분은 그 여자가 그 순간에 어떤 의미로 그 말을 했는지 짐작할 수 있는가? 한번 생각해 보기로 하자. 그녀는 비행기에 대해 그 말을 했을 수 있다. 그렇다면 비행기의 도착 또는 출발이 늦어진다는 뜻일 것이다. 또한 자신이 기다리고 있는 편지나 봄이 늦어진다는 뜻일 수도 있을 것이다. 어쩌면 특정 대상을 지칭한 것이 아닐 수도 있다. 가령 그때가 시간이 늦은 오후라는 말을 한 것일 수도 있고, 하루 중 늦은 시간, 또는 그녀의 일생에서 늦은 시기를 지칭한 것일 수도 있다. 게다가 '늦은(late)'이라는 말은 항상 어떤 일정과 연관되기 때문에 점심 식사로는 늦지만 저녁으로는 이르다는 뜻일 수도 있다. 따라서 그녀는 무언가에 대한 비교적인 의미로 '늦어'라는 말을 한 것이 분명하다. 그렇지만 그 대상은 과연 무엇일까?

이런 식으로 얼마든지 이야기를 이어갈 수도 있지만, 이제 논점은 상당히 분명해진 것 같다. 여러분은 그 여자가 한 말의 의미를 완전히 알고 있지만 그녀가 구체적으로 어떤 뜻으로 그 말을 했는지는 알지 못한다. 그런데 이상하게 들릴지 모르지만 그녀의 친구는 전혀 의미의 혼란을 느끼지 않는 모습이다. 그는 친구가 한 '늦어'라는 말을 완전히 이해한 것 같다. 여러분이 다른 사람으로부터 '늦어'라는 말을 들었을 때도 마찬가지일 것이다. 여러분은 상대가 어떤 의미로 그 말을 하는지 충분히 알아듣는다. 사실 '늦어'라는 말의 의미 따위를 생각하지도 않는다. 그렇다면 그 문장이 특수한 경우인가? 전혀 그렇지 않다. 영어든, 프랑스어든, 스와힐리어든 모든 문장은 상황에 따라 전혀 다른 의미를 전달하기 마련이다. 앞에서 예로 들었던 문장은 지극히 일반적인 하나의 보기에 불과하다.

이런 이유 때문에 언어학자들은 '문장 의미sentence meaning'와 '화자의 의미speaker's meaning'을 구별할 필요성을 느꼈다. 그러나 문장 의미 자체에 관심을 가지는 사람은 언어학자들밖에 없다. 그 밖의 다른 사람들은 대개 문장 의미를 거의 의식하지 못하기 마련이다. 우리가 자신의 생각을 다른 사람에게 전달하거나 진짜 목적, 즉 다른 사람의 말을 이해하기 위한 수단으로 사용하는 것은 무의식적으로 사용하는 의미이다. 우리의 관심사인 화자의 의미는 항상 문장 의미를 뛰어넘는다. 화자의 의미는 훨씬 분명하다(물론 때로는 나름대로 모호한 구석이 있을 수도 있지만 말이다). 그것은 어떤 측면에서는 훨씬 더 정확하지만 다른 측면에서는 정확성이 떨어지기도 한다. 그 안에는 풍부하고 함축적인 내용이 있다. 반면 문장 의미는 스케치에 불과하다. 우리는 이 초벌 스케치에 뭔가를 채워야만 화자의 의미에 도달할 수 있다.

그렇다면 우리는 어떻게 문장 의미에서 화자의 의미에 도달할 수 있을까? 어떻게 그 스케치에 살을 붙여 풍부한 내용을 채울 수 있을까? 지난 20여 년 동안 화자의 의미를 이해하기 위해서 우리는 추론이라는 방법을 사용했다. '추론inference'은 우리가 흔히 사용하는 '사유reasoning'라는 말을 심리학적 용어로 나타낸 것에 불과하다. 사유와 마찬가지로, 추론도 최초의 가정에서 출발해서 일련의 단계를 거쳐 어떤 결론에 도달한다. 그러나 심리학자들이 공연히 어려운 말을 쓰면서 학자인 체하기 위해 추론이라는 용어를 사용하는 것은 아니다. 대개의 사람들은 사유라는 말에 대해 특별하고, 의식적이고, 난해하고, 비교적 느린 정신 활동을 떠올리게 된다. 그러나 현대 심리학이 밝혀낸 사실에 따르면, 사유와 유사한 정신 활동은 거의 항상 - 무의식적으로, 힘들지 않게, 그리고 빠르게 - 일어난다고 한다. 심리학자들이 추론이라고 말할 때, 그들은 이처럼 항상적으로 일어나는 정신 활동을 가리키는 것이다. 현대의 언어학자와 심리학자들은 이런 식으로 사람들이 다른 사람의 말을 이해하는 과정을 이해한다. 가령 여러분이 "늦어"라는 말을 들었다고 하자. 그러면 우선 여러분은 문장 의미를 해독하고, 그런 연후에 화자의 의미를 '추론'한다는 것이다. 그러나 이 모든 과정은 무척 빠르고 수월하게 일어나기 때문에 마치 아무런 노력도 없이 쉽고 빠르게 일어나는 것처럼 생각된다.

그렇다면 우리는 인간의 의사소통에 대해 지금까지 가지고 있던 생각을 모두 바꾸어야 하는 것일까? 첫 번째 대응은 오래된 부호화-해독 이론에 가능한 가깝게 지금까지의 이론을 바꾸는 것이다. 갱신된 이론은 다음과 같을 것이다. 의사소통을 가능하게 만드는 것은 공통 언어의 공유이다. 여러분은 다른 사람에게 의사를 전하기 위해 구태여 의미를 부호화할 필요가 없다. 여러분은 상대가 정황 지식을 통해 여러분이 하려는 말의 의미를 충분히 추론할 수 있으리라고 믿을 수 있다. 가령 여러분이 "너희 어머니가 타고 오시기로 한 비행기가 늦게 도착한대. 너무 지연되어서 더 이상 공항에서 기다릴 수 없어. 그러게 집에서 기다리는 게 낫다고 하지 않았니?"라는 말을 친구에게 하려 한다고 가정하자. 여러분은 "늦어!"라는 한마디로도 올바른 어조로 이야기하기만 한다면(가령 짜증스럽다는 듯 말꼬리를 조금 끄는 식으로) 앞의 의미를 모두 담아서 친구에게 전달할 수 있다. 아니 어쩌면 그 이상의 의미까지도 담을 수 있을 것이다. 의사소통에서 추론이 담당하는 역할은 컴퓨터의 부가장치add-on[8]와도 같은 것이다. 다시 말해서 공통 언어만으로도 의사소통을 하는 데는 아무런 지장이 없다. 그러나 추론은 너무 효율적이어서 도저히 빼놓을 수 없는 빠른 속도의 루틴과 지름길을 제공한다.

많은 심리학자와 언어학자들은 이처럼 낡은 이론을 갱신한 개정판 이론을 받아들이고 있다. 그러나 일부는 그렇지 않다. 의사소통에 관여하는 추론 유형을 이해하려고 시도하는 과정에

242

8   컴퓨터 작동에 꼭 필요하지는 않지만, 있으면 그만큼 다양한 기능을 발휘할 수 있는
      보조장치 – 옮긴이

Dan Sperber

서 우리 중 일부는 과거의 이론을 완전히 거꾸로 뒤집어 놓게 되었다. 지금 우리는 사람 사이의 의사소통에서 가장 중요하고 근본적인 요소는 추론이고, 언어가 오히려 부가장치에 불과하다고 생각한다. 이것이 새로운 이론의 내용이다.

가령 백만 년 전에 우리 선조들이 아무런 언어도 갖지 않고 있었다고 가정해 보자. 그 선조들 중 한 명의 이름이 잭이고, 그가 동료인 질이 딸기를 따고 있는 모습을 지켜보고 있다고 하자. 그렇다면 잭은 질이 하고 있는 일을 어떻게 이해할까? 그는 그녀의 움직임을 단지 일련의 육체적 움직임의 연속이라고 볼 수도 있고, 또는 어떤 목적을 위해서(가령 먹기 위해) 딸기를 따는 목적의 행동을 하고 있다고 볼 수도 있을 것이다. 지능을 가진 동물이 어떤 목적을 수행하기 위해 하는 행동에 대한 이해는 일반적으로 아무런 목적도 없는 단순한 동작이나 몸짓을 보는 것보다 유용하고 통찰적이다. 그러나 우리 선조가 서로의 행동에서 그 의도나 목적을 인식할 수 있었는가?

다른 생물이 지능을 가졌는지 알아내려면 그 생물보다 두 배 높은 지능을 가져야 한다. 여러분은 다른 생물의 정신적인 표상을 여러분 자신의 마음 속에서 표상화시킬 수 있는 능력을 가져야 한다. 다시 말해서 표상의 표상을 인식할 수 있는 능력이 필요하다는 뜻이다. 이것을 전문용어로 '메타-표상meta-representation'이라고 한다. 대부분의 동물들은 이러한 메타-표상화 능력을 전혀 갖지 않는다. 그들이 보는 세계 속에는 어떤 마음도 없으며 단지 육체만이 존재할 뿐이다. 침팬지를 비롯해서 우리와 가까운 친척인 그 밖의 동물들은 매우 초보적인 메타-표상 능력을 부분적으로 가지고 있다고 여겨진다. 잭의 경우, 나는 그가 질의 의도를 인식했다고 생각한다. 그러니까 단지 그녀의 운동을 인식하는 데 머물지 않았다는 뜻이다. 사실 그는 그녀의 행동에서 그녀의 의도를 추론하는 데 그치지 않고, 그녀가 갖고 있는 생각까지 – 가령 딸기는 먹을 수 있다는 식의 – 추론할 수 있는 능력을 가지고 있다.

만약 여러분이 다른 사람의 행동을 통해 그들의 생각을 추론할 수 있다면, 여러분은 그 지식을 통해 많은 이익을 얻을 수 있고 여러분 자신이 직접적으로 경험하지 않은 여러 가지 사실들을 발견할 수 있다. 어쩌면 잭은 그때까지 딸기가 먹을 수 있는 과일이라는 사실을 몰랐을 수도 있다. 그러나 질이 딸기를 따는 모습을 보고 딸기가 먹을 수 있다고 믿을 만한 좋은 근거를 얻었을 수도 있다. 다시 말해서 언어나 의사소통의 힘을 빌지 않고도 다른 사람의 생각이나 믿음을 발견하고 그것을 자신의 것으로 만들 수 있는 것이다.

질 역시 잭만큼 똑똑하다고 하자. 그녀는 잭이 자신을 유심히 지켜보는 것을 알아차리고, 그가 자신의 행동을 보면서 무엇을 추론했을지 알 수 있었다. 그녀는 내심 잭을 좋아하고 있었을 수도 있다. 그리고 자신이 딸기를 따는 행위가 한 가지가 아니라 두 가지 목적에 기여할 수 있다는 사실에 기쁨을 느꼈다.

하나는 딸기를 따서 음식으로 삼을 수 있다는 점이고, 다른 하나는 잭에게 유용한 정보(딸기가 먹을 수 있는 과일이라는)를 준 것이다. 실제로 질은 정작 딸기가 필요해서 딴 것이 아닐 수도 있다. 그녀가 딸기를 딴 주된 목적은 잭에게 딸기가 먹기 좋은 과일이라는 것을 알려주기 위함이었을 수도 있다. 반대로 그녀가 잭을 몹시 싫어했다면, 그녀가 따고 있는 딸기에 독이 있다는 것을 알면서 일부러 그가 독이 든 딸기를 따서 먹게 하려 의도했을 수도 있다! 지금까지 우리는 여러 가지 방법으로 두 사람 사이에 이루어진 의사소통에 비교적 근접하게 접근해 보았다. 그러나 아직까지 언어는 우리들의 상像에 등장하지 않았다. 그런데 질이 잭에게 유익한 (또는 해로운) 정보를 제공하려는 시도와 사람들 사이에서 이루어지는 일반적인 의사소통 사이에는 또 하나의 커다란 차이가 있다. 일반적인 의사소통은 숨김없이 공개적으로 이루어진다. 반면 잭은 처음부터 질이 그의 생각을 바꾸어 놓으려 한다는 사실을 이해하고 있지는 않았다.

만약 질이 딸기를 따는 진정한 의도가 자신에게 딸기가 먹을 수 있는 과일이라는 사실을 알려주기 위한 것이었음을 잭이 이해하고 있었다면 어떻게 될까? 잭이 질을 신뢰하고 있다면 그는 그녀를 믿을 것이다. 그러나 잭이 질을 신뢰하지 않는다면 그는 딸기가 먹을 수 있는 과일이라는 사실을 믿지 않을 것이다. 잭이 그녀의 진정한 의도를 이해하고 있다는 것을 질이 안다면? 이런! 이 경우에는 여러 가지 확률의 세계가 열리게 된다. 잭이 그녀의 의도가 자신에게 정보를 주기 위함이라는 것을 이해할 수 있다면, 그녀는 보다 공공연한 방법으로 알려줄 수도 있을 것이다(암시하지 않고). 따라서 질은 구태여 딸기를 따는 행동을 계속할 필요가 없게 된다. 그녀는 딸기가 식용 과일이라는 사실을 알려주고 싶다는 것을 표현하기만 하면 족하다. 그런 목적이라면 그녀는 상징적 수단에 호소할 수도 있다.

예를 들어 질은 딸기를 응시하다가 입을 딸기 쪽으로 움직여 그것을 먹는 시늉을 할 수도 있다. 그러면 잭은 마음속으로 '그녀가 왜 저런 행동을 하지?'라는 의문을 품을 것이다. 일단 그녀가 자신을 위해 그런 행동을 해 보인다는 사실을 알게 되면, 그녀의 의도나 의미를 추론하기란 그다지 어렵지 않을 것이다. 아직까지 언어가 등장하지 않지만, 이것이 진정한 의미에서의 명시적overt 의사소통이다. 질은 그녀의 의도를 알릴 수 있는 근거를 주기만 하면 되고, 잭은 그녀가 보여준 근거를 통해 그녀의 의도를 읽어내기만 하면 된다. 이 과정에서 사용된 어떤 근거도 부호나 기호는 말할 것도 없고 심지어는 언어의 형태조차 띨 필요가 없다.

이런 식의 추론 방식으로 의사소통을 할 수 있는 능력을 가진 생물들에게 언어의 유용성은 이루 말할 수 없을 만큼 크다. 언어는 사람들의 마음속에 어떤 개념을 심는 데 흉내보다 훨씬 뛰어난 기능을 갖는다. 질이 '먹다', 또는 '좋다'라는 말을 할 수 있었다면, 잭은 그녀의 언어 행동verbal behavior을 통해 흉내 내는

246

Dan Sperber

몸짓을 보는 것만큼이나 쉽게 그녀의 의도를 추론하고 그녀가 무엇을 뜻하는지 완전히 이해할 수 있었을 것이다. 그보다 풍부한 언어를 구사할 수 있었다면, 질은 좀 더 복잡한 의미들을 전달할 수 있었을 것이다. 실제로 당시 우리 조상들은 말을 할 수 없었다. 이후 언어가 엄청난 이득을 가져다주고, 인간이라는 종에서 언어능력이 진화하게 된 것은 바로 이러한 추론을 이용한 의사소통 능력 덕분이었다.

따라서 새로운 이론에 따르면 의사소통은 인간의 메타-표상 능력의 부산물인 셈이다. 상대의 마음의 상태에 대한 복잡하고 정교한 추론을 수행할 수 있는 능력은 상대의 행동을 이해하고 예견할 수 있는 수단으로서 우리 선조들 속에서 진화하게 되었다. 그리고 이 능력은 다시 자신의 생각을 다른 사람에게 드러낼 수 있도록 공공연하게 행동할 가능성을 열어주었다. 그 결과 언어가 진화할 수 있는 조건이 형성된 것이다. 언어는 추론적인 의사소통을 훨씬 효율적으로 만들어주었다. 그렇지만 언어가 의사소통의 성격을 변화시킨 것은 아니었다. 우리가 자신이 가지고 있는 생각이나 신념의 근거를 딸기 따는 행동으로 제시하든, 그 행동을 흉내 내는 몸짓으로 제시하든, 또는 글을 써서 제시하든 – 지금 내가 하고 있듯이 – 간에, 우리가 가장 우선적으로, 그리고 크게 의존하는 것은 우리가 전하려는 의미를 추론할 수 있는 상대의 능력이다.

당 스페르베르(DAN SPERBER)는 프랑스의 사회과학자, 인류학자, 철학자로 파리에 있는 과학연구센터와 폴리테크닉의 선임 연구원과 부다페스트 중앙유럽대학교의 인지과학과·철학과 교수를 역임했다. 그는 영국의 언어학자 드어드리 윌슨과 공저로『적합성, 의사소통과 인지』집필했는데, 그 책에서 두 사람은 인간 의사소통에 대한 그동안의 모든 이론을 무너뜨리는 주장을 제기해 많은 논쟁을 불러일으켰다. 또한 역시 공저인『적합성 이론』은 그 주제에 대해 새로운 연구를 불러일으켰다. 그 밖의 저서로『상징주의를 다시 생각한다』,『인류학 지식에 대하여』등이 있다.

무엇을
알아야 하고,

어떻게 배워야
하는가

로저 섕크
Roger C. Schank

교양 있는 사람이라면 무엇을 알아야 하는가? 학교에서는 이런 문제를 거의 다루지 않는다. 학교에서는 이미 여러분이 무엇을 알아야 하는지 알고 있다. 여러 동물의 종류와 명칭, 뛰어난 고전 문학작품들의 줄거리, 삼각형의 정리를 증명하는 법 등이 그것이다. 그러나 여러분이 컴퓨터를 '지능적으로' 작동하도록 만들기 위해 시도한다면, 컴퓨터가 알아야 할 것이 그런 종류가 아니라는 사실을 깨닫게 될 것이다. 정작 컴퓨터가 알아야 하는 것은 일을 하는 방법, 다른 사람들이 한 일이나 말한 내용을 이해하는 법, 그리고 그런 일을 하는 과정에서 일어난 실수를 통해 교훈을 얻는 법 등이다.

컴퓨터를 학습시킨다는 것은 컴퓨터에게 추론 능력(존이 메리를 때리면 메리는 화가 나서 다시 존을 때릴 것이다)을 부여하고, 일정한 신념들(미국이 이라크를 폭격하면, 그 폭력이 자국의 경제적 이익을 얻기 위한 필요에 의해 정당화될 것이라는 식의 믿음)을 주입하고, 실수에서 교훈을 얻는 법(비행기 안에서 스테이크를 주문했는데 고기가 너무 익어 식사를 망친 경험이 있다면, 그 사실을 기억해 두었다가 다음번에는 다른 요리를 시킬 것이다)을 가르치는 것이다. 이와 마찬가지로 사람들도 반드시 어떤 일을 하는 방법을 배워야 하는 경우가 있다. 예를 들어 우리는 컴퓨터가 임의적인 사실들에 대해 백과사전적 지식을 갖도록 프로그래밍할 수 있다는 것을 알고 있다. 그렇지만 컴퓨터가 그런 지식을 가진다는 것이 '지능'을 가진다는 뜻은 아니라고 생각한다. 더구나 임의적인 사실들을 줄줄 외우는 능력을 가진 사람이 지적이라고 평가받지도 못한다. 사람들의 학습 능력과 지능의 요건에 대한 우리들의 지식에도 불구하고, 학교는 사실 자체를 강조하고 행동을 경시하는 학습 모델에 여전히 깊은 뿌리를 두고 있다. 이러한 학습과 행동의 분리는 모두에게 지극히 해롭다.

최근에는 지능을 여러 가지 '도서 목록'으로 규정하는 풍조가 유행하고 있다. 서점들은 여러 가지 사실들을 – 과학, 문화, 심지어는 종교적 사실들 – 죽 나열한 목록들로 가득 차 있어서 사람들이 '박식'해지기 위해 반드시 알아야 할 것이 무엇인지 설명해 주고 있다. 교육을 받는다는 것은 창고에 물건을 쌓아두듯이 지식의 재료를 많이 아는 것을 뜻한다. 이런 사실들을 통해 우리 사회가 모든 사람이 알아야 하는 지식이 무엇인지 합의하고 있으며, 지식과 정보를 전달하는 것이 교육의 기능이라고 판단하고 있다는 점을 확실히 알 수 있다.

그러나 그런 말을 믿지 마라. 모든 사람이 반드시 알아야 하는 지식이란 없다. 뭐라고? 조지 워싱턴을 몰라도 된다고? 그

251

러면 링컨의 게티즈버그 연설은? 물론 그런 것들을 알고 있다고 해서 해가 되지는 않는다. 그러나 사람이라면 누구나 이런 것들을 알아야 하고, 따라서 학생들에게 이런 것들을 가르치는 것이 교육의 전부라는 식으로 생각하는 태도는 큰 해악을 미친다. 이런 생각이 학교를 지루하고, 시대에 뒤떨어지고, 오직 스트레스만 안겨주는 장소로 만드는 것이다. 여러분은 이미 그런 경험을 했을지 모르지만 말이다.

사실이 교육의 요체는 아니다. 많은 사실을 알고 있다고 해서 그가 교양 있는 사람이 되는 것도 아니다. 사실이 교육과정에서 중요한 역할을 차지하는 이유는 시험 보기가 용이하기 때문이다. 그리고 여러분들은 6살 이래 계속된 시험 덕분에 학식을 얻는 데 많은 도움을 얻었다. 그런데 기이하게도 사람들이 알고 있는 가장 중요한 사실의 대부분은 분명한 형태로 기억하거나 표현할 수 없는 종류의 것들이다. 여러분이 꿈꾸는 이상적인 상대가 여러분에게 관심을 갖게 만들려면 가장 좋은 방법은 무엇일까? 미국이 명백한 운명Manifest Destiny[9]을 믿었던 것이 잘못일까? 보스니아에서 벌어지는 상황은 정말 나치 치하의 독일과 비슷할까, 아니면 베트남과 더 유사할까? 진정 교양 있는 사람이라면 이런 질문에 답할 수 있을 것이다. 그러나 그것들은 간단한 질문이 아니며 거기에 대해 간단한 답을 낼 수도 없다. 진정

252

9   미국이 북미 전체에 걸쳐 정치, 사회, 경제적 지배를 하는 것은 운명으로 정해져 있다는 제국주의적 사상 - 옮긴이

Roger C. Schank

한 의미에서 교육이란 이런 질문들을 이해하고 사리에 맞는 주장을 펼 수 있기 위해서 그와 연관된 충분한 역사를 아는 것이다. 여기서는 역사를 정확히 인용하는 것보다 심사숙고를 거쳐 자신의 의견을 제기하는 것이 가장 중요한 요점이다. 생각을 하고 자신의 생각을 설득력 있게 표현하는 방법을 배우는 것이 교육의 진정한 소재인 것이다.

그렇다면 학습의 요체는 무엇인가? 그것은 잘못된 것에 대처할 수 있고, 기꺼이 실패할 수 있는 준비를 갖추는 것이다. 그리고 상황을 좀 더 명확히 할 수 있는 설명을 하고, 그런 설명을 이해할 수 있는 능력을 기르는 것이다.

따라서 지식이라는 소재 자체보다 그것을 전달하는 방식이 훨씬 중요하다. 중요한 것은 여러분이 무엇을 아는가가 아니라 어떻게 그것을 알게 되었는가이다. 일반적으로 우리가 학교에서 배우는 내용은 암기를 기반으로 한다. 그러나 무언가를 암기하는 것이 훗날 그 정보가 유용할 때 기억해 낼 수 있다는 뜻은 아니다. 특정 상황에서 얻은 정보가 다른 상황에도 그대로 적용될 수 있는 것도 아니다. 물론 여러분에게 어떤 지식의 암기를 강요하는 학교의 교육방식에 저항하기란 쉬운 일이 아니다. 그렇지만 단순한 암기로 여러분이 더 많이 알게 되는 것이 아니라는 인식은 매우 중요하다. 토막 지식을 많이 알면 시험을 통과하거나 친구들에게 뽐내거나, 퀴즈 쇼에 출연해서 상을 받는 데에는 유용할지 모르지만, 그 외에는 거의 쓸모가 없다.

우리는 자신이 알고자 하는 지식, 다시 말해서 스스로가 세운 목표를 달성하는 데 도움을 주는 지식을 가장 잘 습득한다. 지능이 있는 컴퓨터는 안전하고 흥미로운 환경을 제공해서 이런 류의 학습이 이루어지도록 도움을 줄 수 있다. 우리는 이런 컴퓨터들이 질문을 하고, 유용한 정보를 제공하고, 사용자가 문제를 풀지 못해 쩔쩔매고 있을 때에도 무한한 인내심을 발휘하도록 '가르칠' 수 있다.

시카고에 있는 과학산업박물관을 위해 과학교육연구소는 이런 과정이 어떻게 작동하는지 보여주는, 컴퓨터 기반 전시물을 제작했다. 이 박물관은 방문객들에게 겸상 적혈구 빈혈증 sickle cell disease[10]에 대해 가르치기를 원했다. 전시물인 '겸상 적혈구 카운슬러'는 방문객들이 유전 카운슬러의 역할을 하게 만들어 그 과정에서 자연스럽게 학습할 수 있도록 해주는 장치이다. 물론 방문객들은 장차 유전 카운슬러가 되려는 생각을 가진 사람들이 아니었지만, 컴퓨터가 그들에게 도전할 수 있는 과제를 주자 배우려는 자연스러운 학습 의욕이 피어났다.

이 프로그램에 부과된 과제는 자신들이 낳을 아이가 겸상 적혈구 빈혈증에 걸릴 위험이 있지 않을지 염려하고 있는 부부에게 조언하는 것이었다. 겸상 적혈구 카운슬러는 실제 고객을 대상으로 유전 카운슬러가 해줄 수 있는 상담을 모의실험하고

254

---

10   낫 모양의 이상 적혈구로 발생하는 악성 빈혈증 - 옮긴이

그 문제를 즉각 해결해 줄 수 있는 전문가에게 화상을 통해 접근할 수 있게 해주었다.

그 박물관에서 겸상 적혈구 카운슬러 전시는 인기리에 계속되었고, 방문객들이 여러 가지 내용을 학습하는 데 걸리는 시간은 대략 30분 정도였다. 이것은 방문객들이 일반 전시물을 관람하는 데 소요되는 시간에 비하면 훨씬 긴 시간이었다. 그러나 그들은 그 프로그램에서 배울 수 있는 경험이 매우 실제적인 것이었고, 자신들이 어떤 목표를 세워야 하는지 알려주었기 때문에 그 전시물에 많은 시간을 투자했다.

얼마 전에 나는 학부 학생들에게 그들이 최근에 배운 내용이 무엇인지 물어보았다. 그러자 그들은 다른 수업 시간에 배운 내용에 대해 이야기했다. 그러나 그들은 그 지식을 언제 다시 활용하게 될지에 대해서는 잘 모르고 있었다. 대학원 학생들에게 같은 질문을 했을 때, 그들은 생활에 대해 많은 것을 배웠다고 대답했다. 그 학생들은 당시 처음으로 독립해 혼자 살아가는 법을 배우고 있었다. 나는 그들에게서 요리와 청소법에 대해 많은 이야기를 들었다. 그리고 그들은 학부 시절에 배웠던 지식이 그 무렵 그들이 완성시키려고 노력 중이던 연구 프로젝트에 유용하게 이용되었다는 이야기도 해주었다. 대부분의 대학원생들은 연구 과제를 완성시키는 일에 모든 관심이 집중되어 있었다. 그들은 과제를 해결하는 데 도움을 줄 수 있는 것이 무엇인지 배우게 된다. 그들에게 학습이란 목표 달성에 필요한 지식의 획득을 뜻한다. 그러나 만약 시험 통과를 목표로 삼지 않는다면 대학원 진학 이전에 이런 패턴이 그리 자주 나타나지는 않았을 것이다.

컴퓨터가 지능을 갖게 하려면, 우리는 스스로 학습하는 법을 가르쳐야 한다. 단지 온갖 지식을 컴퓨터 메모리 속에 쏟아붓는 것만으로는 해결되지 않을 것이다. 그렇게 해도 컴퓨터는 자신이 얻은 지식을 가지고 무엇을 해야 할지 알지 못할 테니 말이다. 그러나 컴퓨터가 어떤 일을 하는 과정에서 지식을 얻는다면, 메모리 속에서 그 지식의 위치를 찾는 일은 그리 어렵지 않을 것이다. 그 지식은 학습된 지점에 위치하게 될 것이고, 새로운 지식이 획득되었을 때 잘못된 처리 과정을 바로잡을 수 있게 된다.

여러분도 자신의 학습을 지시, 통제하는 법을 배워야 하기는 마찬가지이다. 전후 맥락이 학습의 구조를 결정한다. 이렇게 여러 가지 상황에 처해 보고, 여러 가지 일들을 시도하는 것은 매우 중요하다. 특정 상황에서 어떤 일을 어떻게 해야 할지 모르는 경우, 그 사람은 자신이 알지 못하는 일을 어떻게 달성할 것인지 배우는 일에 전념하게 되고 새로운 시도를 계속하면서 자신이 왜 실패했는지 또는 어떻게 성공하게 되었는지를 분석하고 이해하려고 노력하게 된다. 이때 다른 사람들이 쓸데없이 여러분에게 훈수를 두거나, 여러분이 원치 않는 정보를 주려는 행위를 허용하지 말라. 여러분은 무언가를 달성하려고 애쓴 이후에, 그리고 상당한 어려움을 겪은 다음에야 다른 사람들의 가르

침을 받아야 한다.

　여러분이 무언가를 시도하고 실패의 쓴맛을 보고, 그래서 누군가의 도움이 절실해진 다음에 이루어지는 학습의 핵심은 일반화generalization라는 과정이다. 특정한 상황에서 어떻게 문제를 해결할 수 있는지 아는 것으로는 충분치 않다. 여러분은 배운 내용을 일반화시킬 줄 알아야 한다. 그래야만 다른 상황에 처했을 때 그 지식을 활용할 수 있다. 그렇지 못하면 여러분은 아무런 연관도 없는 전문지식이라는 편협한 수집물을 얻었을 뿐이다. 그 수집물들은 지극히 한정된 특수한 영역에서만 유용할 뿐 다른 경우에는 아무런 소용도 없게 된다.

　의식적인 노력이 없이 정보를 획득한 다음 그것을 보편화시키기란 거의 불가능하다. 그러나 그런 시도를 하는 과정 자체가 본질적으로 검증 불가능하고 오로지 가설로만 남아 있는 일반화를 이룰 수 있는 가능성을 포함하고 있다. 설령 그렇다 하더라도, 여러분의 일반화를 아는 사람들에게 테스트하는 것을 두려워하지 말라. 그들은 분명 여러분이 틀렸다고 말할 것이다. 그러나 이때 여러분은 그들에게 주장을 뒷받침할 근거를 제시하라고 요구해야 한다. 대개 사람들은 새로운 일반화를 두려워한다. 그 이유는 자신들이 옳은지 그른지 알지 못하기 때문이다. 사람들은 자신들이 알지 못하는 것을 두려워한다. 그러나 진정한 앎, 진정한 통찰력이란 지금까지 알려지지 않은 사실, 어쩌면 알 수 없는 사실에 대한 검토를 통해서만 가능할 것이다. 새로운 일반화를 과감하게 제안하라. 그리고 그 일반화를 옹호할 수 있도록 준비하라. 여러분이 무언가를 하는 데 – 가령 질문에 답을 주거나, 여러분의 일반화 중 일부를 변화시키는 – 도움을 줄 수 있는 경우를 제외하고, 그 밖의 새로운 사실들을 무시하라.

왜 사실이 중요치 않은지 이해하려면, 대부분의 도서 목록들에서 모든 사람이 알아야 하는 필수 지식이라고 소리 높여 외치는 전형적인 사실들의 진정한 가치가 어떤 것인지 고려해 볼 필요가 있다. '콜럼버스는 1492년에 아메리카 대륙을 발견했다.' 이 '사실'은 도대체 어떤 중요성을 갖는가? 대부분의 사실들은 지극히 복잡한 사건들의 지나친 단순화이며, 낱개의 사건으로 학습되었을 때에는 그 흥미로운 특성들을 모두 잃게 된다. 이런 사건이 일어났을 때 뒤이어 어떤 변화가 나타났는가? 중요한 것은 어떤 사건이 일어났고, 그 사건을 통해 다른 일들이 일어났으며, 그로 인해 우리들의 삶에 어떤 변화가 일어났는가 하는 점이다. 콜럼버스의 아메리카 대륙 발견에 대해서는 많은 논쟁의 여지가 있을 것이다. 그러나 콜럼버스의 발견이 (그 이후 매우 중요한 파문을 일으킨) 세계사의 한 장을 열어젖히는 중요한 역할을 했다는 데에는 반박의 여지가 없다. 예를 들어 만약 여러분이 보스니아, 이라크, 또는 미국의 인디언 학살 등에 대해 생각한다면, 그리고 그런 역사적 사건에 대해 공부하려 한다면 그 사실이 중요한 의미를 가질 것이다. 그렇지만 어떤 전후 배경도 없이 전혀 다른 시대에 그 사실을 공부한다면 아무짝에도 쓸모없는 사실이 될 것이다.

　그저 알아두어야 할 만한 가치 있는 사실이 없다면, 앎이란 도대체 무슨 의미가 있을까? 첫째, 그것은 일종의 기법skill이다. 가령 읽기, 쓰기, 산술 등과 같은 기본적인 기법의 하나이다. 그보다 아래 차원의 기법들도 있다. 말 잘하기, 다른 사람과의 의사소통, 우리가 살고 있는 세계에 대한 이해 등이 그것이다. 여러 가지 과정 또한 알아야 할 충분한 가치가 있다. 정치적 과정, 심리적 과정, 물리적 과정, 그리고 경제적 과정 등이 그것이다. 사물의 근본원리를 이해하고, 그 원리에 부합해 그것을 여러분을 위해 이용할 수 있도록 하는 것이 중요하다. 여러 가지 사례 또한 알아야 할 가치가 있다. 사례란 무엇인가? 어떤 학생이 특정 주제에 대해 관심을 가진다고 할 때, 그 학생은 그 주제에 관한 사실을 알려주는 모든 이야기, 흥미로운 이야기, 그 주제와 연관된 다른 사람들의 이야기 등에 대해 관심을 가지게 될 것이다. 새로운 사례들을 이해하고 새로운 일반화를 제안하기 위해 컴퓨터에 거대한 '사례 베이스case base[11]'를 구축하는 작업은 인공지능의 창조에서 핵심적인 부분임이 밝혀지고 있다.

　물론 자신의 경험 또한 알아야 할 가치가 있다. 우리는 행동을 통해 가장 잘 배울 수 있기 때문에, 학생들은 자신의 '사례 베이스'를 획득할 수 있는 실제적인 일들을 겪어야 할 필요가

11　　데이터베이스처럼 여러 가지 사례를 모아놓은 것 - 옮긴이

있다. 일례로 정치적인 과정을 습득할 수 있는 가장 좋은 방법은 그 속에 직접 개입하는 것이다.

이처럼 '알아야 할' 가치 있는 일들은 많다. 그러나 '그저 알아두어야 할' 사실이란 없다. 교양 있는 사람이 되기 위해서는 여러분 스스로 자신이 무엇을 배워야 하는지 조절해야만 한다. 그리고 배우기 위해서는 무언가를 직접 해보아야 하고, 그 작업을 가로막는 장애물이 무엇인지 곰곰이 살펴보아야 한다. 그래야만 여러분이 구축한 '지식 베이스knowledge base'를 목적에 맞게 변화시키고 다시 새로운 시도를 할 수 있을 것이다. 거기에서 무언가를 배우기 위해서는 혼동을 구분해 내야 한다. 그리고 학교 교육에 대해서는 꼭 필요한 정도의 관심을 기울이는 것으로 족하다. 학교는 진정한 앎과는 거의 연관이 없다는 점을 항상 염두에 두어야 한다.

로저 섕크(ROGER C. SCHANK)는 미국의 인공지능 연구자 겸 인지 심리학자로, 2023년 세상을 떠났다. 노스웨스턴 대학의 학습과학연구소 소장이자 전기공학과 컴퓨터 과학의 존 에반스 교수를 지냈고, 심리학, 교육학, 그리고 사회정책 교수를 역임했다. 그의 주된 관심 분야는 특히 언어의 이해 과정과 연관된 정신의 작동 원리, 기억의 메커니즘, 학습과 사유, 학생들을 가르치는 행위, 사람을 모델로 하는 컴퓨터, 보통 사람들이 컴퓨터를 유용하게 이용할 수 있는 방법 등이다.

그는 창조성, 학습, 인공지능 등에 관해 많은 저서를 집필했다. 저서로는 『창조적 태도』, 『역동적인 기억』, 『이야기해 줘요』, 『정신에 대한 안내서』, 그리고 피터 칠더스와의 공저 『올바르게 묻고 답하는 방법』 등이 있다.

지금까지
아무도
생각하지
않았던 것을

어떻게
생각할 수
있는가

윌리엄 캘빈
William H. Calvin

이 질문에 대한 간단한 대답은 '낮잠을 청하고 아무 꿈이나 꾸면 된다'이다. 우리의 꿈은 독창성으로 가득 차 있다. 꿈의 요소들은 과거의 기억처럼 오래된 것들이다. 그러나 그 요소들의 조합은 매우 독창적이다. 그 조합들은 다양하게 결합해서 질적으로 결여된 부분을 보충해 준다. 꿈에서는 소크라테스가 버스를 몰고 브루클린 시내로 들어가 잔다르크와 야구를 화제로 이야기를 나눌 수도 있다. 우리의 꿈은 시간, 장소, 그리고 사람들을 한데 뒤섞어 놓는다.

깨어 있는 상태에서 우리 의식은 흐름을 갖는다. 물론 그중에는 많은 실수도 포함되어 있다. 그러나 우리는 입 밖으로 발설하기 전에 재빨리 그 실수를 바로잡을 수 있다. 우리는 말을하는 동안에도 그 문장을 바로잡을 수 있다. 실제로 우리가 말하는 대부분의 문장은 그전에 한 번도 말하지 않았던 것이다. 그럼에도 우리는 즉각 문장을 구성한다. 어떻게 그런 일이 가능할까? 이전에 한 번도 말하지 않았던 문장을 어떻게 말하는 것일까? 그리고 꿈에서처럼 뒤죽박죽이 된 문장이 입에서 흘러나오지 않는 이유는 무엇일까?

　다른 동물들은 불가능하지만 우리는 미래를 예측할 수 있다. 미래는 아직 일어나지 않았기 때문에 우리는 미래에 무슨 일이 일어나게 될지 상상해야 한다. 흔히 우리는 일어날 거라고 예상하는 어떤 사건들을 막기 위해 모종의 행동을 취함으로써 미래를 선점하곤 한다. 우리는 행동을 하기 전에 생각할 수 있고, 자신이 계획하는 행동에 대해 특정 대상이나 사람이 어떤 반응을 보일지 추측할 수 있다.

　이것이 다른 동물들과 비교할 수 없는 특출한 차이이다. 아이들이 그런 능력을 가지게 되기까지는 많은 시간이 필요하다. 아이들이 자라서 학교에 들어갈 때쯤이면 어른들은 아이들이 어떤 결과를 예측하는 데 대해 책임을 지기를 기대한다. "그렇게 될 줄 알았어야지……."라든가 "그런 일을 하기 전에 우선 생각하는 버릇을 길러라!" 등의 잔소리는 갓난아기나 미취학 아동, 또는 반려동물에게는 통하지 않을 것이다. 우리는 개나 고양이가 상황 변화를 올바로 파악하리라고 기대하지는 않는다. 가령 냉장고에서 생선이 한 마리 굴러떨어졌을 때, 고양이가 그날 초대한 손님의 저녁 식사에 쓸 반찬거리임을 알아차리고 입을 대지 않는 일을 상상할 수 있겠는가?

　어떤 행동의 결과를 예측하는 능력은 윤리의 기본이다. 자유의지는 이미 알고 있는 여러 대안 중 하나를 선택하는 것뿐 아니라 머릿속에서 새로운 대안을 상상하고 그것을 훌륭한 무

264

William H. Calvin

언가로 형상화시키는 능력이기도 하다. 많은 동물이 시행착오를 겪는다. 그러나 우리 인간들은 어떤 동물보다도 자주, 그리고 실세계에서 진짜 행동하기 전에 '머릿속에서' 시행착오라는 단계를 거친다. 마음속에서 새로운 변형을 이리저리 빚어내는 심사숙고와 정신적인 예행연습은 인간이 가지고 있는 가장 소중한 특성 중 하나일 것이다. 그러면 우리는 '어떻게' 그런 일을 할 수 있을까?

새로움의 창조는 어려운 일이 아니다. 오래된 것들을 새롭게 배열함으로써 가능하다.

사람들은 돌연변이(가령 우주선宇宙線이 DNA에 충격을 가해 염기 하나가 원래 위치에서 벗어나고 다른 DNA가 그 자리에 들어오는 경우와 같은)가 새로운 유전자가 나타나는 원인이라고 생각한다. 그렇지만 자연은 돌연변이보다 더 중요한 두 가지 메커니즘을 가지고 있다. 그것은 오류의 복제와 뒤섞기이다. 디스크 드라이브를 가지고 있는 사람이라면 누구나 오류의 복제가 어떤 것인지 잘 알고 있을 것이다. 그리고 이런 오류를 찾아내기 위한 절차(가령 성가신 점검과 같은)가 반드시 고안되어야 하며, 그 오류를 바로잡기 위한 (오류 교정 코드와 같은) 모종의 조치가 필요하다는 사실도 알 것이다. 새로움을 획득하려면 경계를 늦추기만 하면 된다.

그러나 자연은 정자와 난자가 생성될 때면 서로를 뒤섞기 위해 애쓰기도 한다. 이 과정에서 한 쌍의 유전자가 뒤섞이고 (감수분열을 통한 교차cross-over라 불린다) 그 후 정자나 난자의 새로운 염색체 배열로 갈라지게 된다. 물론 다른 개체의 정자에 의한 난자 수정은 제3의 개체를 창조한다. 이때 새로운 개체는 (대부분) 어머니와 아버지의 유전자 중에서 어느 쪽을 사용할지 선택하게 된다.

질質도 새로움만큼은 아니지만 매우 중요한 문제이다. 질을 유지하려는 자연의 통상적인 접근 방식은 일종의 인해전술로 여러 가지를 시도하고, 그중에서 제대로 작동하는 것을 선택하고 그렇지 않은 것을 버리는 방법이다. 예를 들어 많은 정자들이 결함을 가지고 있으며, 그중에는 가장 필수적인 염색체가 결여된 경우도 있다. 그런 결함을 가진 정자가 난자와 수정할 경우 발생은 일정 시점에서 대개 임신했다는 사실을 알아차리기도 전에 실패로 끝나고 만다. 이런 이유 때문에, 사람의 임신 중에서 80퍼센트가 처음 6주 동안에 유산으로 끝나게 된다(이러한 자연유산율이 어떤 인공유산율보다도 높다는 사실을 주목할 필요가 있다).

대개는 유아와 아동 사망률도 높다. 어떤 종이든 극히 일부에 불과한 개체들만이 성적으로 성숙해서 부모가 될 수 있을 만큼 오래 살아남는다. 찰스 다윈이 1838년경에 처음 깨달았듯이, 식물과 동물은 바로 이런 방법을 통해 수세대에 걸쳐 주위 환경에 보다 적합한 새로운 변형으로 변화를 거듭해 왔다. 자연은 새로운 세대마다 무수한 변이를 만들어 냈으며, 그중 일부가 다른 것들에 비해 환경에 잘 적응했다. 결국 이런 솎아내기의 과정을 거쳐 질의 형태가 창발創發된다.

다윈이 진화가 어떻게 점점 더 복잡한 동물들을 만들어내는지 설명했을 때, 심리학자들은 사고思考 자체에 대해 생각하기 시작했다. 정신도 새로운 종을 형성하는 다윈의 메커니즘과 같은 방식으로 작동하는 것일까? 새로운 사고도 변이나 선택과 흡사한 과정을 거쳐 형성되는 것일까?

표준 행동양식에서 나타나는 임의적인 변이는 – 설령 행동의 순서가 바뀌는 정도에 불과하다 하더라도 – 대개 효율성이 떨어지고, 그중 일부는 위험하기까지 하다(이런 변이는 '행동하기 전에 잘 생각하라'가 아니라 '일단 저지른 다음 살펴보자'에 해당하기 때문이다). 여기에서도 새로움 자체가 아니라 질이 문제이다. 대부분의 동물들은 자손의 번식에 성공할 수 있을 만큼 오랫동안 살아남은 선조들로부터 이어받은 (충분한 시험을 거친) 해결 방식을 사용하는데 그친다. 간혹 새끼들이 장난을 칠 때 새로운 행동의 조합이 시도되기도 하지만, 다 자란 후에 장난을 치는 일은 거의 없다.

1880년에 《애틀랜틱 먼슬리Atlantic Monthly》에 실린 논문에서 미국의 선구적인 심리학자 윌리엄 제임스(그는 '의식의 흐름 stream of consciousness'이라는 용어를 만든 사람이다)는 다음과 같은 기본적인 관점을 제시했다.

새로운 개념, 감정, 그리고 적극적인 경향은 원래 과도할 만큼 불안정한 사람의 뇌의 기능적인 활동 과정에서 자연적으로 나타난 임의적인 이미지, 상상, 환상의 형태로 '만들어진다'. 그리고 외부 환경이 그것들을 받아들이거나 배척하고, 보존하거나 파괴하는 것이다. 한마디로 요약하자면 선택하는 것이다. 그와 유사한 종류의 분자적 사건에 의해 형태적, 사회적 변이가 선택되듯이 말이다.

그와 동시대인이었던 프랑스의 철학자 폴 수리오도 1881년에 쓴 글에서 비슷한 주장을 폈다.

우리는 우리의 사고의 연쇄가 어떻게든 끝날 수밖에 없다는 사실을 알고 있다. 그러나…… 우연이라는 설명을 제외하고는 그 사고가 어떻게 시작되었는지 해명할 방법이 없다는 사실도 알고 있다. 우리의 정신은 그 이전에는 모든 것이 열려 있던 상황에서 하나의 경로를 선택한다. 그리고 그것이 잘못된 경로임을 깨닫고 원래의 자리로 돌아와 다른 방향을 잡는다……. 일종의 인위 선택을 통해 우리는…… 자신의 사고를 실질적으로 완벽하게 만들고 점차 논리적으로 만들어나간다.

제임스와 수리오의 생각은 그보다 훨씬 기본적인, 시행착오에 대한 알렉산더 베인의 개념을 토대로 삼고 있었다. 1855년에 스코틀랜드에서 발간된 저서에서 베인은 수영과 같은 운동 능력에 관해 논하면서 최초로 '시행착오'라는 말을 사용했다. 베인은 수영을 하는 사람이 끈질긴 노력을 통해 수영에 필요한 운동의 '바람직한 조합'을 우연히 발견하게 되었을 것이고, 이후 그것을 실천으로 옮겼을 것이라고 말했다. 그는 수영을 하는 사람이 효율성에 대한 감각과 운동에 필요한 여러 가지 요소들을 자유자재로 구사하는 제어력을 필요로 하게 되었을 것이며, 이후 실제로 자신이 원하는 결과를 얻을 때까지 시행착오를 계속했을 것이라고 주장한다. 다윈적 과정이 하나의 개념, 즉 그다음에 무엇을 해야 할지 이야기해 주는 운동 계획을 형성하는 과정이 바로 그것이다.

그런데 놀라운 사실은 다윈적 사고의 기본 개념과 심리학이나 신경생물학의 다른 개념들을 연결짓기 위해서 그다음 단계로 무엇을 해야 하는지 아는 사람이 아무도 없는 것 같다는 점이다. 1세기 이상 되는 기간 동안 이 핵심 사상은 마치 척박한 토양 위에 떨어진 씨앗처럼 어떻게든 흙 속에 뿌리를 내리려고 안간힘을 써왔다. 한 가지 문제는 (심지어 과학자들의 경우에도) 다윈주의를 신문만화 식의 단순화된 버전으로 받아들이고 – 가령 적자생존이니, 선택적 생존이니 하는 식으로 – 그 나머지 과정을 올바로 파악하는 데 실패하기 쉽다는 점이다.

다윈주의의 가장 기본적인 개념은 믿을 수 없을 만큼 간단하다. 동물들은 항상 번식해서 새끼를 낳지만, 그 새끼들이 모두 성장해서 다시 자식을 낳지는 못한다는 것이다. 한마디로 요약하자면 동물들은 과잉 번식을 하는 것이다. 같은 부모에게서 나온 새끼들 사이에서도 많은 차이가 있다. 모든 새끼들은(쌍둥이나 복제에 의해 탄생한 클론을 제외하고) 임의적으로 뒤섞인 서로 다른 염색체 조합을 가지고 있다.

이런 방식으로 생성된 다양성에 선택적 생존이라는 메커니즘이 작용한다. 변이 중 일부는 다른 개체들보다 우수해서 성체가 될 때까지 살아남게 되고, 다음 세대는 그 생존자의 유전자를 기반으로 다시 똑같은 과정을 되풀이하게 된다. 그중 일부는 우수하고, 다른 일부는 열등할 것이다. 그러나 열등한 개체들은 태어난 지 얼마 되지 않아 죽기 때문에 전체 과정은 우수한 개체들을 중심으로 진행된다. 그리고 그다음 세대는 - 이전 세대의 평균치가 성체까지 살아남았을 테니까 - 환경 속의 특정한 먹이, 기후, 포식자, 둥지를 마련하기 적합한 장소 등에서 훨씬 높은 적응력을 갖게 된다.

우리는 흔히 이런 과정의 시간 척도로 1000년 정도의 시간을 생각한다. 새로운 종이 태어나려면 그 정도의 시간이 필요하기 때문이다. 동물 사육사들의 인위 선택에서 중요한 효과가 나타나는 것은 대략 십여 세대가 지난 후이다. 그러나 이 과정은 면역 반응이 나타나는 시간 척도에도 적용될 수 있다. 그 기간은 새로운 항체가 형성되어 외부에서 침입한 분자들을 죽이는 데 성공하기까지이다. 항체는 1~2주가 지나면 침입한 분자와 마치 열쇠-자물쇠처럼 들어맞는 특성을 획득하는 데까지 진화할 수 있다. 그렇다면 생각이나 행동이 변화하는 시간 척도도 그 정도면 충분하지 않을까?

이 대목에서 다윈적 진화과정의 여섯 가지 중요한 단계를 조금 더 추상적으로 다시 언급할 필요가 있다. 그래야만 특수성으로부터 보편적인 원리를 추출할 수 있을 테니까 말이다.

· 패턴이 관여된다(가장 대표적인 것은 DNA의 염기 가닥이다. 그러나 그 패턴은 음악의 선율, 또는 사고思考와 연관된 뇌의 패턴과 같을 수도 있다).

· 어떤 식으로든 이 패턴의 복제가 만들어진다(세포가 분열할 때, 그리고 누군가가 휘파람으로 어떤 멜로디를 부는 것을 들었을 때 우리 머릿속에서도 그러한 복제가 이루어진다).

· 이따금 그 패턴의 변이가 발생한다. 그 원인은 오류의 복제나 염기배열 순서의 치환이다.

· 변이 패턴들은 제한된 공간을 차지하기 위해 치열한 경쟁을 벌인다(여러분의 집 뒤뜰에서 포아풀과 왕바랭이풀이 서로 자리를 차지하려고 싸우듯이 말이다).

· 변이 패턴들의 상대적인 성공률은 다면적인 환경의 영향을 받는다(다시 풀의 예를 들자면 일조 시간, 토양 속의 영양분, 물을 주는 횟수, 풀을 베어내는 빈도 등이 환경적 영향에 해당한다).

· 그리고 가장 중요한 점으로, 그 과정은 고리를 이루어 순환한다. 다음 세대의 조건은 어떤 변이체가 성체가 될 때까지 살아남는가에 따라 결정적으로 좌우된다. 살아남은 변이체들이 자신의 후손들을 확산시키기 때문이다. 그리

271

고 다음 세대, 다음 세대…… 이런 식으로 계속 이어진다. 이러한 차등 생존*differential survival*은 변이 과정이 실제로는 임의적이지 않다는 것을 의미한다. 오히려 다면적인 환경의 선택과정을 거치면서 살아남은 패턴에 의존하는 것이다. 그리고 가장 최근에 성공의 월계관을 쓴 변이체가 다시 수많은 변이를 확산시킨다. 그 대부분은 부모보다 열등하겠지만, 소수는 더 나은 것이 태어날 것이다.

그렇지만 같은 복제 과정이라 해도 모든 복제가 다윈적인 의미를 갖지는 않는다. 가령 복사기나 팩시밀리도 종이 위에 잉크의 패턴을 그대로 복제한다. 그러나 이 복제는 앞에서 언급한 것과 같은 순환이라는 특성을 갖지 않는다.

가령 복사기를 이용해서 십여 차례(특히 흑백 사진을 복사하는 경우) 복사를 계속하면 여러분은 오류의 복제를 발견할 수 있을 것이다. 따라서 앞에서 열거했던 처음 세 가지 조건을 만족시킨 셈이다. 그러나 여러분이 만들어낸 복사물들은 다면적인 환경이 특정한 측면에서 선호하는 작업공간을 둘러싸고 경쟁을 벌이지는 않을 것이다. 게다가 복제 과정에서 특정한 변이가 이익을 얻는 일도 없다.

다윈적 과정의 나머지 조건들이 없다면, 여러분은 이와 비슷한 방식으로 선택적 생존 과정을 찾아볼 수 있다. 예를 들어, 여러분은 도로상에서 15년 된 피아트보다 같은 연식의 볼보를 더 자주 발견할 수 있을 것이다. 그러나 15년 된 볼보가 스스로 번식할 수 있는 능력을 갖지는 않는다. 뇌세포의 경우도 마찬가지이다. 뇌세포 사이의 연결(시냅스)은 시간이 흐르면서 바뀌지만 세포 자체가 증식하지는 않는다. 어린아이의 뇌 속에는 성인이 될 때까지 살아남지 못하는 뇌세포 사이의 연결이 많이 있다. 그러나 이 선택적 생존(유용성이 입증된 임의적인 연결) 역시, 살아남은 패턴들이 뇌의 다른 위치에 (또는 모방을 통해 다른 사람의 뇌 속으로) 스스로를 증식시키지 못하는 한 다윈적 의미에서의 선택적 생존은 아니다. 설령 그렇게 할 수 있다 하더라도, 이러한 패턴 복제는 좀 더 성공적인 새로운 변이를 재생산하기 위한 끝없는 순환을 이루어야 한다는 조건을 만족시켜야 한다.

선택적 생존은 매우 강력한 메커니즘이어서 무생물인 물질에서 결정結晶을 만들어내거나, 문화적 진화과정 속에서 경제의 패턴을 생성하기도 한다. 선택적 생존은 모든 기업들, 특히 중소기업들에게는 중요한 문제이며, 최소한 자본주의 자유시장 이론에서는 '상황에 잘 적응하는' 적자가 살아남는다.

때로는 모든 종류의 선택적 생존이 다윈주의라 불리기도 한다(다윈은 허버트 스펜서가 사회 다윈주의social Darwinism을 주장하기 시작했을 때 무척 불쾌감을 드러냈다). 그러나 선택적 생존 자체는 무생물로 이루어진 계系에서도 찾아볼 수 있다. 가령 흐르는 강물은 조약돌을 해변에 퇴적시키고 모래 입자들은 바다로 쓸어간다.

모든 요건을 갖춘 다윈주의는 그보다 훨씬 강력하다. 그러나 그러기 위해서는 좀더 성공적인 차등 재생산이 필요하다. 경제학은 패스트푸드 체인점에서 그에 해당하는 몇 가지 예를 발견했다. 패스트푸드 식당들은 앞선 세대보다 성공적인 경우에만 재생산이 이루어진다. 그리고 이 경우에는 다양한 변이들 사이에서 제한된 '활동 공간(장사가 잘되는 지역)'을 놓고 치열한 경쟁이 벌어지기도 한다. 만약 좀 더 성공적인 체인점에서 끊임없이 변이가 재생산되어(가령 맥업스케일MacUpscale 이나 맥이코노미MacEconomy 라는 새로운 체인점이 갈라져 나온다고 상상해 보라) 순환의 고리를 형성한다면 이것은 새로운 복잡성을 진화시키는 다윈주의 과정의 또 다른 예가 될 것이다.

사람들이 어떤 것을 '다윈주의적'이라고 부를 때면, 대개 다윈주의 과정의 일부, 일반적으로 앞에서 열거한 여섯 가지 조건 중에서 일부만 만족시키는 경우를 언급할 때가 많다. 실제로 우리가 사용하는 다윈주의라는 용어가 매우 강력해서, 이처럼 지나치게 느슨한 용어 사용법 자체가 사람들이(과학자들을 포함해서) 무엇이 결여되었는지 이해하지 못했음을 의미하기도 한다.

실제로 사고에 대한 다윈주의적인 설명이 좀 더 일찍 구체화되지 않은 두 번째 이유는 사고 패턴이 복제되어야 하며, 그 복제들이 대안적 사고의 복제들과 경쟁을 벌여야 할 수 있다는 사실을 깨닫는 데 시간이 걸렸기 때문이다. 지금까지 우리는 사고에 내재하는 뉴런의 활동을 어떻게 설명해야 하는지 알지 못했기 때문에 복제에 대해서 생각하지 못했다. 그러나 복제는 사고라는 과정이 어떻게 이루어질 것인가에 대해 중요한 단서를 준다. 그것은 여러 가지 가능성들을 상당히 줄이는 제한constraint 이다.

1950년대 초엽에 유전 암호를 연구하던 분자생물학자들은 세포 분열이 일어날 때 어떤 식으로든 스스로를 복제할 수 있는 분자적 과정이 필요하다는 사실을 깨달았다. 1953년에 발견된 이중나선 구조는 복제 문제를 완전히 해결해 주었다. 이후 몇 년 동안 유전암호(DNA의 3문자 암호와 아미노산의 염기배열 사이의 번역표)의 비밀이 밝혀졌다. 어쩌면 우리는 대뇌 패턴이 거의 정확하게 복제될 수 있는지 살펴봄으로써 특정 대상이나 개념을 표현하는 대뇌 코드를 식별할 수 있을지도 모른다.

사고란 감각과 기억의 조합에 불과하다. 다른 식으로 생각하자면 사고는 지금까지 한 번도 일어난 적이 없는(그리고 앞으로도 영원히 일어날 가능성이 없는) 움직임이다. 뇌는 후두든 팔다리든 근육에 전달되는 무수한 신경 충격nerve impulse을 통해 운동을 일으킨다. 그렇다면 이러한 신경 충격의 세부적인 내용을 결정하는 것은 무엇인가?

때로는 씹기, 호흡하기, 걷기 등을 일으키는 리듬처럼 선천적인 리듬일 경우도 있다. 때로는, 가령 커피잔을 들어 올리다가 생각했던 것보다 가볍다는 사실을 발견할 때처럼 사전에 많은 수정이 가해지기도 한다. 따라서 너무 큰 힘으로 들어올리는 바람에 커피잔이 코를 때리기 전에 여러분은 팔 근육의 움직임에 수정을 가할 수 있다. 그러나 던지기, 망치질하기, 곤봉으로 때리기, 발로 차기, 침 뱉기('말 내뱉기'까지 포함해서) 등의 운동은 너무 빨리 이루어져서(가령 8분의 1초 동안에) 피드백이 불가능하기도 하다. 우리는 이런 운동을 탄도 운동ballistic movement이라 부른다. 여기에 속하는 운동은 행동 이전에 완전한 계획이 마련되어야 한다는 점에서 매우 흥미롭다. 그런 행동을 위해 '준비 동작'을 취하는 동안, 여러분은 완전한 계획을 세워야 한다. 이런 운동을 위한 계획은 뮤직롤[12]과 흡사하다. 뮤직롤에는 각각이 하나의 건반에 해당하는 88개의 출력 채널, 그리고 하나하나의 건반을 두드려야 하는 시간이 구멍으로 지정되어 있다. 실제로 건반을 두들기거나 물건을 던지려면 약 88개의 근육들의 조화로운 움직임이 필요하다. 악보를 시간과 공간 패턴, 즉 화음, 선율, 그리고 우리가 음악적이라 부르는 복잡하게 뒤얽힌 패턴들을 위한 계획으로 생각해 보라.

1949년에 캐나다의 심리학자 도널드 헤브Donald Hebb는 세포-집합 가설cell-assembly hypothesis을 수립했고, 기억을 불러오려면 뉴런 집단 전체의 행동 패턴을 재구성해야 한다고 주장했다. 오늘날 우리는 헤브의 세포 집합을 보다 일반적으로 뇌 속에서 특정 대상, 행동, 또는 개념과 같은 추상을 나타내는 시공 패턴으로 생각한다. 나는 각각의 패턴이 음악적 선율과 같으며, 그

12   자동피아노 연주용 구멍 뚫린 종이 - 옮긴이

패턴이 뇌 속에서 차지하는 공간은 바늘 끝 정도밖에 되지 않을 것이라고 추측한다(그 바늘 끝의 형태가 육각형이라고 상상하면 된다).

기억이란 시간 속에 정지해 있는 공간적 패턴에 불과하다. 다시 말해서 피아니스트를 기다리는 악보, 또는 울퉁불퉁한 길 위에 난 바퀴 자국이다. 그 패턴들은 어떤 일이 일어나서 자신과 상호작용을 통해 생음악 또는 덜컹거리며 달리는 자동차의 형태로 공간적인 패턴을 생성하기를 기다리고 있다. 정신의 다윈주의 모델은 활성화된 기억이 다른 행동을 위한 계획들과 상호작용을 일으킬 수 있으며, (뇌 속에서) 작업공간[13]을 놓고 서로 경쟁을 벌인다고 주장한다. 길 위에 나 있는 바퀴 자국과 같은 수동적인 기억은 경쟁이 한쪽으로 기울어지게 만드는 환경의 한 측면으로 기여한다 - 다시 말해서 현재의 실시간 환경과 과거 환경의 기억 양자가 모두 사고를 형성하기 위해 경쟁을 벌일 수 있다.

따라서 우리는 패턴을 - 뇌 속에 존재하는 마치 음악과 같은 사고 - 가지고 있으며, 다면적인 환경에 의해 편향된 선택적 생존을 하게 된다. 그렇다면 사고는 어떻게 복제되어 수십 개나 되는 동일한 바늘끝을 만드는 것일까? 그 변이들은 뒤뜰의 포아풀과 왕바랭이풀과 마찬가지로 같은 작업공간을 놓고 어떻게 경쟁을 벌일 수 있을까? 그 과정은 어떻게 순환될 수 있을까?

---

13   컴퓨터 주기억장치에서 계산을 위해 활용할 수 있는 공간 - 옮긴이

현재 뇌 속에서 활성화되는 대뇌 코드들은 모두 - 그것이 사과와 같은 물체를 대상으로 삼든, 전화 다이얼을 돌리는 숙달된 손가락 동작이든 간에 - 공간적인 패턴이라고 여겨진다. 하나의 코드를 뇌의 한 부분에서 다른 부분으로 이동시키려면, 편지를 보내듯 물리적인 전송이 이루어지지는 않을 것이다. 그보다는 팩시밀리가 사용하는, 종이 위에 나타난 패턴을 복제해서 멀리 떨어진 다른 곳의 종이 위에 그대로 옮겨놓는 식의 방법이 이용될 것이다. 신경 코드의 전송에는 시공간적인 패턴의 복제 과정이 포함되며, 때로는 뇌량corpus callosum[14]의 신경섬유를 통해서 멀리까지 복제가 이루어진다. 그러나 - 결정이 성장하는 방식처럼 - 인접한 곳으로 복제되는 경우도 많다.

우리의 사고가 일어날 가능성이 가장 높은 곳으로 여겨지는 대뇌피질은 1밀리미터 이내의 인접 영역으로 시공간적 패턴을 복제하는 회로를 가지고 있다. 모든 영장류는 뇌 속에 이런 배선을 가지고 있다. 그러나 그 배선이 얼마나 자주 사용되는지는 알려지지 않고 있다. 대뇌피질은 커다란 판으로, 그 면적은 모두 펼쳐놓았을 때 파이 4개를 모두 덮을 정도 크기의 파이 껍질만 하며, 최소한 104개의 표준 구획을 가지고 있다. 피질의 일부 영역은 완전히 분화된 전문적인 기능을 담당하는 반면, 다른 영역들은 다윈주의적 형성shaping up 과정을 위해 작업공간을 복

14   대뇌의 양반구(兩半球)를 연결시키는 역할을 한다 - 옮긴이

William H. Calvin

제하고 소거하는 보조적인 역할에 관여할 것이다.

이러한 이론적 고찰을 통해 얻을 수 있는 뇌의 동작 모형은 여러 개의 영역으로 이루어진 조각 이불과도 같다. 그중에서 하나의 코드가 우세를 점하면 일부 영역이 이웃 영역들을 희생시키고 확대된다. 탁자 위에 놓여 있는 과일 바구니에서 사과를 집을까 오렌지를 집을까 망설일 때, 여러분의 뇌 속에서는 사과를 선택하게 만드는 대뇌 코드와 오렌지를 선호하는 코드가 맹렬한 경쟁을 벌이고 있는 것이다. 둘 중 한 코드가 행동 회로 속을 순회하는 충분한 활성 복제를 가질 때 여러분은 사과를 선택하게 된다. 그렇다고 오렌지를 선호하는 코드가 완전히 사라진 것은 아니다. 그 코드들은 잠재의식적 사고로 배경 속에 계속 남아 있다.

279

여러분이 잘 떠오르지 않는 누군가의 이름을 기억해내려고 애쓸 때, 그 후보에 해당하는 코드들은 무려 30분 동안이나 숱한 변형들을 복제할 것이다. 그러다가 어느 한순간 갑작스럽게 홍길동이라는 이름이 '여러분의 머리 속에 튀어나온다'. 어떤 순간 우리들이 의식하는 사고는 서로 우위를 점하기 위해 경쟁을 벌이는 숱한 변형들과 함께 이루어지는 복제 경쟁 속에서 (우리 집 뒤뜰에서 포아풀과 왕바랭이풀이 경쟁을 벌이듯) 가장 최근에 승리를 거둔 패턴에 불과하다. 그리고 잠시 후 그중 하나가 승리를 거둘 것이고, 그때 여러분의 사고는 초점을 바꾸게 될 것이다.

다원적 과정은 다수의 복제가 이루어지고 있을 때의 디폴트 메커니즘default mechanism에 해당한다. 우리는 바쁜 활동을 벌이고 있는 뇌가 그것을 이용할 것이라고 예상한다. 그러나 사람의 사고 과정은 이보다 훨씬 복잡할 것이다. 다시 말하자면 많은 지름길들이 전체적인 구조를 완벽하게 지배하고 있어서 다윈주의가 주장하는 측면들은 그에 비해 소수에 불과할 것이다. 어린 아이들이 간단한 몇 가지 문장을 사용하다가 3살이 되면 갑작스럽게 그보다 훨씬 복잡한 문장을 구사하게 되는 점을 감안하면, 우리의 뇌 속에 들어 있는 언어 메커니즘이 규칙에 근거하는 수많은 지름길을 포괄한다는 데는 거의 의심의 여지가 없다. 어쩌면 다윈적인 과정은 케이크 바깥에 바르는 크림에 불과하며 그 대부분이 규칙에 기반하고 정례적인 것일 수 있다.

　　그러나 시를 짓거나 과학 이론을 세우는 작업은 그런 종류의 표피적인 작업이 아니다. 우리는 흔히 창조적인 방식으로 새로운 상황을 다룬다. 저녁 식사 메뉴를 결정하는 경우가 거기에 해당한다. 우리는 냉장고나 부엌 선반 위에 있는 재료들이 무엇인지 조사한다. 그리고 식료품 상점에서 사와야 할 다른 재료들이 무엇인지 생각한다. 때로는 이런 요소들을 한데 뒤섞거나 이전에 한 번도 먹어보지 않은 음식을 만들기도 한다. 이 모든 과정이 불과 몇 초 사이에 마음속에서 일어난다. 그리고 그것이 실제 작동하는 다윈적 과정일 것이다. 내일 어떤 일이 일어날지 상상하는 것처럼 말이다.

윌리엄 캘빈(WILLIAM H. CALVIN)은 미국의 신경생리학자로, 워싱턴 대학교의 교수를 역임했다. 그는 신경과학과 진화생물학을 대중화한 것으로 알려져 있다. 캘빈은 연구자들을 대상으로 한 전문서보다는 일반 독자들을 위한 저서를 많이 집필했다. 『스로잉 마돈나』, 『대뇌의 심포니』, 『정신의 상승』 등은 뇌와 진화를 다룬 책이다. 『거슬러 흐르는 강』은 그랜드캐니언을 흐르는 콜로라도 강의 여울을 따라 내려간 2주 동안의 탐사를 기초로 한 책이다. 신경외과의인 조지 오제만과의 공저인 『닐의 뇌와 나눈 대화』, 『사고와 언어의 뉴런적 본성』에서 캘빈은 때로 입 밖으로 새어 나오기도 하는 혼잣말이 어떻게 일어나는지에 초점을 맞추면서 뇌전증에 대한 신경외과적 연구의 현 상황을 설명해 준다. 캘빈은 가끔 진화와 신경과학 이외의 주제를 다루기도 한다. 기상이변, 일식 예측 등의 주제에 대한 그의 글과 기술적 특이성에 대한 베르너 빙글의 논문에 대한 평론 등이 그런 예에 해당한다.

어떻게
다른 관점을
받아들일 수
있는가

니컬러스 험프리
Nicholas Humphrey

✦

"불가능한 경우를 지워나가고 남는 것이, 그것이 아무리 있을 법하지 않은 일이라도 반드시 진실이라고 몇 번이나 이야기하지 않았나?" 셜록 홈스는 왓슨에게 이렇게 말한다. 그리고 우리들은 살아가는 동안 홈스의 이 말이 너무도 흔히 무시되는 격언이라는 사실을 자주 상기할 필요가 있다.

그 점을 입증하기 위해 간단한 즉석 검사를 해보기로 하자. (다음 장의) 그림 1은 아주 이상한 사진이다. 그것은 몇 해 전에 리처드 그레고리 박사의 연구실에서 고안된 것이다. 여러분은 이 사진이 무엇을 촬영한 것이라고 생각하는가? 여러분의 정신은 여러분의 눈에서 나온 데이터들을 짜맞춰서 어떤 설명을 내놓는가?

여러분은 이 사진이 이른바 '불가능한 삼각형'이라고 생각할 것이다. 즉, 삼각형의 각 부분들은 제각기 서로 완벽하게 독립적으로 존재하지만, 그 부분들의 합인 삼각형 전체는 실제로 결합할 수 없는 – 일상적인 3차원 공간에서는 존재할 수 없는 – 입체 삼각형의 그림인 것처럼 보일 것이다.

그러나 사진 속의 물체는 우리에게 익숙한 일반적인 3차원 공간 속에 분명히 존재한다. 그림은 어떤 종류의 눈속임도 없이 실제 물체의 사진을 촬영한 것이고, 아무런 수정도 가하지 않았다. 만약 여러분이 카메라의 셔터가 열리는 순간 그 카메라가 놓여 있던 위치에 서 있었다면, 이 책의 사진과 똑같은 실물을 볼 수 있었을 것이다.

그렇다면 명백한 역설처럼 보이는 이 사실에 대해 여러분은 어떤 태도를 취할 것인가? 눈앞에 버젓이 존재하는 의심의 여지 없는 사실을 믿고(마음을 열고 여러분의 개인적인 경험을 신뢰하면서 말이다), 평소에는 절대 존재할 수 없다고 생각했던 것이 실제로 존재한다는 사실을 받아들이고, '정상normal' 세계의 구조에 대해 오랫동안 품고 있던 가정들을 폐기할 것인가? 아니면 홈스의 말을 받아들여서 불가능하다고 생각한 사실들을 과감히 배제하는 원칙적인 입장을 고수하고 그 불가능함의 근원을 파헤

그림 1

쳐 나갈 것인가?

물론 그 대답은 두 번째일 것이다. 사실은 그레고리가 3차원 공간의 규칙들을 무시하는 '초자연적paranormal' 물체를 창조한 것이 아니라, 사람들이 예상하는 규칙들을 무시하는 완벽히 정상적인 물체를 창조한 것에 불과하기 때문이다. 그레고리가 만든 '있을 법하지 않은 삼각형'의 정체는 카메라의 위치를 바꾸기만 하면 금방 드러난다.

곧 알게 되듯이 그것은 가장 특이한 물체(전 우주를 통틀어 이런 물체는 몇 되지 않을 것이다)이다. 그리고 그림 1의 사진 역시 가장 특이한 지점에서(첫 번째 사진을 얻기 위해서 카메라를 설치할 수 있는 위치는 오직 한 곳밖에 없다) 촬영된 것이다. 그러나 그 사진을 촬영할 수 있는 위치는 분명히 존재한다. 여러분은 이제 그 비밀을 알게 되었다. 그리고 더 이상 속임수에 넘어가지 않을 것이다.

그랬으면 좋았을걸! 여러분은 그림 2를 보고 다시 그림 1을

그림 2

본다. 이번에 여러분은 무엇을 보고 있는가? 거의 확실하게, 여러분은 방금 전에 보았던 모습, 있을 법하지 않다기보다는 도저히 불가능한 것을 보고 있다! 올바른 방향으로 안내되었더라도, 여러분은 기꺼이 아무렇지도 않게 그 데이터를 터무니없는 방식으로 '이해하려는' 시도를 계속할 것이다. 우리의 정신은 아무리 분별 있는 해석이라도 매력없이 복잡한 해석보다 아무리 정신 나간 것이라도 매혹적일 만큼 단순한 해석을 선택할 수밖에 없는 경향을 가진 것 같다. 여기에서 논리와 상식은 총체성과 완결성이라는 개념적인 이상에 대해 보조적인 역할밖에는 하지 못하는 듯하다.

인류의 정치와 문화라는 보다 넓은 세계에서는 이런 유사한 사건들을 무수히 찾아볼 수 있다. 다시 말해서 매혹적으로 단순한 원리들이 ─ 윤리적, 정치적, 종교적, 심지어는 과학적 원리 ─ 상식을 지배하는 경우를 흔하게 찾아볼 수 있다. 사람들이 놀랄 만큼 쉽게 빠져드는 한 가지 경향이 있다면(어쩌면 우리는 이미 그런 일에 익숙해져 있을지도 모른다), 그것은 앞서의 그림 1과 같은 사진을 찍고, 그것을 통해 '삶의 실상facts of life'에 대한 불가능하고 터무니없는 설명이 매혹적으로 단순하고 튼튼하게 보이는 단 하나의 이념적 위치ideological position로 스스로를 이끌어가는 카메라 조작자를 모방하려는 경향일 것이다.

우리는 그 특수한 위치를 기독교, 마르크스주의, 민족주의, 정신분석 등의 이름으로 부를 수 있을 것이다. 어쩌면 일부 과학 분야나 과학주의scientism도 거기에 포함될 것이다. 그것들은 특정 시대, 특정 집단에게만 호소력을 갖거나, 또는 모든 시대의 모든 사람들에게 공통된 매력을 가지는 이념적 위치일 수 있다. 그러나 어쨌든 간에, 특정 문제와 관련해서 최근 이런 위치에 서게 된 사람들에게는 자신의 위치가 유일하게 그럴만한 합리적 위치로 생각될 것이다. 마틴 루터는 이런 유명한 말을 남겼다. "나는 여기 서 있습니다. 다른 일은 할 수 없습니다Here I stand; I can do no other.." 그 입장이 절대적으로 옳은 것인지 여부는 그 문제에 대해 좋은 해결책을 내놓을 수 있다는 바로 그 사실에 의해 확인되는 것처럼 보인다.

그러나 아무리 감추려 해도 드러나는 징후들은 그 해결책이 단지 그 위치에서만 유효하다는 사실을 - 그리고 관찰자가 조금이라도 관점을 바꿀 수 있다면, 그 설명 속에 들어 있는 문제점들이 백일하에 드러날 것임을 - 폭로한다. 물론 비밀을 지키고 속임수를 계속하려는 사람에게 가장 중요한 것은 그 위치를 바꾸지 않거나 그런 유혹을 받아도 재빨리 원래의 위치로 돌아오는 것이다.

정신적 지도자를 자칭하는 구루들이 삶의 심오한 문제들에 대해 최종적인 대답을 하거나, 사물을 바라보는 시각에 대해 이야기하거나, '세상은 어떻게 작동하는가How Things Are'에 대해 마지막 답을 주려 할 때, 우리는 항상 방심하지 말아야 한다. 아무렴, 이렇게 말하자. "고맙소. 아주 흥미로운 사진이었소." 우리는 항상 다른 관점을 가질 준비를 갖추어야 한다.

니컬러스 험프리(NICHOLAS HUMPHREY)는 이론심리학자이자 신경과학자로 옥스퍼드와 케임브리지 대학에서 연구와 강의를 했고, 런던 정치경제대학 심리학 교수를 지냈다. 인간의 지능과 의식의 진화 연구로 세계적인 명성을 떨치고 있는 그의 관심 분야는 매우 다양하다. 그는 르완다에서 다이앤 포시와 함께 마운틴고릴라를 연구했고, 시각과 연관된 뇌의 메커니즘에 대해서도 중요한 많은 발견을 했다. 그는 오늘날 유명한 이론이 된 '사람 지능의 사회적 기능'을 처음 주장했으며, 문학 저널인《그란타》의 편집에 참여한 유일한 과학자이기도 하다. 글락소 과학작가상, 영국 심리학회 도서상, 푸펜 도르프 메달, 마틴 루터 킹 2세 추모상 등 수많은 상을 받았다. 저서로는 『빨강 보기』, 『센티언스』 등이 있다.

뇌와 정신에는
어떤 관계가
있을까

스티븐 로즈
Steven Rose

우리의 언어는 이분법으로 가득 차 있다. 본성과 양육, 유전과 환경, 남성과 여성, 하드웨어와 소프트웨어, 인식과 영향, 영혼과 육체, 정신과 뇌 등 이루 헤아릴 수 없는 이분법이 난무하고 있다. 그러나 우리의 사고에서 나타나는 이러한 분리가 외부세계의 실질적인 차이를 반영하는 것일까, 아니면 우리 사회의 지성사知性史가 만들어낸 산물인가 - 다시 말해서, 존재론적인 것인가 아니면 인식론적인 것인가? 그렇지만 우리는 이러한 구분 자체가 또다시 이분법적 분리와 구분을 내포한다는 사실을 간과해서는 안 된다! 이 질문에 대한 답을 구하는 한 가지 방법은 '우리의 문화와 사회가 이와 같은 유형의 분열을 이루고 있는 가?'라는 질문을 제기하는 것이다. 정신과 뇌의 경우에는 분명 그렇지 않다. 일례로 과학사가인 조셉 니덤은 중국의 철학과 과학에 대한 연구를 통해 이러한 류의 어떠한 차이도 인식하지 못했다. 그리스-로마-기독교 문화의 전통에서는 정신/뇌 분리의 징후를 다분히 느낄 수 있지만, 그 역시 현대 서구과학이 태동한 17세기 이후에야 분명한 모습으로 나타나기 시작했다. 가톨릭

철학자이자 수학자였던 르네 데카르트가 우주를 정신과 물질이라는 두 가지로 구분하면서 그 분리가 실체를 갖기 시작했다. 인공적인 기술을 비롯해서 우리를 둘러싸고 있는 모든 생물계는 물질에 속한다. 사람의 신체 또한 마찬가지이다. 그러나 모든 사람의 육체에는 신이 육체에 불어넣어 준 정신, 또는 영혼이 들어 있다. 육체는 뇌 깊은 곳에 있는 송과선松果腺이라는 기관에 연결되어 있다는 것이다.

이러한 분리는 여러 가지 측면에서 매우 유용하다. 그런 사고는 사람이 다른 동물들을 이용하고 착취하는 행위를 정당화시켜 준다. 이 관점에 따르면 동물이란 단지 기계장치에 불과하고 우리가 만든 기계와 다를 바 없기 때문이다. 그리고 인간을 사물들로 이루어진 위계 체계에서 매우 특수한 위치로 부상시켰다. 그렇지만 이렇게 되자 사람의 육체 또한 착취의 대상이 될 수 있었다. 실제로 이러한 행태는 미국의 노예 제도를 통해 증가했고, 18세기와 19세기의 산업혁명을 통해 한층 가속되었다. 그 과정에서 영혼은 일요일의 설교를 듣기 위해서 남겨두었다.

데카르트의 이원론은 의학, 특히 정신을 다루는 의학에 깊은 영향을 남겼다. 정신적 고통과 이상은 장기/신경학적 질환, 즉 뇌의 이상과 기능/심리적 질환(정신에 이상이 있는 질환)으로 양분된다. 이러한 식의 이분법은 오늘날까지도 정신의학 개념에 만연해서, 치료법까지 뇌를 치료하기 위한 약물요법과 정신을 치료하기 위한 대화요법으로 구분되는 지경이다. 이러한 장애의 원인은 대개 정신의 영역(외인성, 개인적인 비극으로 인한 우울증)이나 신체의 영역(내인성, 유전자 결함이나 생화학적 원인에 의한 착란) 중 하나라고 여겨지고 있다.

그러나 17세기 이래 근대 과학의 힘과 규모가 크게 확장되면서 데카르트의 불안한 타협은 점차 큰 도전에 직면하게 되었다. 뉴턴 물리학은 행성의 운동과 낙하하는 사과를 설명했다. 앙투안 라부아지에는 사람의 호흡이 화학적 연소이며, 원리상 아궁이에서 타는 석탄의 연소와 다르지 않음을 입증했다. 신경과 근육은 자율적인 의지에 의해서가 아니라 루이지 갈바니의 전하電荷에 의해 움직인다. 그리고 다윈 혁명은 인간을 다른 동물들과 동등한 지위로 끌어내렸다. 호전적인 환원주의인 기계적 유물론이 당시의 유행이 되었다. 1845년에 프랑스와 독일의 네 소장 생리학자들이 – 헤르만 헬름홀츠, 칼 루드비히, 뒤 브와 레이몽, 그리고 에른스트 브뤼케 – 신체의 모든 움직임을 물리화학적 과정으로 설명하겠다는 공동 선서를 했다. 그리고 네덜란드의 야코프 몰레스호트는 한 걸음 더 나아가 콩팥에서 오줌이 나오듯이 뇌에서 사고思考가 분비되며, 천재성은 다름아닌 인燐이라는 물질이라고 주장했다. 영국에서 가장 열렬하게 다윈주의를 옹호한 챔피언 격인 토머스 헉슬리는 증기기관차가 기적을 울리듯이 정신도 뇌에서 나오는 것이라고 생각했다.

그로부터 1세기 정도가 지나자 이러한 환원주의는 대부분의 과학 분야에서 당연한 상식으로 굳어지게 되었다. 많은 사람들은 과학의 '가장 궁극적인 기본'이 물리학이라고 믿었고 그 뒤를 화학, 생화학, 생리학 등이 따른다고 생각했다. 이 위계의 훨씬 위쪽에 심리학과 사회학과 같은 보다 '부드러운soft' 과학들이 위치하고 있으며, 통일 과학unified science의 목표는 이러한 위계의 높은 자리를 차지하고 있는 과학들을 무너뜨려서 '보다 근본적인' 과학들로 흡수하는 것이라는 생각이 지배적이었다. 분자 지향적인 과학자들은 공공연하게 이러한 '부드러운' 과학의 주장에 불만을 드러냈다. 1975년에 E. O 윌슨은 자신의 유명한(관점에 따라서는 악명 높은) 저서 『사회생물학: 새로운 종합 Sociobiology: the New Synthesis』을 "앞으로 진화생물학과 신경생물학이 심리학, 사회학, 그리고 경제학을 시대에 뒤떨어지고 무의미한 학문으로 전락시킬 것"이라는 말로 시작했다. 10년 후 분자생물학계의 원로인 제임스 왓슨은 런던 현대미술연구소에서 진행한 강연에서 "최종적인 분석 결과 존재하는 것은 오직 원자들뿐이다. 과학은 오로지 물리학이며, 나머지는 모두 사회적 연구이다"라는 말을 해서 청중들을 경악시켰다.

293

그렇다면 어린 시절의 기억, 베토벤의 현악 사중주를 들으며 느끼는 즐거움, 사랑, 분노, 정신분열증으로 나타나는 환상, 신에 대한 믿음, 세계에 만연한 부정에 대해 느끼는 우리의 감정, 그리고 의식 자체는 과연 무엇이란 말인가? 우리는 데카르트의 주장을 받아들여 그 모든 것들이 정신과 영혼의 세계에 속하는 것이며 신경의 경련에 의해 닿을 수 있는 육체적 세계와는 전혀 무관하다고 주장해야 하는가? 시냅스, 즉 신경세포 사이의 접점에 대한 생리학 연구로 노벨상을 수상한 존 에클스는 데카르트와 마찬가지로 독실한 가톨릭 신자이자 이원론자여서 이 분법을 확신했다. 그는 뇌의 왼쪽 반구에 영혼이 시냅스를 자극할 수 있는 '연락 뇌liaison brain'가 있다고 주장하기까지 했다. 그렇지 않으면 왓슨이나 윌슨, 그리고 20세기의 그들의 지지자들의 입장에 동조해서 유전자를 열렬히 지지하고 나머지 모든 것들을 깨끗이 던져버려야 하는가? 내 동료인 한 생화학자가 '학습 불능' 아동의 부모들을 위한 회의에서 말했듯이, 우리의 과제는 '어떻게 혼란을 일으킨 분자들이 정신의 혼란을 야기하는지'를 밝혀내는 것일까?

　　좋다. 그러면 정신과 뇌의 기능에 관심을 갖는 한 신경과학자로서 내 입장을 이야기하겠다. 첫째, 단 하나의 세계, 존재론적으로 통일된 단 하나의 세계가 있을 뿐이다. 이 세계에 물질과 정신이라는 비교 자체가 불가능한 두 가지 요소가 존재한다는 주장은 온갖 종류의 역설을 야기하며 어떤 근거로도 뒷받침되지 않는다. 굳이 이 주제를 둘러싼 오랜 철학적 논쟁을 들먹이지 않더라도 뇌 생화학에 대한 조절(일례로 정신활성 약품)로 정신적인 지각이 변화하거나, PET(양전자복사단층촬영) 사진이 어떤 사람이 조용히 수학 문제를 '정신적으로' 풀고 있을 때 뇌의 특정 부위가 다른 곳에 비해 더많은 산소와 포도당을 소비하며, 천재의 뇌가 인 덩어리보다 훨씬 복잡한 구조를 가지고 있다는 사실에 대한 간단한 관찰만으로도 우리가 뇌에서 일어나는 과정이라 부르는 것과 정신적 과정mental process이라 부르는 것 사이에 어떤 식으로든 연결이 이루어진다는 것은 분명하다. 따라서 이원론이 아니라 일원론이 지배하는 것이다.

그러나 그런 사실이 나를 왓슨과 윌슨 진영으로 떠밀지는 않는다. 우리를 둘러싸고 있는 세계를 올바로 이해하기 위해서는 그 세계를 구성하는 원자들을 하나씩 헤아리는 것만으로는 불충분하다. 우선 원자들 사이에는 조직적 관계가 있다. 가령 이 책의 한 쪽을 보라. 여러분은 이 책이 일련의 단어들의 연속으로 이루어져 있으며, 그 단어들이 연결되어 문장과 단락을 이루고 있음을 알 수 있을 것이다. 환원주의적 분석은 이 단어들을 하나하나의 글자로 분해시키고, 그 글자들을 다시 흰 종이 위에 인쇄된 검은색 잉크라는 화학적 구성 요소로 분해시키는 격이다. 물론 이런 분석도 많은 것을 알려줄 것이다. 다시 말해서 여러분들에게 이 페이지의 정확한 구성이 어떻게 이루어져 있는지 이야기해 줄 것이다. 그러나 그 글자들이 모여 이루어진 단어, 문장, 단락의 의미에 대해서는 아무것도 이야기해 주지 못할 것이다. 이 의미는 보다 높은 차원의 분석, 다시 말해서 흰 종이 위의 검은 잉크의 공간적 분포, 단어들의 패턴과 질서정연한 공간적 배열, 그리고 각각의 문장들 사이의 순차적 관계 등을 통해서만 분명하게 드러난다. 이 패턴을 해석하기 위해 필요한 것은 화학지식이 아니라 언어에 대한 지식이다. 따라서 새로운, 보다 높은 수준의 조직은 그 나름의 독자적인 과학을 필요로 한다. 일례로 액체에 대한 연구에서 유체의 흐름, 소용돌이, 파波의 형성 등의 현상을 설명하기 위해서 우리는 응집과 비압축성과 같은 특성을 이용해야 한다. 그런 특성들 중 어느 하나도 그 액체를 구성하는 분자들의 특성과는 아무런 관계가 없다. 이와 마찬가지로 뇌도 기억의 저장이나 상기想起와 같은 특성을 가지고 있다. 그런 특성들은 개별 세포와는 아무런 연관도 없다. 이처럼 계系가 갖는 질적으로 상이한 여러 측면들은 창발적인 특성[15]에 해당한다. 그리고 생물학은 이런 창발적인 특성들로 가득 차 있다.

게다가 이 책의 단어들의 공간적인 순서가 의미를 갖게 만들기 위해서는 시간적 순서도 필요하다. 가령 라틴어 문서의 경우에는 왼쪽 위에서 시작해서 맨 밑줄 오른쪽까지 읽어 내려가야 한다. 거꾸로 읽으면 뜻이 통하지 않는다. 이처럼 높은 수준의 조직이나 과정에서는 시간적, 진행적 순서가 중요한 특성을 이룬다. 그런 특성들은 보다 낮은 수준에서는 큰 중요성을 갖지 않으며, 환원주의적 틀 속에서는 해석될 수 없다. 그뿐이 아니다. 이 페이지의 기호들을 아는 것만으로는 충분치 않다. 한 페이지의 산문의 의미를 이해하기 위해서는 그 글이 쓰인 언어와 문화에 대해 알아야 하며, 그 글의 목적이 무엇인지를 알아야 한

---

15   단순한 계들이 모여 이루어지는 복잡한 계는 단순한 계의 특성으로는 설명할 수 없
      는 높은 차원의 새로운 특성을 갖는다. 이것을 창발적(創發的)인 특성이라고 한다 –
      옮긴이

다(이 페이지에 실린 글이 물고기의 분류에 대한 것인지, 생선 요리법을 설명한 것인지, 지중해 요리문화의 빼어남을 노래한 시인지 등). 생물학적 조직에서 중요한 한 가지 원리는 이 간단한 비유를 통해 잘 드러난다. 생물학의 어떤 사실도 그 역사적 맥락 없이는 의미를 가질 수 없다. 역사적 맥락이란 그 생물 개체의 역사(즉 그 발생 과정)와 그 개체가 구성원으로 포함되어 있는 종의 역사(즉 진화)이다. 어떤 의미에서 실제로 진화는 생물계의 가장 특징적인 특성이라 할 수 있는 갖가지 형태와 행동의 다양한 생물들을 탄생시킨 창발적인 사건들의 역사로 간주할 수 있다.

화학적인 측면에서 책의 흰 페이지 위에 적혀 있는 검은색 글자들의 패턴을 설명하는 것은 그 조성에 대한 이해에는 많은 도움이 될 것이다. 그러나 그 글자들이 질서정연하게 배열된 일련의 기호들의 집합으로서 갖는 의미에 대해서는 아무것도 말해주지 못할 것이다. 설명이란 적당히 둘러대면서 곤란한 상황을 모면하는 것을 뜻하지는 않는다. 더구나 화학적 조성에 대한 설명을 아무리 복잡하게 늘어놓는다 하더라도 그런 의미를 밝혀내는 데 필요한 높은 수준의 과학의 필요성을 없애지는 못한다. 게다가 지극히 실용적인 측면에서 이야기하자면, 윌슨과 왓슨이 제공한 순진하기 짝이 없는 환원주의 프로그램은 실제로 효력을 발휘하지 못한다. 두 개의 수소 원자와 하나의 산소 원자가 결합해서 H_2O를 이루고 있는 물 분자만큼 간단한 화합물은 거의 없을 것이다. 그러나 물리학의 모든 지식을 총동원한다 하더라도 그 구성 요소인 수소와 산소의 양자 상태에 관한 지식을 통해서 이 분자의 특성을 예견할 수는 없을 것이다. 물리학의 이론과 지식이 화학을 가장 깊은 의미에서 해명해 준다 하더라도, 화학은 절대 물리학으로 통합될 수 없다. 하물며 사회학이나 심리학이 생화학이나 유전학의 한 분야로 전락하는 일은 결코 있을 수 없는 것이다.

따라서 이 세계의 존재론적인 통일성에도 불구하고, 우리에게는 항상 심오한 인식론적 다양성이라는 문제가 남아 있는 것이다. 눈먼 장님과 코끼리에 얽힌 오래된 비유에서 우리는 알아야 할 것도 많고 그 지식을 얻는 방식도 많다는 것을 알 수 있다. 그리고 우리가 알고 있는 사실을 기술하는 데 사용하는 언어에도 많은 종류가 있다. 간단한 생물학적 현상을 예로 들자면, 개구리 다리 근육에 전기 충격을 가했을 때 일어나는 경련이나 운동신경의 발화發火[16]를 생각할 수 있다. 생리학자들은 이런 경련을 근육 소小섬유의 전기적 특성이나 구조의 측면에서 설명할 수 있다. 근육 소 섬유는 현미경을 통해 관찰이 가능하고, 근육 표면에 꽂은 전극을 통해 그 전기적 움직임을 기록할 수도 있다. 생화학자들은 근육세포가 크게 액틴과 미오신이라는 실처럼 생긴 기다란 두 종류의 단백질로 구성되어 있으며, 근육 경련이 일어나는 동안 액틴과 미오신의 섬유들이 서로 미끄러진다는 식

16   신경세포가 전기신호를 방출하는 것 - 옮긴이

으로 그 과정을 설명한다. 간단한 언어에서 우리는 흔히 이처럼 미끄러지는 액틴과 미오신의 섬유들이 근육 경련의 '원인'이 된다는 식의 설명을 하려는 유혹을 느낀다. 그러나 이것은 부정확하고 혼란된 언어의 사용례이다. '원인cause'이라는 말은 먼저 어떤 일이 일어나면(원인), 그 다음에 다른 일이 일어난다(결과)는 의미를 암시한다. 그러나 액틴과 미오신의 섬유들이 서로 미끄러져서 그 결과로 근육 경련이 일어난 것은 아니다. 오히려 섬유들의 미끄러짐이란 근육의 경련과 같은 것이며, 단지 다른 언어로 표현되었을 뿐이다. 우리는 그것을 생리학적 언어와 대비하기 위해서 생화학 언어라고 부를 수 있다.

그렇다면 이 문제는 내가 이 글을 시작하면서 제기했던 정신/뇌 이분법에 어떤 영향을 가져올까? 기계론적 유물론이 주장하듯이 뇌는 정신의 '원인'이 아니다. 더구나 데카르트의 이원론이 주장하듯이 뇌와 정신이 독립적인 별개의 존재도 아니다. 다만 신경학과 생리학이라는 두 가지 언어로 표현할 수 있는 정신/뇌라는 하나의 실체가 있을 뿐이다.

그러면 하나의 예를 들어보자. 오늘날 유럽과 미국에서 가장 흔한 정신적 질환 중 하나가 우울증이다. 매우 오랜 기간 동안 생물학을 지향하는 정신과 의사와, 사회적 관계를 중시하는 정신과 의사 및 정신 치료 전문가들은 우울증의 원인과 치료법에 대해 서로 다른 견해를 가지고 있었다. 그것이 생물학적 정신의학자들이 주장하듯이 뇌 속에서 일어나는 신경전달물질의 대사 과정의 이상에서 기인한 것인가, 아니면 일상생활에서 받는 견딜 수 없는 긴장의 결과인가? (우울증에 걸릴 가능성이 가장 높은 사람으로는 경제적으로나 개인적으로나 불안정하고 위험스러운 조건 속에서 대도시 중심의 저소득층 거주 지역에 사는 미혼모를 꼽을 수 있다.) 전자의 주장이 옳다면 우울증은 신경전달물질의 대사를 조절하는 약물치료를 받아야 할 것이다. 반대로 후자가 옳다면 고통을 주는 개인적, 사회적 조건을 완화시키거나 그 개인이 그런 어려운 상황을 헤쳐 나갈 수 있도록 도움을 주는 것이 바람직한 치료법일 것이다. 이것이 정신요법이 내리는 처방이다. 그러나 내게 이 두 가지 진단과 치료법은 도저히 양립할 수 없는 무엇으로 보였다. 생물학적 정신치료법이 옳다면 우울증에 걸린 사람들은 뒤죽박죽이 된 신경전달물질을 가지고 있는 셈이고, 정신요법이 옳다면 정신요법을 받은 사람은 우울증을 극복하고 신경전달물질의 혼란은 저절로 고쳐지는 셈이기 때문이다.

300

몇 년 전에 나는 이 골치 아픈 문제를 해결하기 위해서 런던 정신요법 센터에서 치료받은 혈액에 들어 있는 특정 신경전달물질/효소 시스템 수준과 그들의 정신요법 등급psychiatric rating 을 비교해 보았다(나는 어떻게 해서든 생물학적 정신의학자와 정신요법 전문가들 사이의 적대감을 극복해야 했다). 나는 두 가지 치료법을 적용한 환자들을 꼬박 1년간 추적했다. 그 결과는 매우 분명한 것이었다. 우울증 때문에 정신요법을 받은(그리고 그 등급을 기록한) 환자들은 정상적인 제어가 가능한 피실험자들에 비해 낮은 수준의 신경전달물질을 가지고 있었다. 수개월의 정신요법을 받은 결과 우울증의 정도는 상당히 개선되었고, 신경전달물질 수준도 정상 치로 복구되었다. 생화학적 변화와 대화를 통한 정신요법이 나란히 진행된 것이다.

정신 언어가 뇌 언어를 유발시키는 것이 아니며 그 역 또한 성립하지 않는다. 프랑스어의 문장이 영어 문장을 유발시키는 것이 아니며 서로 번역될 수 있을 뿐인 것과 마찬가지이다. 그리고 영어와 프랑스어를 번역하는 데 일련의 규칙들이 있듯이 신경학이라는 언어를 정신의학이라는 언어로 번역하는 데에도 일련의 규칙들이 있다. 따라서 이제 과학자들에게 주어진 정신/뇌의 문제는 이런 규칙들을 해독하는 것이다. 그렇다면 어떻게 해독이 가능할까?

하나의 비유를 들어보자. 런던 대영박물관의 신고전주의풍의 육중한 입구를 지나서 관광객 무리를 헤치고 이집트와 아시리아의 미술품들이 전시되어 있는 회랑을 터벅터벅 걷는다고 하자. 한 무리의 사람들이 바닥에 비스듬히 세워져 있는 검은색 석판石版 위에 몸을 기대고 포즈를 취하고 있다. 만약 여러분이 석판 위에 몸을 기대고 포즈를 취하고 있는 사람들과 그들을 촬영하는 소형 비디오 카메라 사이에 끼어들 수 있다면 여러분은 그 돌의 판판한 표면이 세 부분으로 나뉘어져 있고, 각기 흰색 표지들로 덮여 있다는 사실을 알 수 있을 것이다. 위에서부터 3분의 1에 해당하는 표지들은 고대 이집트의 상형문자이다. 중간 3분의 1은 흘림체로 쓰인 고대 이집트의 상형 문자이다. 그리고 만약 여러분이 '상당 수준의 고전 교육'을 받은 사람이거나, 또는 휴일을 틈타 그리스 여행을 다녀온 경험이 있다면 마지막 3분의 1이 그리스어라는 것을 알아볼 수 있을 것이다. 여러분은 바로 로제타석을 보고 있는 것이다.

로제타석은 기원전 196년 프톨레마이오스 왕의 즉위 1주년을 기념하기 위해 나일강의 멤피스에 모인 이집트 사제들로 구성된 평의회에서 통과된 법령을 적어 놓은 것이다. 1799년 나폴레옹의 이집트 원정군에 포함되어 있던 공학자들 중 한 명인 대위에 의해 '발견된'(이 '발견'이란 말은 그 지역에 살고 있던 사람들이 전부터 알고 있었는가 여부와는 아무런 상관도 없이 유럽인들이 이전에는 알지 못했던 인공물을 처음 보았다는 의미이다) 이 로제타석은 프랑스군의 패배로 영국의 전리품이 되었고 런던으로 옮겨졌다. 그리고는 영국이 세계 여러 곳을 식민지로 삼아 융성했던 시기 동안 고대문명을 엉망진창으로 훼손시키면서 약탈해 온 엄청난 양의 문화재들 속에 한 자리를 차지하게 되었다.

그러나 로제타석의 중요성은 여러 제국의 흥망성쇠를(세 가지 문자들 중에서 그리스어로 되어 있는 부분은 그 문자들이 새겨진 시기가 이집트 권력이 점차 쇠락하고 유럽의 힘이 강성해지기 시작하던 시기였음을 보여주고 있다) 나타내는 상징물이라는 데 머물지 않는다. 세 종류의 문자들이 모두 같은 내용을 나타내고 있으며, 19세기의 학자들이 그리스어를 판독할 수 있었기 때문에 그때까지 해독이 불가능했던 고대 이집트의 상형문자를 해독할 수 있게 된 것이었다. 따라서 로제타석에 적혀 있는 동시 번역문들은 암호해독을 위해 더할 나위 없이 소중한 장치가 되었고, 내게는 뇌와 정신 사이의 관계를 이해하기 위해 우리가 직면하고 있는 번역이라는 과제에 대한 중요한 은유를 제공해 주었다.

　　뇌와 정신이라는 두 가지 언어는 많은 방언을 가지고 있다. 그러나 둘은 로제타석의 세 가지 문자와 마찬가지로 서로 연관되어 있다. 그러나 이 경우에 우리는 어디서 암호 해독 장치를 얻을 수 있을까? 정신요법의 예는 많은 것을 암시해 주지만, 우리가 필요로 하는 단서를 줄 수 있을 만큼 분명한 암시는 아니다. 그러나 한 가지 단서는 주고 있다. 실험과학의 가장 근본적인 특성은 정상 상태보다는 변화에 대한 연구가 더 쉽다는 점이다. 만약 우리가 정신 과정이 변화하는 - 우울증에 걸린 환자가 향상되듯이 - 상황을 발견할 수 있다면, 그리고 그와 동시에 뇌의 언어에서 어떤 변화가 일어나는지를 알 수 있다면, 우리는 뇌의 변화를 마음의 변화에 사상寫像하는 작업을 시작할 수 있다. 지난 수년 동안 사람의 뇌의 기능을 들여다볼 수 있는 창을 마련해준 스캐닝 기술들이 - PET(양전자방출단층촬영)와 MRI(자기공명영상)와 같은 - 개발되기 전까지는 동물을 이용한 실험에 의존할 수밖에 없었다. 동물이든 사람이든, 마음의 변화를 보여주는 가장 분명하고 간단한 예는 새로운 과제나 활동을 학습하고, 그것을 기억할 때 일어난다. 학습과 기억의 경험은 복잡한 우울증에 비하면 실험실에서 연구하기에 훨씬 수월했다. 금세기 들어 이반 파블로프와 B. F 스키너를 비롯한 여러 심리학자들은 종소리에 침을 흘리는 개, 레버를 당겨 먹이를 얻는 쥐, 불빛에 맞추어 눈을 깜빡이는 토끼 등의 상세한 훈련 프로토콜protocol로 도서관 서가를 몇 미터나 채워놓았다. 이제 우리에게 남겨진 과제는 이러한 학습이 이루어질 때 뇌 속에서 어떤 일이 일어나는지를 밝히는 작업이다. 이것은 전 세계의 신경과학 연구소들이 지난 수십 년 동안 시도해 왔던 작업이었으며, 우리는 학습과 연관된 메커니즘의 뇌 언어에 대해 분명한 이야기를 시작할 수 있게 되었다. 그것은 우리가 새로운 경험을 통해 뇌가 기억을 기록하는 과정에서 마치 음악을 녹음할 때 자기 테이프 위에 생겨나는 궤적들만큼이나 많은 새로운 경로들이 발생하며, 자기 테이프를 재생해서 음악을 듣듯이 우리 머릿속에 새겨진 경로를 따라 그 기억을 불러낼 수 있다는 것이다.

304

그렇다면 이 발견이 학습과 기억을 고작 뇌 속의 경로에 '불과한 무엇'으로 환원시키는 것인가? 그렇게 된다면 베토벤의 현악 4중주가 테이프 위의 자기 패턴들로 전락하는 격일 것이다. 우리가 음악의 소리, 우리가 듣고 감동을 느끼는 공명은 그것이 테이프나 CD에 기록된다고 해서 우리의 뇌 속의 새로운 경로에 저장될 때보다 그 가치나 의미가 떨어지는 것은 아니다. 오히려 우리가 무언가를 배우고 학습하는 과정에 대한 생물학적 지식이 우리 자신의 몸속에서 벌어지는 생물학적 과정의 풍부함을 올바로 인식하는 데 도움을 줄 것이다. 우리는 스스로의 삶에서 의미를 찾기 위해서 마음과 뇌의 언어, 그리고 상호간의 번역 규칙들을 필요로 하며 앞으로도 계속 그러할 것이다.

스티븐 로즈(STEVEN ROSE)는 영국의 신경과학자이자 작가로, 런던 오픈 유니버시티의 생물학 교수이다. 그는 뇌의 이해에 깊은 과학적 관심을 가졌고, 뇌 연구로 런던의 정신의학연구소에서 박사 학위를 받았다. 옥스퍼드 대학, 로마 대학, 그리고 영국 연구재단에서 박사후 과정을 거쳤다. 그는 31세의 나이로 영국에서 정교수가 된 최초의 인물이었다. 이후 그는 뇌와 행동에 관한 연구 그룹을 설립해서 학습과 기억에 관여하는 세포와 분자 메커니즘을 이해하는 데 초점을 맞추었다. 그는 이 분야에서 수백 편의 논문을 발표했고, 그 공적을 인정받아 전 세계에서 많은 상을 받았다.

로즈의 주된 관심은 과학 연구나 전파에 머물지 않고 나아가 과학과 그 사회적 사용의 사회적, 이데올로기적 틀까지 포괄하고 있다. 이런 관심을 바탕으로 그는 1960년대와 70년대에 걸쳐 페미니스트 사회학자인 아내 힐러리 로즈와 함께 '과학의 사회적 책임을 위한 영국학회'를 설립한다. 또한 그는 동물권을 강력하게 옹호하는 입장을 견지하고 있다. 그는 많은 저서를 집필, 또는 편집했다. 『분자와 뇌』, 리처드 르원틴, 리언 카민과의 공저인 『우리 유전자 안에 없다』, 『신경과학이 우리의 미래를 바꿀 수 있을까』, 힐러리 로즈와의 공저인 『유전자, 세포, 뇌』 등이 있다.

정신이 뇌를 능가할 수 있는가

하오 왕

Hao Wang

정신은 뇌를 능가할 수 있을까? 과연 이것은 과학적인 질문일까?

오늘날 과학자와 철학자들은 일반적으로 정신과 뇌가 같으며 사람의 정신의 상태와 뇌의 물리적인 상태 사이에 일대일 대응이 이루어진다고 생각하고 있다. 이런 가정을 가리키는 과학 용어가 '정신물리적 평행론psychophysical parallelism'이다. 그러나 쿠르트 괴델과 루드비히 비트겐슈타인은 이러한 가정을 우리 시대의 편견으로 간주했다. 물론 편견이 반드시 잘못은 아니다. 오히려 편견이란 당장 제시할 수 있는 증거로 뒷받침되지 못하는 강한 믿음이라고 할 수 있다. 물론 확신의 강도가 그 확신을 떠받치는 증거와 비례하는 것은 아니지만 말이다.

사람의 정신 활동이 일어나는 장소를 지정하는 일은 일상적인 경험처럼 분명하지는 않다. 예를 들어 영어로는 마음-심장 또는 육체-정신이라고 번역되는 중국의 한자 '심心'은 정신과 심장을 모두 뜻한다. 그것은 정신 활동이 심장이라는 기관에서 일어난다는 암시를 담고 있다. 그리스의 철학자 엠페도클레스도 정신이 심장 속에 들어 있는 물질적인 기관에 자리한다고 생각했다. 물론 오늘날 우리는 뇌가 사람의 정신 활동과 직접적으로 연관된다는 경험적인 증거를 많이 알고 있다. 일례로 뇌의 일부가 손상을 입거나 절제되거나 어떤 식으로든 연결이 끊어지게 되면 특정한 정신 활동이 중지된다.

그러나 우리가 얻을 수 있는 증거들은 뇌 속에서 나타나는 특유한 물리적 상태에 상응하는 모든 정신 상태를 입증하기에 턱없이 부족하다. 우리가 알고 있는 사실에 따르면 마음에서 일어나는 미묘한 변화들은 뇌에서 나타나는 어떤 물리적 변화와도 상응하지 않는다. 현재 우리의 지식에 비추어볼 때 정신물리적 평행론이 단지 가정에 불과한 것은 그 때문이다. 우리는 뇌에서 나타나는 물리적 차이보다는 정신적 차이에 대해 더 많은 것을 관찰할 수 있는 능력이 있는 것 같다. 하나의 보기로 프란츠 슈베르트나 알베르트 아인슈타인의 뛰어난 정신적 업적에 대해 생각하면 우리는 그들의 뇌와 물리적으로 비슷한 다른 뇌들 사이에서 서로 다른 정신적 능력 차이를 제대로 설명해 줄 어떤 물리적 차이도 찾아낼 수 없다.

일상적인 경험에서도 우리의 정신이 우리의 뇌를 넘어서는 능력을 가졌을 가능성을 배제하기는 어렵다. 가령 나는 당시 내가 정리했던 개략적인 노트의 도움을 받아 1970년에 괴델과 벌였던 토론을 재구성하려고 시도한 적이 있었다. 그 노트들은 여러 가지 일들을 상기시켜 주었다. 아마도 나의 뇌는 실제 노트에는 적혀 있지 않지만 물리적으로 인식할 수 있는 당시의 흔적들을 가지고 있는 모양이다. 그러나 나의 정신이 뇌 속에서 이런 흔적들을 통해 남아 있는 것보다 더 많은 사실을 기억해 내는 것도 가능하다.

비트겐슈타인은 이런 가능성을 좀 더 정확하게 정식화시킬 수 있다고 생각하고 하나의 사고실험을 제안했다. 그는 텍스트를 읽는 동안 누군가가 메모를 하고 있다고 상상했다. 텍스트를 암송하는 데는 메모가 필요하며 그것만으로도 충분하다. 그는 계속해서 이렇게 말했다. "내가 메모라고 부르는 것은 텍스트의 번역이나 그 텍스트를 다른 기호로 바꾸는 작업을 뜻하는 것이 아니다. 텍스트 자체는 메모 속에 저장되지 않을 것이다. 그 텍스트가 우리 신경계의 어딘가에 저장될 필요가 어디에 있단 말인가?" 다시 말하자면 종이 위에 몇 자 끄적여 놓은 메모만으로도 텍스트 전체를 정확하게 재현시키기에 충분하다는 뜻이다. 우리가 알고 있는 한, 이것은 우리의 뇌에도 똑같이 적용될 수 있다. 그러니까 우리의 뇌도 마음속에서 일어나는 시시콜콜한 모든 일에 대해 일일이 대응물을 가질 필요가 없으며 단지 그것을 떠올리게 만드는 몇 개의 메모만으로 충분하다는 것이다.

정신물리적 평행론이 신봉된 한 가지 이유가 물리학이 거둔 눈부신 성공에서 기인한 귀납론적 일반화 때문임은 분명하다. 그것은 물리현상뿐 아니라, 특히 분자적 수준에서 생물학적 주제들을 다루는 경우에서도 마찬가지이다. 실제로 과학이 진보하면서 우리는 정신적 사건과 뉴런적 사건 사이에서 점점 더 밀접한 연관성을 찾으려는 경향을 갖게 되었다. 그러나 물리 현상과 정신 현상 사이에서 나타나는 현격한 차이에 대한 우리의 경험에 비추어볼 때, 정신과 물질 사이의 상호연관성에 관한 우리들의 제한된 지식이 평행론이라는 포괄적인 주장의 일부가 될 수 있을지 여부는 지극히 불투명하다.

더욱이 우리는 상당 수준에 도달한 물리계에 대한 연구 수준에 비해 정신 현상을 직접 다루려는 시도는 채 걸음마 단계를 벗어나지 못하고 있다는 사실에 놀라움을 금할 수 없다. 우리에게는 '과학'을 물리계에 대한 과학과 같은 것으로 여기는 자연스러운 경향이 있다. 따라서 사람들은 정신이 물리 세계의 과학으로 설명될 수 없다면 어떤 과학적인 설명도 불가능하다는 식으로 믿곤 한다. 이런 믿음에 따르면 정신물리적 평행론은 정신 현상을 과학적으로 다루기 위해 없어서는 안 될 필요조건이 된다.

설령 지금까지 우리가 정신 현상을 물리적인 현상처럼 체계적으로 연구하는 데 실패했다 하더라도, 그 사실 자체가 평행론이 옳다거나 반박의 여지가 없다는 증거가 되는 것은 절대 아니다. 우리는 아직 효율적인 방법으로 정신 현상을 직접 연구할 수 있을지 여부조차 알지 못하고 있다.

1972년에 벌였던 토론에서 괴델은 평행론이 오류이고, 얼마 지나지 않아 그 잘못이 과학적으로 입증될 것이라고 내다보았다. 괴델이 그런 판단을 내리게 된 근거는 관찰 가능한 정신의 작용을 수행하기에는 신경세포의 수가 충분치 않다는 사실이었을 것이다. 여기에서 이야기하는 관찰 가능한 작용에 사람의 기억, 회상, 상상 등이 모두 포함된다는 것은 의심의 여지가 없다. 우리는 그런 것들을 내성內省을 통해 직접 인지할 수 있다. 내성에 의해 파악할 수 있다는 것은 다른 사람에게 전달이 가능함을 의미한다. 이런 의사소통은 다른 사람도 그와 유사한 내성적 관찰의 도움을 받아 문제의 관찰을 검증하는 방식을 통해 가능하다. 내성적 증거가 모두 배제될 하등의 이유도 없다.

관찰 가능한 정신작용을 수행하는 충분한 신경세포가 없을 것이라는 추측은 우리가 '과학적'이라고 부르는 문제가 무슨 뜻인지를 의미심장하게 검증해 주는 셈이다. 신경세포의 용량capacity 문제는 신경과학 연구 본연의 중심적인 주제이다. 동시에, 관찰 가능한 정신작용 역시 우리가 알 수 있는 무엇이다. 많은 사람은 괴델의 추측을 기반으로 한 결론이 사실이라기보다는 잘못일 것이라고 생각할지 모르지만, 우리가 이 글 첫머리에서 괴델의 추측이 진정 과학적인 것이라는 데 동의한 이유는 바로 그 때문이다.

괴델의 추측이 갖는 매력은 그 결론이 갖는 정량적 특성이라는 아름답고 뛰어난 예리함에 있다. 그러나 뇌 속 뉴런의 수는 10^{11}에서 10^{12}개로 추정되고 있다. 그리고 뉴런보다 훨씬 많은 시냅스들이 있다. 우리는 이런 천문학적 단위를 다루는 데 익숙하지 않다. 그리고 그 수가 의미하는 실질적인 용량에 관한 - 특히 그 조합이 이루어낼 수 있는 수와 실제로 실현 가능한 배열 사이에서 예상되는 간격에 관한 – 지식은 지극히 제한적이다. 게다가 우리도 잘 알다시피, 정신은 연필, 종이, 컴퓨터 등의 도구를 어떻게 활용하느냐에 따라, 다른 사람으로부터 배우는 학습에 의해, 일종의 외부 기록이라 할 수 있는 책이나 자신의 기록에 의해 그 능력을 크게 신장시킬 수 있다.

우리는 뇌가 어느 정도까지 동일한 종류의 일을 수행하는지에 대해서도 거의 알지 못하고 있다. 따라서 뇌를 둘러싼 상황은 괴델의 생각에서 그리 진전되지 못한 형편이다. 게다가 현재 우리는 정신의 관찰 가능한 작용을 정량적으로 결정지을 수 있는 어떤 이론이나 개념도 갖고 있지 못하다.

지금 우리가 괴델의 추측이 참인지 거짓인지 결정할 수 없다 하더라도, 그의 추측이 의미 있는 – 그리고 과학적인 – 추측임을 부인하기는 힘들 것이다. 사실 나는 괴델의 추측에서, 그동안 여러 가지 측면에서 매우 중요한 논쟁으로 간주되어 온, 유물론과 유심론 사이의 해묵은 논쟁에 확실히 종지부를 찍을 수 있는 가능성까지 엿보고 있다.

하오 왕(HAO WANG)은 중국계 미국인 논리학자, 철학자, 수학자로 1995년 세상을 떠났다. 그는 뉴욕 록펠러 대학에서 논리학 교수를 지

냈으며, 1961년에서 1967년까지 하버드 대학의 수리논리학과 응용수학 교수를 역임했고, 1955년에서 1961년까지는 옥스퍼드 대학에서 수리 철학을 강의했다. 그의 가장 중요한 공헌 중 하나는 왕 타일(또는 왕 도미노)이었다. 그는 어떤 튜링 기계도 왕 타일 세트로 바뀔 수 있음을 보여주었다. 왕은 또한 계산 복잡성 이론에 큰 영향을 미쳤다. 그는 논리학, 컴퓨터, 철학 등의 주제로 많은 논문과 저서를 집필했다. 저서로는 『수학에서 철학까지』, 『분석철학을 넘어서』, 『쿠르트 괴델에 대한 회상』, 『계산, 논리, 그리고 철학』 등이 있다.

HOW
THINGS
ARE

제5부

우
주

시간이란
무엇인가

리 스몰린
Lee Smolin

초등학교에 다니는 아이들도 시간이 무엇인지쯤은 안다. 그러나 학창 시절에 누구나 한 번쯤은 겪었겠지만, 시간에 대한 일상적인 이해 뒤편에 숨어 있는 역설과 처음 마주치는 당황스러운 순간이 있기 마련이다. 나는 어린 시절에 시간이 어느 날 갑자기 끝날 수 있는 것인지, 아니면 영원히 계속되는 것인지 궁금해하면서 고민하던 때를 지금도 기억하고 있다. 시간은 반드시 끝이 있어야 한다. 만약 시간이 끝없이 무한하다면 우리 앞에 펼쳐지는 존재의 무한성을 어떻게 인식할 수 있단 말인가? 그렇지만 시간에 끝이 있다면, 그다음에는 과연 어떤 일이 일어날까?

나는 성인이 된 다음에도 '시간이란 무엇인가'라는 물음에 대한 연구에 많은 시간을 쏟았다. 그러나 어린 시절 느꼈던 당혹감에서 별반 전진하지 못했음을 솔직히 고백하지 않을 수 없다. 사실 그렇게 오랫동안 연구를 했음에도 불구하고, 다음과 같은 간단한 질문조차 해답을 얻을 수 없었다. "시간이란 어떤 것일까?" 내가 시간에 대해 가장 자신 있게 할 수 있는 이야기는 시간의 수수께끼에 도전하면 할수록 그 비밀의 심연은 더욱 깊어졌다는 넋두리밖에 없다.

어른이 된 다음에야 고민하기 시작한 시간의 또 하나의 역설이 바로 그것이다. 우리는 모두 시계가 시간을 측정한다고 알고 있다. 그러나 시계란 복잡한 물리적 장치이기 때문에, 필연적으로 불완전성, 파손, 전력 공급의 중단 등과 같은 문제점을 내포할 수밖에 없다. 만약 내가 내키는 대로 시계를 두 개 집어 시간을 맞춘 다음 동시에 스위치를 켜고 얼마쯤 지나 시계를 본다면 두 개의 시계는 저마다 다른 시각을 가리키고 있을 것이다.

그렇다면 두 시계 중 어느 쪽이 실시간을 측정하는가? 어떤 시계로도 불완전한 시간밖에 측정할 수 없다면, 과연 이 세계의 실시간에 해당하는 유일하고 절대적인 시간이란 존재하는가? 그런 시간이 존재하지 않는다면 우리가 어떤 시계가 늦거나빠르다고 이야기하는 것은 도대체 어떤 의미인가? 다른 한편 정확한 측정 자체가 절대로 불가능하다면, 절대시간과 비슷한 개념을 이야기하는 것은 어떤 의미가 있을까?

절대시간에 대한 믿음은 또 다른 역설을 불러일으킨다. 우주에 아무것도 없다면, 과연 시간은 흐를 수 있을까? 만약 모든 것이 정지한다면, 그리고 아무 일도 일어나지 않는다면, 그래도 시간은 계속될까?

다른 측면에서 이야기하자면 절대적이고 유일한 시간이란 없을 것이다. 그렇다면 시간이란 시계가 측정하고 가리키는 것에 불과하고, 이 세상에 그토록 많은 시계가 존재하고 궁극적으로는 모든 시계가 저마다 다른 시간을 가리키기 때문에 그만큼 많은 수의 시간이 존재하는 셈이다. 절대시간이 없다면, 우리가 어떤 시계를 선택하든 간에 그 시계에 의해 시간이 규정된다고 말할 수 있을 뿐이다.

이런 생각은 상당히 매력적으로 들린다. 우리가 관찰할 수 없는 절대적인 시간의 흐름 따위를 믿지 않아도 되기 때문이다. 그러나 우리가 과학에 대해 약간의 지식을 갖자마자 그런 관점은 당장 문제를 야기한다.

물리학이 기술하는 것 중 하나가 운동이다. 그리고 우리는 시간 없이는 운동을 생각할 수 없다. 따라서 물리학에서 시간 개념은 가장 근본적인 토대인 셈이다. 갈릴레오와 데카르트에 의해 고안되었고, 아이작 뉴턴이 체계화시킨 가장 간단한 운동 법칙을 보기로 들어보자. '외부에서 힘이 가해지지 않는 한 물체는 일정한 속도로 일직선상을 움직인다.' 여기에서 일직선이 무엇을 뜻하는지에 대해서는(이것은 시간 문제의 완벽한 비유에 해당하는 공간 문제이다. 그러나 이 자리에서는 논하지 않겠다) 고민하지 않기로 하자. 이 법칙을 이해하려면, 일정 속도로 움직인다는 말이 무엇을 뜻하는지 알아야 할 필요가 있다. 여기에는 이미 시간이라는 개념이 포함되어 있다. 일정한 속도로 이동한다는 것은 같은 시간에 같은 거리만큼 움직인다는 뜻이기 때문이다.

우리는 이런 질문들을 던질 수 있다. 운동이 일정하다는 것은 어떤 시간에 대해서인가? 어떤 특정한 시계의 시간인가?

만약 그렇다면 우리는 그것이 어떤 시계인지 어떻게 알 수 있는가? 우리는 어떤 시계든 하나를 선택할 수밖에 없다. 방금 관찰했듯이 모든 시계는 결국 다른 시간을 가리키기 때문이다. 그렇지 않다면 운동 법칙은 이상적인 절대시간을 기준으로 삼는 것인가?

그러면 운동 법칙이 하나의 절대시간을 기준으로 삼는다는 관점을 취해보기로 하자. 그렇게 되면 어떤 시계를 사용해야 할 것인가 하는 선택의 문제는 해결되지만, 또 다른 문제가 제기된다. 그것은 어떤 물리적인 시계로도 이 가상의 이상적인 시간을 완벽하게 측정할 수 없다는 것이다. 우리가 그 법칙의 진술이 옳은지 여부를 어떻게 확신할 수 있는가? 특정 실험에서 어떤 물체가 두드러지게 가속되거나 감속되는 것이 그 법칙의 잘못 때문인지, 아니면 우리가 사용하는 시계의 불완전성 때문인지 어떻게 알 수 있는가?

뉴턴은 그의 운동 법칙을 수립할 때 절대시간의 존재를 가정함으로써 시계 선택이라는 이 골치 아픈 문제를 해결했다. 절대시간의 가정은 데카르트와 고트프리트 라이프니츠와 같은 동시대인들의 판단과는 어긋나는 것이었다. 그들은 시간이란 실세계와 실제 사물들 사이의 관계의 한 측면일 뿐이라고 생각하고 있었다. 필경 데카르트와 라이프니츠의 생각이 한 발 더 진전된 철학일 것이다. 그러나 뉴턴의 운동 법칙이 (지금 우리가 논의하고 있는 법칙을 포함해서) 의미를 가지려면 절대시간의 존재를 믿는 것

외에는 다른 방법이 없었다. 당시 뉴턴은 누구보다도 이 사실을 잘 알고 있었다. 실제로 뉴턴의 시간 이론을 뒤엎은 알베르트 아인슈타인은 뉴턴이 당시 누가 보더라도 우월한 철학적 주장들에 맞서 의미 있는 물리학을 창안하기 위해 어떤 식으로든 가설을 수립한 '용기와 판단력'을 높이 평가했다.

이미 존재하는 절대적인 시간과 사물들 사이의 연관성의 한 측면으로서의 시간이라는 두 주장 사이에 벌어진 논쟁은 다음과 같이 이해할 수 있다. 우주가 그 위에서 현악 4중주나 재즈 그룹이 연주하는 무대라고 가정해 보자. 이 무대와 홀은 지금 텅 비어 있다. 그런데 어디선가 똑딱거리는 소리가 들려온다. 마지막 리허설이 끝난 다음 누군가 오케스트라석 구석에 놓아둔 메트로놈을 끄는 것을 잊어버린 것이다. 이때 텅 빈 무대 위에서 메트로놈 혼자 똑딱거리는 것이 뉴턴이 가정한 절대시간이다. 절대시간은 우주 속에서 실제로 어떤 일이 벌어지든, 무엇이 존재하든 아무런 관계도 없으며, 그 모든 것에 선행해서 일정한 속도로 영원히 계속된다. 무대 위에 음악가들이 입장하고 우주는 갑작스럽게 운동을 시작한다. 그리고 음악가들은 음악을 연주하기 시작한다. 이제 그들의 음악 속에서 나타난 시간은 메트로놈의 이미 존재하던 절대적인 시간이 아니다. 그것은 음악적 사고와 악절 사이의 실제 관계의 전개에 기반을 둔 상대적인 시간이다. 우리가 그 사실을 알 수 있는 것은 연주자들이 메트로놈 소리를 듣지 않고 서로의 악기 소리를 듣고 연주하면서 우주 속에서 그들이 놓여 있는 순간과 장소라는 고유한 시간을 만들어내고 있기 때문이다.

그러나 연주자들의 귀에는 들리지 않지만, 그동안에도 한쪽 구석에서 메트로놈은 계속 똑딱거리고 있다. 뉴턴에게 음악가들의 시간, 즉 상대적인 시간은 메트로놈의 진정한, 절대시간의 그림자에 불과하다. 물리적인 시계의 째깍거리는 소리와 마찬가지로, 우리의 귀에 들리는 모든 리듬은 진정한 절대시간을 불완전하게 추적하고 있을 뿐이다. 반면 라이프니츠를 비롯한 철학자들에게 메트로놈은 실제로 일어나는 일들을 보지 못하게 하는 환상에 불과하다. 철학자들에게 유일한 시간은 연주자들이 함께 자아내는 리듬이다.

절대시간과 상대시간에 관한 논쟁은 물리학과 철학의 역사를 투영한다. 그리고 현대를 살고 있는 우리들이 시간과 공간이라는 개념을 올바로 이해하기 위해서는 뉴턴의 시간 개념을 대체해야 한다는 문제를 제기하고 있다.

만약 절대시간이 존재하지 않는다면 뉴턴의 운동 법칙은 더 이상 의미가 없다. 뉴턴의 운동 법칙들을 대체하기 위해 필요한 것은 어떤 시계로 시간을 측정하든 아무런 문제없이 사용할 수 있는 다른 종류의 법칙이다. 다시 말해서 우리에게 필요한 것은, 설령 불완전하다 할지라도, 누구의 시계로 재든 상관없는 민주주의적인 법칙이지 독재적인 법칙이 아니다. 라이프니츠는 그런 법칙을 고안할 수 없었다. 그러나 아인슈타인은 성공을 거두었다. 그의 일반 상대성 이론이 거둔 위대한 업적 중 하나는 운동 법칙이 표현될 수 있는 한 가지 방법을 발견했다는 점이다. 그 덕분에 그 법칙이 작동하게 만들기 위해서 어떤 시계를 사용하든 아무런 문제가 없게 되었다. 그런데 역설적이게도, 아인슈타인이 일반 상대성 이론을 통해 새로운 시간관을 수립할 수 있었던 것은 그 이론의 기본방정식에서 시간에 관한 모든 준거reference를 제거함으로써 이루어졌다. 그 결과 시간은 보편적으로 또는 추상적으로 이야기될 수 없게 되었다. 정확히 어떤 실제 물리과정이 시간 경과를 측정하는 시계로 사용되는지의 이론을 먼저 이야기하려면 우주가 시간의 경과를 통해 어떻게 변화하는지 기술할 수밖에 없다.

이처럼 모든 것이 분명하다면, 앞에서 내가 시간이 무엇인가에 대해 알지 못한다고 한 이유는 무엇인가? 문제는 일반 상대성 이론이 20세기에 진행된 물리학 혁명의 절반에 불과하다는 것이다. 나머지 절반은 양자론quantum theory이다. 원래 원자와 분자의 특성을 설명하기 위해 개발된 양자론은 이상적인 절대 시간이라는 뉴턴의 개념을 완전히 허물어뜨렸다.

따라서 이론물리학 분야에서 오늘날 우리는 자연에 관한 하나의 이론이 아니라 두 개의 이론을 가지고 있는 셈이다. 하나는 상대성 이론이고 다른 하나는 양자론이다. 그리고 이 두 이론은 시간에 대해 전혀 다른 두 가지 개념을 그 토대로 삼고 있다. 현재 이론물리학의 핵심 과제는 일반 상대성 이론과 양자역학을 하나로 통합시켜 자연에 대한 단일 이론을 수립해서 20세기 초엽에 무너진 뉴턴 역학을 궁극적으로 대체시키는 작업이다. 그리고 실제로 이 작업에 걸림돌로 작용하는 가장 큰 장애물은 두 이론이 세계를 전혀 다른 시간 개념으로 기술한다는 사실이다.

우리가 시간을 거꾸로 거슬러 올라가 뉴턴의 시간관이라는 낡은 개념을 기초로 이 통합을 이루고 싶지 않다면, 문제는 라이프니츠의 상대적인 시간관을 양자론에 도입시키는 것임이 자명하다. 그러나 불행하게도, 이 작업은 그리 쉽지 않다. 문제는 양자역학이 여러 가지 다른, 그리고 겉보기에 모순적이며, 동시에 존재하는 상황들이 동시에 존재하는 것을 허용한다는 점이다. 그것들이 잠재적 실재나 일종의 그림자로 존재하는 한에서 말이다. (이것을 설명하려면 양자론에 대해 최소한 이 글 정도 분량의 에세이를 또 한 편 써야 할 것이다.) 이 문제는 시계에도 마찬가지로 적용된다. 양자론에서 고양이가 죽어 있으면서 동시에 살아 있는 상태로 존재할 수 있는 것[17]과 마찬가지로 시계도 앞으로 가면서 동시에 뒤로 가는 상태에 처해 있을 수 있는 것이다. 따라서 만약 시간의 양자론이 존재한다면, 시간을 측정하기 위해 여러

324

17   슈뢰딩거는 사고실험에서 상자 속에 고양이를 넣고, 양자적 반응에 의해 독약이 흘러나올 수 있는 장치를 해두었다. 여기에서 일정 시간이 흐른 다음 상자를 열었을 때 고양이가 살았을 확률과 죽었을 확률은 절반이며, 상자를 여는 행위 자체가 양자적 반응에 영향을 미칠 수 있기 때문에 고양이는 죽어있으면서 동시에 살아 있는 상태라는 역설이 발생한다 - 옮긴이

가지 물리적 시계들 중에서 하나를 선택할 자유라는 문제를 다루어야 할 뿐 아니라, 최소한 잠재적으로는 여러 개의 시계가 동시에 존재할 수 있는 가능성도 다루어야 한다. 첫 번째 경우에 우리는 아인슈타인에서 그 해결책을 얻을 수 있지만 두 번째 문제는 우리 상상력의 범주를 벗어난다.

따라서 '시간이란 무엇인가'라는 의문은 여전히 해결되지 않은 채 남아 있다. 그러나 더 큰 문제가 있다. 그것은 상대성 이론이 시간 개념의 또 다른 변화를 요구하기 때문이다. 그중 하나는 내가 이 글 첫머리에서 제기했던 '시간에 시작과 끝이 있는가, 아니면 영원히 계속되는가'라는 의문에 대한 것이다. 상대성 이론에서 시간은 분명 시작과 끝을 갖는다.

실제로 이런 일이 일어나는 조건 중 하나가 블랙홀의 내부이다. 블랙홀은 태양보다 훨씬 질량이 큰 항성이 핵연료를 모두 태운 다음 붕괴하는 과정에서 태어난다. 더 이상 열을 생성할 수 없게 되면, 엄청난 질량을 가진 항성은 자체 중력으로 붕괴하게 된다. 이 과정은 외부의 작용 없이도 저절로 진행된다. 항성의 크기가 작아질수록 항성을 구성하는 각 부분들이 서로를 끌어당기는 힘이 커지기 때문이다. 그 결과 중 하나로, 그 항성의 표면을 탈출하는 빛의 속도보다 어떤 물체의 속도가 더 빨라져야 하는 한 점에 이른다는 것이다. 그러나 상대성 이론에 따르면 우주에서 빛보다 빠른 물체는 없기 때문에 그 무엇도 그 항성을 벗어날 수 없게 된다. 우리가 그 항성을 블랙홀(검은 구멍)이라고 부르는 이유는 빛조차 벗어날 수 없어 아무것도 보이지 않기 때문이다.

그러나 이번에는 그 항성 자체에 어떤 일이 벌어지는지를 살펴보기로 하자. 일단 그 항성이 우리 눈에 보인다면, 항성 전체가 하나의 점으로 응축하기까지는 극히 짧은 시간밖에 걸리지 않을 것이다. 그 점은 물질의 밀도와 중력장이 무한대가 되는 지점이다. 그런데 문제가 있다. 그렇다면 그다음엔 어떤 일이 일어나는가? 실제로 그 문제는 이런 조건하에서는 '그다음엔'이라는 가정으로밖에는 생각할 수 없다. 만약 시간이 물리적인 시계의 움직임으로만 의미를 갖는다면, 우리는 모든 블랙홀의 내부에서 시간이 정지한다고 말할 수밖에 없을 것이다. 그 항성이 밀도와 중력장 무한대의 상태에 도달하게 되면, 더 이상 어떤 변화도 일어나지 않고 (시간에 의미를 부여할 수 있는) 어떤 물리적인 과정도 진행될 수 없기 때문이다. 따라서 그 이론은 단순히 시간의 정지를 단언한다.

그런데 실제로 이 문제는 그보다 더 골치 아프다. 일반 상대성 이론에 따르면 전 우주가 블랙홀처럼 붕괴할 수 있기 때문이다. 그 경우, 시간은 모든 곳에서 정지한다. 또한 그 법칙은 시간의 시작도 가능하게 해준다. 오늘날 우주의 기원을 설명하는 가장 잘 알려진 이론인 빅뱅 이론을 이해하는 방식도 바로 그것이다.

상대성 이론과 양자역학을 하나로 통합시키려고 시도하는

사람들에게 제기되는 가장 중심적인 문제는 '블랙홀 속에서 실제로 어떤 일이 일어나고 있는가'일 것이다. 만약 그곳에서 시간이 정말 정지한다면, 우리는 우주가 붕괴하는 속에서 어디서든 모든 시간이 정지할 수 있다고 생각해야 할 것이다. 반면 시간이 정지하지 않는다면, 우리는 모든 블랙홀 내부에 우리의 눈에는 보이지 않지만 무한하고 완전한 세계가 존재한다고 생각해야 한다. 게다가 이것은 단지 이론적인 문제에 그치지 않는다. 충분한 크기의 질량을 가진 항성이 수명이 다해 붕괴할 때마다 블랙홀이 생성되고 있기 때문이다. 그리고 그때마다 우리가 볼 수 있는 방대한 우주의 어디에선가 이 수수께끼가, 어쩌면 1초에 100번씩, 벌어지고 있기 때문이다.

그렇다면 도대체 시간이란 무엇인가? 사람의 힘으로는 풀 수 없는 가장 큰 수수께끼인가? 아니다. 가장 큰 수수께끼는 우리들 개인이 짧은 시간 동안 이곳에 존재하며, 우주가 우리에게 보다 높은 차원에서 이런 의문을 제기하게 해주었다는 사실 자체이다. 그리고 아이들에서 아이들에게로 대를 이어 우리가 알고 있는 사실과 알지 못하는 사실을 전달하고 서로 묻고 의문을 품는 즐거움을 누릴 수 있다는 사실이다.

리 스몰린(LEE SMOLIN)은 미국의 이론물리학자이며, 현재는 캐나다 워털루에 위치한 페리미터 이론물리학 연구소의 창립 멤버이자 수석교수, 워털루 대학교 물리학과 겸임교수이자 토론토 대학교 대학원 철학과 교수이며, 미국 물리학회와 캐나다 왕립학회 회원이다.

그는 양자중력학 분야에서 가장 뛰어난 과학자 중 한 사람으로 꼽히며 우주론, 입자물리학을 비롯해서 양자역학의 토대를 구축하는 데에도 많은 기여를 했다. 스몰린은 일반 상대성 이론의 계량화에 새로운 접근을 한 사람으로 가장 많이 알려져 있으며, 과학 분야에서 최근 추구되고 있는 새로운 방향을 이끌어가는 가장 뛰어난 과학자들 중 한 사람으로 꼽히고 있다. 또한 그는 진화론을 우주론에 응용하는 새로운 시도도 추진하고 있다. 이 주제는 《인디펜던트》, 《뉴 사이언티스트》, 《피직스 월드》 등의 저널과 BBC 월드 서비스의 프로그램을 통해 소개되기도 했다. 그는 50여 편 이상의 과학논문과 일반 독자들을 위한 많은 글을 발표했다. 저서로는 『리 스몰린의 시간의 물리학』, 『양자중력의 세가지 길』 등이 있다.

왜 아무도
빛보다 빨리
달릴 수 없을까

대니얼 힐리스

W. Daniel Hillis

여러분은 우주에서 그 무엇도 빛보다 빨리 달릴 수 없다는 이야기를 들어보았을 것이다. 그러나 왜 그런 법칙이 강제되어야 하는지 의문을 품어본 적이 있는가? 가령 여러분이 우주선을 타고 점점 속도를 높여 빛의 장벽을 넘어선다면 어떤 일이 벌어질까? 여러분이 타고 있는 우주선의 엔진에 동력을 공급하는 딜리튬 결정이 갑자기 녹아버린다면? 여러분이 우리 우주에서 사라져 버린다면? 여러분이 시간을 거슬러 올라간다면? 이런 물음들에 정확한 답을 알고 있는 사람은 아무도 없을 것이다. 여러분이 그 답을 모른다고 해서 기분 나빠 할 필요는 전혀 없다. 알베르트 아인슈타인이 상대성 이론을 발표하기 전까지 아무도 그런 사실을 알지 못했기 때문이다.

아인슈타인의 이론을 이해하는 가장 쉬운 방법은 여러분도 이미 여러 차례 보았을 'e = mc²'이라는 간단한 공식을 이해하는 것이다. 이 방정식을 이해하기 위해서 먼저 그와 비슷한 방정식을 생각해 보자. 가령 제곱 인치와 제곱 피트 사이의 관계를 나타내는 공식을 보기로 들어보자. 1피트는 12인치이다. 만약 i가 제곱 인치를 나타내는 수이고, f가 제곱 피트를 나타내는 수라면, 우리는 그 방정식을 이렇게 표시할 수 있을 것이다. 'i = 144 f' 여기에서 144라는 수는 피트를 인치로 나눈 값을 제곱해서 얻어진 수(12^2 = 144)이다. 그런데 같은 방정식을 'i = c^2f'라고 나타낼 수도 있다. 여기에서 c는 피트를 인치로 나눈 값인 12에 해당한다. 우리가 어떤 단위를 사용하는가에 따라 이 방정식은 한 단위를 이용해서 구한 면적을 다른 단위의 면적으로 바꿀 수 있다. 상수 c의 값만 바꾸면 되는 것이다. 가령 제곱 야드를 제곱 미터로 바꾸는 데에도 같은 방정식을 이용할 수 있다. 이때 c의 값은 0.9144이다(1야드는 0.9144미터이다). 따라서 c^2은 변환 상수인 셈이다.

이처럼 면적을 구하는 방정식을 여러 길이 단위에 사용할 수 있는 까닭은 제곱 피트와 제곱 인치가 같은 대상을 측정하는 다른 방법이기 때문이다. 아인슈타인이 깨달은 것은 에너지와 질량이 동일한 대상을 측정하는 두 가지 다른 방식에 불과하다는 사실이었다. 이 발견은 모든 사람들을 깜짝 놀라게 만들었다. 따라서 그 방정식을 통해 지극히 작은 질량의 물질이 엄청난 양의 에너지와 같다는 사실이 밝혀졌다. 일례로 우리가 질량을 킬로그램으로, 에너지를 줄(J)로 측정한다면, 그 방정식은 e = 90,000,000,000,000,000m으로 나타난다. 이 말은 완전히 충전된 배터리(약 1백만 줄의 에너지를 갖는다)가 완전히 방전된 배터리에 비해 0.0000000001그램 더 무겁다는 뜻이다.

다른 단위를 사용하면 이야기는 달라진다. 가령 우리가 질량을 톤으로 에너지를 BTU[18]로 측정한다면 c는 93,856,000,000,000,000이 될 것이다. (특정 단위의 변환상수는 그 단위에서의 빛의 속도이다. 그러나 이것은 다른 이야기이다.) 만약 우리가 에너지와 질량을 물리학자들이 '자연 단위계(the natural units, 여기서는 c = 1이다)'라고 부르는 단위로 측정한다면, 우리는 그 방정식을 'e = m'이라고 나타낼 수 있을 것이다. 이 방정식이 훨씬 이해하기 쉬울 것이다. 그 방정식은 에너지와 질량이 같은 것임을 분명하게 나타내준다. 그 에너지가 전기 에너지이든, 화학 에너지이든, 원자 에너지이든 전혀 상관없다. 단위 에너지당 총량은 모두 같기 때문이다.

332

실제로 그 방정식은 물리학자들이 '운동' 에너지라고 부른 에너지에 대해서도 적용된다. 운동 에너지란 어떤 물체가 운동할 때 발생하는 에너지를 가리킨다. 예를 들어 내가 야구공을 던진다고 하자. 나는 팔로 공을 밀어내는 동작으로 공에 에너지를 가한다. 아인슈타인 방정식에 따르면 야구공은 내가 공을 던지는 동작에서 실제로 무거워진다. (물리학자는 이 대목에서 어떤 물체가 무거워지는 현상과 질량이 커지는 현상을 구분해야 한다고 유난을 떨겠지만, 나는 그런 설명을 하지 않겠다. 중요한 것은 공이 점점 더 던지기 힘들어진다는 사실이다.) 내가 야구공을 더 빨리 던질수록 공은 더 무거

18   영국식 열 단위, British Thermal Unit의 약자 - 옮긴이

워진다. 아인슈타인의 방정식 e = mc²을 이용하면 내가 야구공을 시속 100마일의 속도로 던질 수 있다면(물론 나는 그렇게 빠른 속도로 던질 수는 없다. 그러나 일류급 투수라면 가능하다), 실제로 야구공은 0.000000000002그램 정도 무거워진다. 그 정도라면 무시할 수 있는 무게이다.

그러면 이제 다시 여러분이 타고 있는 우주선으로 돌아가 보자. 우주선의 엔진은 외부 에너지원에서 동력을 공급받기 때문에 연료 공급을 걱정할 필요는 없다. 우주선의 속도가 점점 빨라지면, 여러분은 우주선에 더 많은 에너지를 공급해서 속도를 점차 높인다. 따라서 우주선은 점점 더 무거워진다. (여기서도 사실 나는 '무거워진다'가 아니라 '질량이 커진다'라고 말해야 했다. 우주 공간에는 중력이 미치지 않기 때문이다.) 여러분이 빛의 속도의 90퍼센트에

도달하면, 우주선은 내부에 엄청난 에너지를 가지고 있기 때문에, 정지해 있는 상태의 2배 이상의 질량을 가지게 된다. 우주선이 점점 더 무거워지기 때문에 엔진을 가속하기는 점점 더 힘들어진다. 여러분이 광속에 가까워질수록 여러분은 수익체감의 법칙을 실감하게 된다. 다시 말해서 우주선이 더 많은 에너지를 가질수록 더 무거워지기 때문에, 속도를 조금 높이기 위해서 점점 더 많은 에너지가 필요하게 되며, 그러기 위해서는 더 무거워지고…… 이런 식의 과정이 반복된다.

이로 인한 영향은 여러분이 생각하는 것보다 훨씬 심각하다. 그 이유는 모든 과정이 우주선 속에서 벌어지기 때문이다.

결국 여러분 자신을 포함해서, 우주선 속의 모든 물체가 가속되고 에너지가 늘어나고, 그에 따라 무거워진다. 실제로 여러분과 우주선 속의 모든 기계 장치들의 움직임은 점점 더 느려진다. 가령 평상시 14그램 정도밖에 되지 않던 손목시계의 무게는 무려 40톤이나 나간다. 그리고 시계 속에 들어 있는 스프링이 그에 비례해 강해지지 않기 때문에 초침은 한 시간에 한 번밖에 움직이지 않는다. 그러나 느려진 것은 시계만이 아니다. 여러분의 머릿속에 들어 있는 생물학적 시계도 역시 느려진다. 여러분은 이런 사실을 전혀 알아차리지 못한다. 여러분의 뉴런(신경세포)도 무거워졌고, 여러분의 생각 자체도 시계와 정확히 똑같은 정도로 느려졌기 때문이다. 여러분의 시각에서 본다면, 시계는 이전과 조금도 다름없이 정상적으로 가고 있는 것처럼 보일 것이다. (물리학자들은 이 과정을 '상대적인 시간 지연'이라고 부른다.) 그 밖에도 느려지는 것이 또 있다. 여러분의 우주선 엔진에 동력을 공급하는 모든 기계장치들(딜리튬 결정도 점점 더 무거워지고 느려질 것이다) 역시 마찬가지이다. 따라서 여러분의 우주선은 점점 더 무거워지고 엔진은 느려진다. 여러분이 빛의 속도에 가까워질수록 상황은 더욱 심각해진다. 여러분이 속도를 높이려고 아무리 발버둥쳐도 우주선의 속도를 높이기는 점점 더 힘들어진다. 결국 여러분은 빛의 장벽을 넘어설 수 없는 것이다. 여러분이 빛의 속도보다 빠르게 달릴 수 없는 이유는 바로 그 때문이다.

대니얼 힐리스(W. DANIEL HILLIS)는 미국의 발명가이자 컴퓨터 과학자이다. 싱킹머신사(Thinking Machines Corporation)의 공동설립자이며, 회사의 주요 제품인 커넥션 머신의 설계자이기도 하다. 이 회사에서 그가 연구 목표로 삼은 것은 병렬 프로그래밍, 병렬 컴퓨터의 응용, 그리고 컴퓨터 아키텍쳐이다. 힐리스의 연구 주제는 진화와 병렬-학습 알고리즘이다. 예를 들어, 그는 임의적으로 흩어져 있는 명령어에서 자동적으로 프로그램을 작성하기 위해 생물학적 진화모델을 시뮬레이션하고 있다. 그의 장기적인 관심은 생각하는 컴퓨터의 설계이며, 생물학적 시뮬레이션이 그 문제에 대한 새로운 접근 방법을 제공하고 있다.

힐리스는 산타페 연구소의 과학연구국, OS 저널 온 컴퓨팅, 그리고 바이오스피어 연구를 위한 외부지원국 회원, 컴퓨팅 머시너리 협회, 예술과 과학 아카데미의 연구원을 지냈다. 그는 수십 건의 특허를 가지고 있으며, 《인공생명》, 《복잡성》, 《복잡계》, 《차세대 컴퓨터 시스템》 등의 여러 잡지들의 편집을 맡았다. 저서로는 『생각하는 기계』, 『커넥션 머신』 등이 있다.

불가능에서
진실을
배울 수 있는가

앨런 구스
Alan H. Guth

소설 『거울 나라의 앨리스』에서 앨리스가 "불가능한 일을 믿을 수는 없어요."라고 항변하자 하얀 여왕은 다음과 같은 말로 그녀의 잘못을 바로잡아 준다. "나는 네가 실제로 노력해 보지도 않고 그런 말을 한다고 지적하지 않을 수 없구나. 내가 네 나이였을 때 나는 항상 하루에 반 시간씩 노력했지. 때로는 아침식사를 하기 전에 여섯 가지나 되는 불가능한 일들을 믿었단다."

　　과학은 원칙적으로 가능한 일을 연구하는 학문이지만, 하얀 여왕의 충고는 정곡을 찌르는 지적이다. 아직까지 아무도 가장 궁극적인 수준에서 자연의 법칙을 이해하지 못하고 있다. 그러나 이런 법칙의 추구는 매혹적일 뿐 아니라 많은 이득을 준다. 현대 물리학에서 등장하고 있는 실재實在에 대한 관점은 루이스 캐럴을 떠올리게 한다. 물리학의 개념들이 그 분야를 연구하는 사람들에게는 지극히 논리적이고 아름답게 생각되지만, 그 개념들은 대부분의 일반인들이 생각하는 '상식'과는 전혀 조화를 이루지 못하기 때문이다.

　　과학에 알려진 모든 '불가능' 중에서 가장 불가능하다고 생각되는 것은 양자론이라고 불리는 개념들일 것이다. 이 이론은 20세기 초엽에야 수립되었다. 양자론이 새롭게 등장한 것은 원자와 분자의 움직임을 설명할 수 있는 다른 방법이 없었기 때문이었다.

금세기의 가장 위대한 물리학자 중 한 사람인 리처드 파인먼은 그의 저서 『QED(양자색역학)』에서 양자론에 대한 자신의 느낌을 이렇게 표현했다. "어떤 이론이 철학적으로 매혹적인지, 이해하기 쉬운지, 또는 상식이라는 관점에 비추어 완전히 합당한지 여부는 중요한 문제가 아니다. 양자론은 상식이라는 잣대로 본다면 전혀 터무니없는 방식으로 자연을 기술한다. 그렇지만 실험 결과와는 완전히 일치한다. 따라서 나는 여러분이 자연을 있는 그대로, 즉 불합리한 모습으로 받아들일 수 있기를 바란다. 나는 이 터무니없는 이야기를 여러분에게 들려주는 즐거움을 맛보려고 한다. 나는 그런 일이 즐겁기 때문이다."

양자론의 불합리성의 한 가지 예로 1970년에 셸던 글래쇼, 존 일리오풀로스, 그리고 루차노 마이아니에 의해 이루어진 한 가지 발견을 들기로 하자. 6년 전인 1964년에 머리 겔만과 조지 츠바이크는 원자핵을 이루는 구성 요소들이 - 양성자와 중성자 - 더많은 소립자들로 이루어져 있다는 주장을 제기했다. 겔만은 그 소립자를 '쿼크quark'라는 이름으로 불렀다. 1970년이 되자 쿼크 이론은 학자들 사이에 널리 알려졌지만 보편적으로 받아들여지지는 않았다.

소립자의 여러 특성들은 이 쿼크 이론을 통해 훌륭하게 설명된다. 그러나 몇 가지 수수께끼는 계속 풀리지 않은 채 남아 있다. 소립자와 연관되어 아직 해결되지 않은 의문들 중 하나가 중성 케이-중간자K-meson이다. 이 입자는 입자가속기에 의해 생성될 수 있다. 그러나 생성된 지 채 백만 분의 1초도 안되어 다른 종류의 소립자로 붕괴되어 버린다. 중성 케이-중간자는 다른 소립자들의 여러 조합으로 붕괴된다는 사실이 밝혀졌으며, 그 밖의 모든 관찰 결과도 쿼크 이론과 일치했다. 그런데 지금까지 발견되지 않은 한 가지 놀라운 특성이 있었다. 중성 케이-중간자가 전자와 양전자로 붕괴되는 모습이 관찰되지 않는 것이다 (양전자란 전자와 질량이 같지만 전하가 반대인 소립자이며, 흔히 전자의 '반反입자'라고 불린다). 쿼크 이론에서는 이 붕괴가 예상되었다. 따라서 그 붕괴가 나타나지 않는다는 사실은 쿼크 이론이 잘못되었을 수도 있음을 암시하는 것이었다.

쿼크 이론에 따르면 쿼크에는 세 가지 종류가 있다. 각각의 쿼크에는 '업up', '다운down', '스트레인지strange'라는 별난 이름들이 붙어 있다. (쿼크라는 말 자체가 '3'이라는 수와 연관된다. 겔만의 주장에 따르면, 그 이름은 제임스 조이스의 소설『피네간의 경야Finnegans Wake』에 나오는 "쿼크 대장을 위해 세 번 외칩시다."라는 구절에서 따온 것이라고 한다.) 세 가지 쿼크는 각기 반反쿼크antiquark를 가지고 있다. 이 쿼크 이론에 따르면 중성 케이-중간자는 '다운' 쿼크와 '반-스트레인지' 쿼크로 구성되어 있다. 중성 케이-중간자의 전자-

양전자 붕괴는 모두 4단계의 과정process으로 이루어질 것이라고 예상되었다.

　그 과정은 다음 그림과 같다. 이 자리에서 그 과정을 상세히 이해할 필요는 없다. 그러나 완결성을 기하기 위해서 개별적인 단계들을 소개하기로 하자. 쿼크 이외에 그 과정의 중간 단계에 중성미자neutrino 라 불리는 소립자 W⁺와 W⁻가 관여한다. 그러나 이 글의 주제와 큰 연관이 없기 때문에 그 입자들의 특성에 대해서는 소개하지 않기로 하겠다. 다음 도표는 중성 K-중간자를 구성하는 쿼크들에서 시작해서 위에서 아래로 진행되는 사건들의 순서로 읽으면 된다.

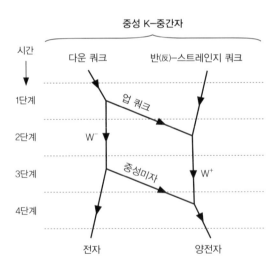

그림 1

Alan H. Guth

1단계에서 다운 쿼크가 W^-와 업 쿼크로 붕괴한다. 2단계에서는 업 쿼크가 중성 케이-중간자에서 나온 반-스트레인지 쿼크와 결합해서 W^+ 입자를 생성한다. W^- 입자는 3단계에서 중성미자와 전자로 붕괴하고, 이 중성미자는 4단계에서 W^+ 입자와 결합해서 양전자를 생성한다.

위의 도표를 보고 몹시 당황스러웠지만, 과학자들은 어떤 문제점도 찾아낼 수 없었다. 중성 케이-중간자를 이루고 있는 쿼크의 구성은 다양한 특성들에 의해 분명하게 결정되어 있었다 – 즉, 하나의 다운 쿼크와 하나의 반-스트레인지 쿼크가 그것이다. 직접 관찰되지 않았지만 이 과정은 4단계를 거쳐 일어난다고 생각되었다. 실제로 W^+와 W^- 입자는 1983년까지는 관찰되지 않았다. 1983년에 135명의 물리학자들로 구성된 연구팀이 대규모 실험을 통해 여섯 개의 W 입자들을 관찰하는 데 성공했다. 그럼에도 불구하고, 이 4단계는 다른 반응들에서도 – 우리에게 알려진 반응들 – 나타나는 중간 단계들이다. 만약 그중 어느 한 단계가 불가능하다면, 다른 반응들이 어떻게 일어날 수 있겠는가? 그 단계들이 모두 가능하다면, 그 반응들이 앞에서 설명한 순서대로 일어나서 중성 케이-중간자가 전자와 양전자로 붕괴하는 것을 무엇으로 막을 수 있겠는가?

1970년에 글래쇼, 일리오풀로스, 그리고 마이아니는 이 수수께끼를 풀 수 있는 해解를 제안했다. 그 해는 양자론이라는 틀 속에서는 완전히 논리적이지만, 우리가 가지고 있는 상식을 철저히 거부했다. 그것은 양자론에서 다른 과정들이 다루어지는 기묘한 방식들을 사용하고 있다.

이들 세 물리학자는 쿼크 이론에 포함되어 있는 세 종류의 쿼크 이외에 4번째 종류가 있다고 주장했다. 그런데 이 네 번째 종류의 쿼크의 존재 가능성은 1964년에 이미 글래쇼와 제임스 비어캔이 제안했다. 그들이 새로운 쿼크를 제안하게 된 동기는 이미 알려진 소립자들의 계보에서 나타나는 패턴이었다. 4번째 쿼크는 '참charmed'이라는 이름으로 불렸는데 글래쇼, 일리오풀로스, 그리고 마이아니의 좀 더 구체적인 제안에서 다시 부활한 이름이었다. '참' 쿼크라는 또 하나의 다양성이 추가되자 중성 케이-중간자는 두 가지 다른 과정으로 전자와 양전자로 붕괴할 수 있었다. 첫 번째는 앞의 도표에서 보여준 4단계 과정이다. 두 번째는 4단계 과정의 대안에 해당하는데, 여기에서 업 쿼크는 1단계에 생성되고 2단계에 흡수되어 참 쿼크에 의해 대체된다.

그러면 하얀 여왕의 조언을 따라 이제는 불가능한 일을 믿어볼 시간이다. 새로운 쿼크를 포괄하는 이론은 사건들이 일어나는 두 가지 순서를 허용한다. 둘 다 중성 케이-중간자에서 시작해서 전자와 양전자로 끝난다. 첫 번째 순서는 1, 2 단계에 업 쿼크를 포함하며, 두 번째 순서는 업 쿼크의 자리에 참 쿼크가 들어간다. 상식적인 법칙에 따르면, 중성 케이-중간자가 전자와 양전자로 붕괴할 전체 확률은 두 순서의 확률을 더한 값에 해당할 것이다. 상식이 옳다면, 참 쿼크의 등장은 그 과정이 실제로 관찰되지 않는 이유를 설명하는 데 아무런 도움도 되지 않을 것이다. 그러나 양자론의 법칙은 우리의 상식이라는 법칙과는 전혀 다르다.

양자론에 따르면, 어떤 사건이 일어나는 두 가지 서로 다른 순서에 의해 특정한 결과가 얻어질 수 있다면 각각의 순서에 대해 '확률 진폭probability amplitude'이라 불리는 양量을 계산할 수 있다. 확률 진폭은 확률 개념과 연결되지만, 둘은 전혀 다른 수학적 형태를 갖는다. 확률은 항상 0과 1 사이의 수로 나타난다. 반면 확률 진폭은 종이 위에 그린다고 상상할 수 있는 화살표로 나타낼 수 있다. 이 화살표는 길이와 방향이 주어지면 실제로 종이 위에 그릴 수도 있다. 이때 화살표의 길이는 항상 0과 1 사이여야 한다. 가령 특정한 말단이 오직 하나의 순서에 의해서만 얻어질 수 있다면, 그 확률은 확률 진폭 화살표의 길이의 제곱에 해당하며, 화살표의 방향은 아무런 의미도 갖지 않는다. 그러나 중성 케이-중간자가 전자와 양전자로 붕괴하기 때문에 같은 결과에 도달하는 두 가지 순서가 있는 셈이다. 이 경우에 양자론의 법칙들은 두 번째 화살표의 꼬리가 첫 번째 화살표의 머리에 놓여야 하며, 두 개의 화살표는 제각기 고유한 방향을 가리키는 상태를 유지해야 한다. 그런 다음 새로운 화살표가 첫 번째 화살표의 꼬리에서 두번째 화살표의 머리를 향해 그어진다. (그림 2를 보라.)

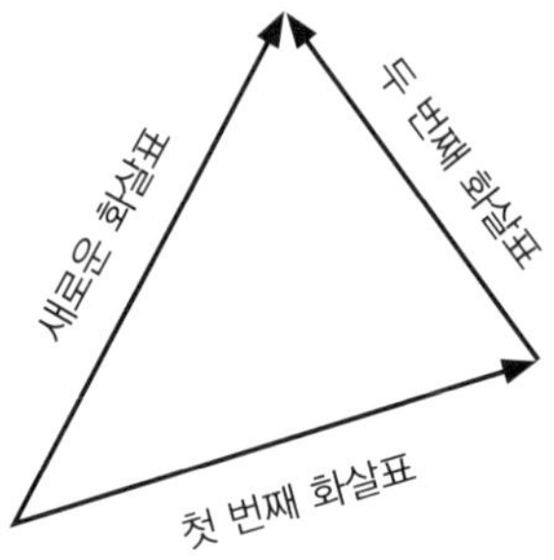

그림 2

결과로 나타나는 전체 확률은 새로운 화살표의 길이의 제곱에 해당한다. 이 법칙은 상식의 법칙과는 전혀 비슷하지 않지만, 수천 회의 실험을 통해 자연은 실제로 이런 방식으로 움직인다는 사실이 입증되었다.

중성 K-중간자의 붕괴에 대해서 글래쇼, 일리오풀로스, 마이아니는 참 쿼크가 다른 소립자들과 상호작용하는 방식을 계산하는 분명한 과정을 제안했다. 이 과정에서 확률 진폭은 두 번째 순서가 첫 번째 순서와 비교해서 길이는 같지만 방향이 반대인 화살표를 갖게 한다. 양자론의 법칙에 의해 두 화살표가 결합하면, 새로운 화살표는 제로(0)의 확률을 가지게 된다. 따라서 전자-양전자 붕괴가 일어날 수 있는 대체 메커니즘의 도입을 통해 왜 붕괴가 일어나지 않는지를 설명할 수 있게 된다.

이 설명이 그 자체로 설득력을 갖지는 않지만, 여기에서 논의된 붕괴는 예상은 되나 실제로 관찰되지 않는 십여 가지 과

344

정들의 절반에 불과하다. 일리오풀로스와 마이아니는 이런 각각의 과정들을 실제로 관찰할 수 없는 이유를 참 쿼크를 통해 설명할 수 있음을 입증했다. 이 주장의 유일한 약점은 지금까지 알려진 입자들 중에서 참 쿼크를 가지고 있다고 추측되는 입자가 전혀 없기 때문이었다. 따라서 물리학자들은 참 쿼크가 다른 쿼크에 비해 훨씬 무겁고, 그 때문에 참 쿼크를 가지는 모든 입자들은 너무 질량이 커서 입자가속기를 이용한 실험에서 생성될 수 없다는 식으로 생각할 수밖에 없었다.

1974년 11월에 양전자의 3배 이상의 질량을 갖는 새로운 소립자가 브룩헤이븐 국립연구소Brookhaven National Laboratory와 스탠퍼드 선형가속기센터Stanford Linear Accelerator Center에서 동시에 발견되었다. 그런데 그 소립자는 미국 동해안 지역에서는 J라고 불렸고, 서해안 지역에서는 'psi'로 불렸기 때문에 오늘날에는 'J/psi'로 불리고 있다. 오늘날 확실히 밝혀진 J/psi의 특성은 그 소립자가 하나의 참 쿼크와 하나의 반-참 쿼크로 구성되어 있다는 것을 알려주고 있다. 참 쿼크의 여러 특성들이 나타내는 상호작용은 이미 1970년에 정확히 예견되었다. 글래쇼를 비롯해서 J/psi를 발견한 두 연구소의 연구팀을 이끄는 물리학자들은 이 공적을 인정받아 노벨상을 수상했다. (오늘날 우리는 '톱top'과 '보텀bottom'이라 불리는 두 가지 종류의 쿼크가 더 있다는 사실을 알고 있다.)

양자론의 기괴한 논리와 참 쿼크의 반직관적인 예견은 과학자들이 우리가 몸담고 살고 있는 세계를 이해하려는 끈질긴 노력을 통해 개발해낸 숱한 개념들 중 지극히 작은 일부에 불과하다. 하얀 여왕은 과학의 세계라는 드넓은 영토를 어느 한 곳 남김없이 모두 통치한다. 우리가 볼 수 있는 증거들은 자연이 지극히 간단한 법칙들에 따른다는 사실을 보여준다. 그러나 그 법칙들은 우리가 흔히 상상할 수 있는 종류의 법칙과는 전혀 다른 것이다.

앨런 구스(ALAN H. GUTH)는 미국의 이론물리학자이자 우주론자이며, MIT 교수이다. 그는 미국과학아카데미와 과학과 예술아카데미 회원이기도 하다. 구스는 물리학으로 박사학위를 받고, 9년간의 박사후 연구 과정을 마친 후 연구경력의 전환점을 맞이했다. 이때 그는 인플레이션 우주론, 즉 급팽창 우주론이라 불리는 빅뱅 이론의 변형판을 수립했다. 이 이론은 그 이전까지는 수수께끼의 장막에 싸여 있던 관찰 가능한 우주의 신비스러운 특성들을 설명해 주었을 뿐 아니라 우주를 구성하는 모든 물질과 에너지의 궁극적인 기원을 설명해 주었다. 이후 그는 인플레이션 이론에서 이끌어낼 수 있는 결과에 대한 연구를 계속해 왔고, 물리법칙이 가상 실험실 속에서 새로운 우주를 창조할 수 있는가(필경 그는 '그렇다'라고 생각할 것이다)라는 물음의 답을 구하려는 노력 또한 기울였다. 또한 물리법칙이 시간 역전을 허용하는가라는 문제(여기에 대한 그의 입장은 부정적일 것이다)에 대해서도 연구하고 있다. 이탈리아의 국제 이론 물리학 센터 메달, 영국 물리학 연구소의 아이작 뉴턴 메달, 기초 물리학혁신상 등 수많은 상을 받았다.

우주는
정말
대칭적인가

이언 스튜어트
Ian Stewart

대칭성은 그리 중요치 않은 구조의 반복이라고 생각할 수도 있지만, 우주에 대한 과학적 관점에 미치는 영향은 지대하다. 알베르트 아인슈타인이 수립한 물리학에 관한 모든 혁명적인 이론들은 우주가 대칭적이라는 – 즉, 물리법칙이 공간의 모든 지점과 시간의 모든 순간에서 항상 동일하다는 – 원리에 토대를 두고 있다. 물리법칙들은 특정 시간과 공간에서 일어나는 사건들이 다른 시간과 장소에서는 어떻게 일어날 것인지 기술하기 때문에, 이 간단한 필요조건이 우주를 일관된 전체로 묶어준다. 그런데 역설적인 사실은 아인슈타인도 발견했듯이, 대칭성은 우리가 절대시간과 절대공간을 유의미하게 이야기할 수 없음을 암시하고 있다. 관찰된 사실은 누가 그것을 관찰하는가에 – 그 밑에 내재하는 동일한 대칭성 원칙들에 의해 지배되는 방식으로 – 의존한다.

대칭의 유형을 기술하기는 쉽다. 일례로, 어떤 물체를 거울에 비추어 보았을 때 같은 모습으로 보이면 그 물체는 반사 대칭이다. 회전시켰을 때 같은 모습이 되면 회전 대칭이다. 반사

Ian Stewart

대칭과 회전 대칭의 보기는 각각 인체의 외형과 연못에 돌을 던질 때 퍼져나가는 파문에서 찾아볼 수 있다. 그렇다면 도대체 대칭이란 무엇인가? 이 물음에 대해 지금까지 우리가 얻을 수 있었던 가장 훌륭한 답은 수학적인 것으로 '변환에 대한 불변 invariance under transformation'이다. 변환이란 무언가를 변화시키는 방법이며, 그것을 이동시키거나 그 구조를 바꾸는 법칙이다. 불변은 그보다 훨씬 간단한 개념으로 최종 결과가 출발점과 같다는 뜻이다.

일정 각도의 회전은 변환에 해당한다. 따라서 어떤 거울을 선택해 반사시킨 것과 같으며, 따라서 이 특수한 대칭의 예는 일반적인 공식과 일치한다. 목욕탕에서 볼 수 있는 사각형 타일의 패턴은 또 하나의 대칭 유형이다. 그 패턴을 타일의 넓이의 정수 배整數倍 거리만큼 옆으로 미끄러뜨리면 그 결과는 같은 모습이 된다(불변이다). 일반적으로 가능한 대칭 변형의 범위는 매우 넓다. 따라서 가능한 대칭 패턴의 범위 또한 매우 포괄적이다.

지난 150여 년 동안 수학자와 물리학자들은 심오하고 강력한 '대칭 계산'을 고안해 냈다. 그것이 군론group theory이라 불리는 것이다. 그 이론은 단일한 변환을 다루는 것이 아니라 모든 변환의 '군'을 다루기 때문에 그런 이름이 붙게 되었다. 이 이론의 적용을 통해 수학자와 물리학자들은 매우 놀라운 보편적인 사실을 입증할 수 있게 되었다. 예를 들자면 벽지의 무늬(다시 말해서, 어떤 벽면을 채우고 있는 반복되는 무늬)에 정확히 17가지 종류의 대칭이 있으며, 결정에는 정확하게 230 종류의 대칭이 있다는 사실 등이 그것이다. 또한 그들은 군론을 이용해서 자연의 운행에 영향을 미치는 우주의 대칭에 대해서도 이해할 수 있게 되었다.

자연은 놀랄 만큼 흥미로운 패턴들로 가득 차 있다. 달팽이 껍질의 나선, 꽃잎의 질서정연한 배열, 어슴푸레한 초승달의 모습 등 우리는 곳곳에서 그 패턴들을 발견할 수 있다. 그리고 서로 다른 배경 속에서 동일한 패턴이 발견되기도 한다. 조개껍질의 나선형은 태풍의 소용돌이와 은하의 장엄한 회전에서도 똑같이 나타난다. 물방울과 항성들은 모두 구형球形을 이루고 있다. 햄스터, 왜가리, 말, 그리고 사람은 모두 양측대칭이다.

대칭은 눈에 보이지 않는 원자를 구성하는 소립자에서 광대한 우주에 이르기까지, 우리가 상상할 수 있는 모든 척도에서 나타난다. 최근에는 자연을 이루는 네 가지 기본력(중력, 전자기력, 약력, 강력)이 더 대칭적이고 에너지가 높았던 상태의 우주에서는 하나의 통합된 힘의 여러 측면이었을 것으로 여겨지고 있다. 최근 코비 위성COBE(우주배경복사 탐사 위성)에 의해 관찰된 '시간의 가장자리 주름들(우주배경복사의 불규칙성)'은 우주가 탄생한 최초의 순간이었던 대칭적인 빅뱅에서 어떻게 오늘날 관찰되는 불규칙한 우주가 탄생할 수 있었는지를 설명하는 데 큰 도움을 준다.

미시적 척도에서의 대칭 구조는 생물의 구조와 연관된다.

모든 생물 세포 속에는 세포 분열에서 중요한 기능을 하는 중심체라 불리는 구조가 있다. 세포체 속에는 두 개의 중심립이 들어 있으며 서로 직각을 이루고 배열되어 있다. 중심립은 27개의 작은 미소관微小管이 모여 이루어진 원통형 구조를 가지고 있고, 길이 방향으로 3개씩 모여 정확히 9겹 대칭을 이루는 형태로 배열되어 있다. 그런데 이 미소관 자체도 놀랄 만큼 대칭성을 갖는다. 미소관은 두 가지 단백질을 가지고 있는 단위들로 이루어진 완벽한 바둑판 패턴으로 구성된 속이 빈 관이다. 따라서 생명의 근원이라 할 수 있는 세포 속에서도 우리는 대칭이라는 완전한 수학적 규칙성을 발견하게 된다.

그런데 대칭에는 또 하나의 중요한 측면이 있다. 대칭을 이루는 물체들은 셀 수 없을 만큼 많은 동일한 복제로 이루어져 있다. 따라서 대칭은 복제와 뗄레야 뗄 수 없는 밀접한 관계를 가지는 셈이다. 유기체의 세계에서 대칭이 나타나는 이유는 생명이 궁극적으로 자기복제 현상이기 때문이다. 무기물의 세계에서 나타나는 대칭도 그와 비슷하게 '대량생산된' 기원을 갖는다. 특히 물리법칙은 모든 시간과 장소에서 동일하다. 게다가 만약 여러분이 우주 속에 있는 모든 전자를 순간적으로 바꿀 수 있다 하더라도 - 가령 여러분의 뇌 속에 들어 있는 전자들을 모두 멀리 떨어진 항성에서 임의로 선택한 전자들과 바꾼다 하더라도 - 아무런 차이도 없다. 전자는 모두 동일하다. 따라서 물리학은 전자의 교환에 대해 대칭적인 셈이다. 전자 이외의 모든 소립자도 마찬가지이다. 왜 우리가 이처럼 대량생산된 우주 속에 살고 있는 지 그 이유는 분명치 않다. 그러나 우리가 그런 우주 속에 살고 있다는 것은 분명하고, 그 사실이 엄청난 숫자의 잠재적인 대칭 을 만들어낸다. 리처드 파인먼이 말했듯이 모든 전자가 똑같은 이유는 실제로는 그것들이 동일한 입자인데, 하나의 전자가 시 간 속에서 앞뒤로 쏜살같이 돌아다니기 때문에 마치 여러 개의 많은 전자가 있는 것처럼 보이기 때문일 뿐인지도 모른다[19]. 또 는 인류원리anthropic principle[20]의 변형판으로 설명이 가능해질 수 도 있다. 생물의 복제(특히 내부 조직이 안정적인 동작 패턴과 구조를 필요 로 하는 생물의 경우)는 무수히 많은 우주 속에서만 탄생할 수 있기 때문이다.

352

　　자연의 대칭적인 패턴은 어떻게 발생하는가? 그 패턴들은 물리법칙의 대칭성에 대한 불완전한 궤적으로 설명될 수 있을 것이다. 잠재적으로, 우주는 방대한 대칭을 가지고 있지만 – 그 법칙은 시간과 공간의 모든 움직임에 대해 불변이고, 동일한 입 자들은 모두 상호교환이 가능하다 – 실제로 '대칭붕괴symmetry

19　이 기묘한 생각은 그가 고안해낸 '파인먼 도표(Feynman diagram)'에서 나온 것이다. 파 인먼 도표는 시공(時空) 속에서 이루어지는 소립자들의 운동을 나타낸 그림이다. 많 은 수의 전자와 그 반입자(양전자)들의 복잡한 상호작용이 시공 속에서 단일한 지그재 그 곡선을 형성하는 경우가 많기 때문에, 그 입자들의 움직임이 실제로는 단일한 입 자의 움직임이며, 하나의 입자가 과거나 미래의 방향으로 번갈아 움직이기 때문에 그런 모습으로 보일 수 있다는 설명이 가능해진다. 전자가 시간축에서 과거로 움직 이면 그 반입자인 양전자가 되기 때문이다.

20　여러 우주가 존재한다면 우리가 살고 있는 우주는 인류와 같은 지적 생명체의 탄생 을 허용하는 우주라는 개념 – 옮긴이

breaking'라 불리는 효과가 그러한 대칭성들이 모두 동시에 나타나지 않도록 가로막는다는 것이다. 가령 엄청난 수의 동일한 원자들로 이루어진 결정에 대해 생각해 보자. 그 원자들을 서로 뒤바꾸거나 시간과 공간 속에서 이동시킨다 하더라도 물리법칙은 여전히 변하지 않을 것이다. 가장 대칭적인 구성은 모든 원자가 같은 위치에 있는 것이다. 그러나 원자는 겹쳐질 수 없기 때문에 이런 구성은 물리적으로 불가능하다. 따라서 원자들의 구성을 모든 원자들이 서로 떨어져 있도록 허용하는 구성으로 바꾸는 과정에서 일부 대칭은 '붕괴'되거나 제거된다. 여기에서 수학적으로 중요한 점은 물리적으로 실현 불가능한 상태에 엄청난 양의 대칭이 포함되어 있으며, 원자들을 분리된 상태로 구성하기 위해서 모든 대칭이 파괴될 필요는 없다는 것이다. 따라서 그중 일부 대칭이 실제로 존재할 수 있는 형태로 남아 있다는 사실은 전혀 놀라운 일이 아니다. 결정 격자格子의 대칭성은 이렇게 탄생된 것이다. 다시 말해서 눈에 보이지는 않지만 엄청난 가능성을 가지고 있는 대칭들 중에서 실재實在라는 요구 때문에 상당 부분은 붕괴되고 조건에 부응할 수 있는 일부만이 남게 된 것이다.

이러한 통찰이 갖는 중요성은 엄청나다. 그것은 우리가 과학적 문제를 연구할 때 실제로 일어난 일만을 대상으로 삼아서는 안 되며, 일어날 수도 있었을 모든 일을 고려의 대상으로 삼아야 한다는 것을 말해주고 있다. 실제로 일어나지도 않은 일까지 고려하면서 문제의 범위를 확대시키는 것은 지나치게 괴팍

한 고집이라고 생각하는 사람이 있을지도 모르지만, 실제 벌어진 사건들을 무수한 잠재적 사건들에 투영할 때 우리는 다음과 같은 두 가지 이득을 얻을 수 있다.

첫째, 우리는 '왜 다른 게 아니라 하필이면 이 사건이 일어났는가?'라는 질문을 제기할 수 있다 – 이 의문은 다시 '왜 나머지 다른 가능성들이 일어나지 않았는가?'라는 물음을 제기하며, 우리가 실제로 일어난 일뿐 아니라 일어나지 않은 가능성까지 생각해야 한다는 것을 의미한다. 일례로 우리는 '왜 돼지에게 날개가 없는가'라는 문제를 생각할 때 돼지가 날개를 가졌다면 어떤 일이 벌어졌을까에 대해서는 생각하지 않는다.

둘째, 대칭과 같은 가능한 사건들의 집합은 부수적인 구조를 가질 수 있다. 다시 말해서, 실제로 관찰할 수 있는 유일한 상태에서는 볼 수 없는 다른 구조까지 볼 수 있다는 뜻이다. 예를 들어, 우리는 연못의 표면이 왜 잔잔한가(바람이나 물의 흐름이 없을 때)라는 질문을 던질 수 있다. 잔잔한 연못의 상태 하나만을 연구해서는 그 답을 찾을 수 없다. 그렇지만 연못 표면에 돌을 던져 넣는 식으로 잔잔한 표면을 교란시켜 연못 표면의 가능한 모든 상태를 연구함으로써 무엇이 연못 표면을 다시 평평하게 만드는지 살펴볼 수 있다. 그 과정에서 우리는 비평면이 더 큰 에너지를 가지며, 마찰력이 점차 과잉 에너지를 방산시켜서 연못이 다시 최소에너지 구성minimal-energy configuration, 즉 잔잔한 상태로 돌아가게 만든다는 것을 알 수 있다. 그런데 공교롭게도 잔잔한 표면은 많은 대칭이 있다. 이 사실 또한 표면의 가능한 모든 '공간'에 대한 생각을 통해 가장 훌륭하게 설명될 수 있다.

내 생각에 대칭이 우리에게 주는 심오한 메시지는 바로 그것이다. 대칭은 그 정의 자체에 의해 그것이 변화되었을 때 우주에 어떤 일이 일어날 것인가를 이야기해 주고 있다. 여러분의 뇌 속의 모든 전자가 시리우스별의 상상할 수 없이 뜨거운 내부의 전자와 모두 바뀐다고 상상해 보라. 돼지가 날개를 가진다고 상상해 보라. 연못 표면이 영국 조각가 헨리 무어의 조각과 같은 형태가 된다고 상상해 보라. 아무도 실제로 이런 실험을 해보려고 하지는 않을 것이다. 그러나 머릿속에서 그 가능성을 생각해 보는 것만으로도 자연계의 궁극적인 모습들을 들추어 낼 수 있다. 따라서 우주에 많은 패턴이 있다는 평범한 관찰이 실재를 가능한 상태의 무한한 범위들 중에서 겨우 하나에 불과한 우주의 상태로 생각하게 만든다. 우리가 살고 있는 우주란 가능성이라는 무한한 공간 속을 구불구불 지나는 현실이라는 가느다란 하나의 끈인 셈이다.

이언 스튜어트(IAN STEWART)는 영국의 수학자로, 영국 코번트리시의 워릭 대학 수학과 명예교수이다. 그의 연구 분야는 비선형 동역학과 카오스, 그리고 그 응용이며 200편이 넘는 연구 논문을 발표했다. 그는

수학자들이 일반 대중에게 자신들이 무엇을 그리고 왜 연구하고 있는지 설명해야 할 의무가 있다고 믿는 사람이다.

그는 수십 권의 저서를 집필했는데, 그중에는 수학 교과서, 전공 서적, 아이들을 위한 수학 퍼즐, 개인용 컴퓨터에 관한 저서, 그리고 코믹한 수학책 등이 포함되어 있다. 저서로는 『신도 주사위 놀이를 한다』, 『수학의 이유』, 『교양인을 위한 수학사 강의』, 『보통 사람을 위한 현대 수학』, 『최고의 수학자가 사랑한 문제들』 등이 있다. 그는 《사이언티픽 아메리칸》 수학 레크리에이션란의 고정 필자와 《뉴 사이언티스트》 수학 컨설턴트를 역임했다. 그 외에도 《디스커버》, 《뉴 사이언티스트》, 《사이언스》에 과학 기사를 게재했다. 스튜어트는 《옴니》와 《아날로그》지에 짧은 SF 소설 단편을 발표하기도 했다. 그중 하나는 최근에 체코 라디오 방송국에 의해 희곡으로 개작되었다.

HOW
THINGS
ARE

제6부

미
래

사람이라는
종은

얼마나
지속될 수
있는가

프리먼 다이슨
Freeman Dyson

✦

약 200년 전에 토머스 로버트 맬서스는 그 유명한 『인구론』을 출간했다. 맬서스는 인간이 처한 상황에 대해 비관적인 견해의 소유자였다. 먼저 그는 인구란 항상 기하급수적으로 증가하는 경향이 있다고 말했다. 다시 말해서, 매년 전체 인구가 일정한 비율로 증가한다는 것이다. 둘째, 그는 가용 식량의 총량은 산술급수적으로 늘어난다고 말했다. 즉 매년 공급되는 식량은 인 361 구와 무관하게 일정량이 늘어난다는 것이다. 따라서 수학적으로 볼 때 인구의 기하급수적 증가가 식량의 산술급수적 증가를 훨씬 능가하리라는 것은 분명하다. 맬서스는 이 두 가지 법칙에서 인구 성장이 종내 기근, 전쟁, 질병 등에 의해서만 제동이 걸릴 것이라는 자신의 예견을 이끌어냈다. 우리 사람 종에서 불행한 구성원들은 언제나 기아 상태로 헤매면서 빈곤에서 헤어나지 못할 것이라는 예측이었다.

맬서스는 영국의 목사였으며, 경제학을 과학으로 수립한 선구자 중 한 사람이었다. 그의 우울한 예견 때문에 경제학은 '비관적인 과학the gloomy science'이라고 불리기도 했다. 그런데 영국으로 국한한다면 그의 예견은 빗나갔음이 입증되었다. 그의 논문이 발표된 후에 실제로 영국 인구는 빠른 속도로 늘어났지만 식량을 비롯한 생활필수품의 공급량은 그 이상의 속도로 증가했다. 그러나 그의 예측이 지구 전체에 대해 옳은지 그른지 여부는 아직도 지켜보아야 할 것이다. 맬서스의 주장의 약점은 단순한 수학적 모형과 복잡한 실세계를 구분하지 못했다는 점에 있다.

맬서스의 인구론이 발표된 지 200년이 다 된 1993년, 내 친구인 리처드 고트는 또 하나의 음울한 에세이를 발표했다. 그 글은 영국의 과학잡지인 《네이처》에 「코페르니쿠스 원리가 인류의 미래 전망에 갖는 여러 가지 함축Implications of the Copernican Principle for Our Future Prospects」이라는 긴 제목으로 발표되었다. 리처드 고트는 저명한 천문학자로, 나와 마찬가지로 '우주 속에 다른 생명체가 존재하는가'라는 문제를 주된 연구과제로 삼고 있다. 그가 논문 제목으로 삼은 '코페르니쿠스의 원리'란 인간이 우주 속에서 특별한 위치를 차지하지 않는다는 것이다. 그 원리에 코페르니쿠스의 이름이 붙은 이유는 그가 태양계의 중심이 지구가 아니라 태양이라는 사실을 최초로 입증했기 때문이다. 코페르니쿠스의 이단적인 이론이 정통으로 받아들여진 이후에 우리는 점차 인간이 광대한 우주 속에 무수히 많고 지극히 평범한 은하의 한쪽 변방에 위치한, 역시 지극히 평범한 항성 주위를 도는 평범한 행성에 살고 있다는 사실을 깨닫게 되었다. 이제 우리의 처지는 특별하지도 중요하지도 않게 되었다. 리처드 고트에 의하면 코페르니쿠스의 원리는 우리의 상황이 시간과 공간 속에서 전혀 특별하지 않음을 강조하는 것이라고 한다.

코페르니쿠스의 원리를 시간 속에서의 인간의 위치에 적용하기 위해서, 고트는 '선험 확률priori probability'이라는 수학적 개념에 의존하고 있다. 어떤 사건이 일어날 선험 확률이란, 그 사건에 영향을 미칠 수 있는 특수한 조건이나 원인에 대해 전혀 알지 못하는 조건에서, 그 사건이 일어날 확률에 해당한다. 코페르니쿠스 원리는 우리가 몸담고 살고 있는 장소와 우리가 살아가는 시간이 절대 선험 확률을 갖지 않는다고 말한다. 예를 들어, 중심 위치는 은하계 속의 비중심 위치에 비해 훨씬 적은 선험 확률을 가진다. 따라서 코페르니쿠스 원리에 따르면 우리는 지금처럼 주변적인 위치에 살아야 하는 셈이다. 코페르니쿠스의 원리를 시간 속에서의 우리의 위치에 적용할 때, 그 원리는 고트와 내가 사람이라는 종이 처음 출발한 시기나 종말에 가까워지는 시간에 살아서는 안된다고 이야기한다. 우리는 반드시 인류 역사의 중간쯤에 해당하는 시간에 살아야 하는 것이다. 우리는 사람 종이 약 20만 년 전에 진화했다는 사실을 알고 있기 때문에, 특별하지 않은 시간 속에 살고 있는 우리의 삶 자체가 우리 종이 미래에 지속될 수 있는 기간이 대략 20만 년 정도 될 것임을 시사하고 있다. 20만 년이라면 현재 남아 있는 은하계나 태양, 또는 지구의 수명에 비교한다면 무척이나 짧은 기간이다. 내가 리처드 고트의 주장을 비관적이라고 부르는 까닭은 바로 그 때문이다. 그는 인류가 계속 살아남을 수 없으며 기껏해야 수백만 년 후에는 멸종하고 말 것이며, 따라서 은하계를 넘어 다른 은하에 진출하거나 우주 식민지를 건설할 수 있을 만큼 오랫동안 지속되지 못할 것이라고 예측하고 있다.

고트의 주장 역시 맬서스와 같은 약점을 가지고 있다. 두 사람 모두 실세계를 기술하는 데 추상적인 수학적 모형을 적용하고 있다. 고트가 그의 코페르니쿠스 원리를 우리가 살고 있는 실세계에 적용할 때, 그는 선험 확률이 실제 가능성을 예측하는 데 사용될 수 있다고 가정하고 있다. 사실 우리는 우리의 존재를 둘러싸고 있는 특수 조건들에 대해 완전히 무지하다. 따라서 선험 확률을 통해서는 어떤 일이 실제로 일어날 가능성이 있고, 어떤 일이 그렇지 않은지에 대해 지극히 빈약한 추측밖에 할 수 없다.

리처드 고트의 에세이를 읽고 잠깐 생각에 잠긴 다음, 나는 다음과 같은 편지를 썼다. 그 편지에서 나는 그의 주장이 매우 중요하고 많은 것을 깨우쳐 준다고 생각하지만 그가 내린 결론에 동의할 수 없는 이유를 설명했다.

친애하는 리처드에게

잘 있었나, 미스터 맬서스. 코페르니쿠스의 원리가 갖는 함축에 관한 자네의 몹시도 비관적인 글을 보내준 데 대해 고

맙게 생각하네. 자네 주장의 논지는 나무랄 데 없네. 나는 그처럼 단순하고 그럴듯한 가설을 토대로 그토록 풍부한 결론을 이끌어낼 수 있는 자네의 능력에 찬사를 보내는 바일세. 자네 말처럼 그 가설은 검증이 가능하고, 따라서 정당한 과학적 가설이네. 자네 주장의 선배격인 위대한 토머스 로버트 맬서스도 자네와 마찬가지로 검증 가능한 가설에서 비참한 결론을 이끌어냈지. 그렇지만 내 판단으로 두 사람 모두 전제로 삼은 가설은 사실에 비추어 너무 단순하다고 생각하네. 그렇지만 그 가설에서 도출되는 결론에 대해 연구하는 것은 유용하다고 생각하네. 그 결론들이 앞일을 생각하지 않는 버릇이 있는 인간이라는 종에게 하나의 경고로 작용할 수 있기 때문이지.

나는 아직 어린아이였던 1930년대에 있었던 일을 아직도 기억하고 있네. 그 무렵만 해도 아직 영국이 세계의 강대국 지위를 유지하고 있었는데, 나는 내 개인적인 위치가 갖는 역설 때문에 상당한 혼란에 빠졌었지. 나는 강대국 중에서도 지배층 계급으로 태어났네. 그것은 내가 전 세계 인구 1퍼센트 중에서 다시 상위 10퍼센트에 속하게 되었다는 뜻이지. 내가 그런 행운을 누릴 수 있었던 확률은 1000분의 1밖에 되지 않네. 그렇다면 내 행운을 어떻게 설명해야 할까? 나는 만족할 만한 해답을 얻을 수 없었네. 내가 전 세계의 모든 지역에 태어날 동등한 선험 확률을 가진다는 생각이 내가 상층

민인 영국인으로 태어났다는 사실과 모순을 일으켰지. 이 경우에 동등한 선험 확률이라는 개념은 통용되지 않는 것처럼 생각되었네.

나는 자네의 글을 읽으면서 그 속에 내 탄생과 얽힌 역설 또한 들어 있다는 사실을 발견했네. 동등한 선험 확률이라는 개념은 우리가 특정 확률로 기울어질 수 있는 특정 사실들에 대해 완전히 무지할 때에만 의미를 갖는다네. 만약 우리가 우연히 어떤 불가능한 사건이 실제로 벌어졌다는 것을 알게 되었다면, 그와 연관된 모든 사건들이 일어날 확률은 완전히 바뀌어버리고 말 것일세.

그러면 한 가지 가상의 예를 들어보겠네. 먼 우주 공간에 있는 두 개의 행성에 외계 문명이 있다는 사실을 발견했다고 가정하세. 우리는 그들과 접촉하기 위해 사절을 파견하고 두 행성 중 한 곳에 우리의 거주지를 세우기로 했네. 두 행성에 모두 사절을 파견하려면 너무 큰 비용이 들기 때문에 동전을 던져서 어느 행성을 방문할 것인지 선택하기로 했지. 그런데 A라는 행성에는 사절로 파견된 지구의 방문객들을 그 자리에서 잡아먹는 식인종들이 살고 있고, B 행성에는 우리 사절들을 동물원에 가두어 놓고 자식을 낳아 기르게 하면서 향후 십억 년 동안 닥칠 수 있는 모든 종류의 위험에서 보호해 주는 인자한 동물학자들이 살고 있었네. 그런데 우리가 어느 행성을 방문할 것인지 결정을 내리는 순간, 우리는 외계인들에 대한 이런 사실들을 전혀 모르고 있었네. 그런데 자네의 코페르니쿠스 가설에 따르면, 우리가 행성 B를 방문했을 때 우리 종이 살아남을 수 있는 가능성은 행성 A를 방문했을 경우나 지구상에서 정상적인 생물의 영고성쇠에 의해 수백만 년 이내에 인류가 멸종하게 될 확률보다 훨씬 작을 것이네. 그러나 우리는 이 가상의 예에서 행성 A와 B 두 곳의 확률이 같다는 것을 알고 있네. 우리가 든 보기에서 가장 중요한 요점은 단일한 있을 성싶지 않은 사실, 그러니까 이 경우에는 행성 B에 존재하는 인자한 지적 생물체에 대한 지식이 인류의 지속기간의 선험 확률에 대한 코페르니쿠스적인 예측을 완전히 틀리게 만들었다는 것일세.

그러면 가상의 예에서 다시 우리의 실제 상황으로 돌아가기로 하세. 내 생각으로는 코페르니쿠스 가설이 단 하나의 있음직하지 않은 사실, 다시 말해서 우리가 지극히 우연히 어느 한 시점, 그러니까 수백 년 이내에 인류가 지구라는 행성을 벗어나 우주 전체로 확산되어 나갈 수 있는 어느 한 시점에 살고 있다는 사실을 앎으로써 언제나 오류로 밝혀지는 것 같네. 여기에서 사람이라는 종 전체가 이 가능성으로 이익을 얻을 수 있을지 여부는 아무런 관계도 없네. 요점은 현재 그럴 가능성이 분명히 있으며, 지난 40억 년 동안에는 없었다는 점이네. 그런데 공교롭게도 우리는 운 좋은 시기에 태어났지. 그로 인해 이익을 얻을 수 있든 없든 간에 말일세. 이 있을 법하지 않은 사실에 대한 지식이 모든 선험 확률을 바꾸어 놓는 것이네. 왜냐하면 우리가 지구에서 벗어난다는 사실이 우리가 따라야 하는 게임의 규칙 자체를 바꾸어 버리기 때문이지.

코페르니쿠스 가설에 대한 또 하나의 반증은 우리가 - 역시 공교롭게도 - 유전공학이 등장한 시점에 살고 있다는 사실에서 발생하네. 다윈이 주장했듯이 과거에 거의 대부분의 생물은 오늘날까지 후손을 남기지 못했네. 그 까닭은 이종교배가 불가능했기 때문이었지. 종들의 절멸이란 후손의 대가 끊기는 것을 뜻하지. 그렇지만 미래에는 게임의 규칙이 달라질 수 있네. 유전공학은 종들 사이에 가로막혀 있던 장벽을 흐려놓거나, 심지어는 허물어뜨릴 수도 있네. 따라서 종의 절멸이 더 이상 분명한 의미를 갖지 않게 될 수 있다는 뜻이지. 그렇게 되면 종의 존속과 후손의 지속이라는 코페르니쿠스 가설은 더 이상 효용성을 유지할 수 없게 되지.

결론적으로 내가 자네 주장의 논리에 이의를 제기하는 것이 아님을 다시 한번 강조해 두기로 하세. 나는 단지 자네가 전제로 삼고 있는 가설의 타당성을 반박하는 것일세. 만약 코페르니쿠스 가설이 옳다면, 거기에서 이끌어낸 자네의 결론 또한 옳을 걸세. 나는 자네가 그처럼 분명하고 솔직하게 결론을 제기했다는 점에 대해 무척 기쁘게 생각하네. 단지 나는 일반 대중들이 자네의 가설을 이미 인정된 이론으로 잘못

받아들이는 사태를 막고자 했을 뿐이네. 자네보다 앞서 같은 주장을 펼쳤던 맬서스의 전례를 통해 우리는 충분히 그럴 위험이 있다는 사실을 잘 알고 있네. 맬서스 예측의 무비판적인 수용은 이후 100여 년 동안 영국의 정치적, 사회적 발전에 크나큰 장애로 작용하지 않았는가? 나는 오늘날 이루어지고 있는 발전을 가로막는 자네의 결론을 일반인들과 사회가 또다시 무비판적으로 받아들이는 사태를 자네가 결코 허용하지 않을 것이라고 굳게 믿네.

그처럼 중요한 문제를 전혀 새로운 시각에서 고찰할 수 있는 소중한 기회를 마련해준 자네에게 진심으로 감사하네.

프리먼 다이슨   369

이 편지로 나와 리처드 사이의 논쟁이 끝나지는 않을 것이다. 나는 리처드의 답장을 기다리고 있다.

프리먼 다이슨(FREEMAN DYSON)은 영국의 물리학자이며 수학자, 미래학자이다. 그는 2020년 세상을 떠나기 전까지, 과학자가 아닌 일반인들을 위한 대중서를 집필하는 제 2의 경력을 선택한 전문 과학자이다. 그는 자신의 과학적 활동 영역을 공학, 정치학, 무기 통제, 역사, 문학 등 여러 분야로 확산시키기 좋아한다. 그의 글은 대부분 그가 직접

본 사람과 사물에 대한 것이지만, 때로는 그가 상상한 사람과 사물을 다루기도 한다.

그는 영국에서 태어나 성장했고, 2차 세계대전에는 영국 공군의 폭격기 사령부에서 전쟁지원과학자로 근무하기도 했다. 전쟁이 끝난 후 미국으로 이주한 그는 원자론과 복사와 관련된 난해한 수학적 문제들을 해결하는 데 탁월한 능력을 발휘해 명성을 얻었다. 그는 1953년 이래 그는 뉴저지에 있는 프린스턴 고등학술연구소 물리학 교수를 역임했다. 그가 평생 추구해 온 중심 주제는 다양성이다. 여기에는 사람의 다양성, 과학 이론의 다양성, 기술의 다양성, 문화의 다양성, 언어의 다양성 등이 포괄된다. 그는 일반 독자들을 대상으로 한 많은 저서를 집필했다. 『과학은 반역이다』, 『프리먼 다이슨의 의도된 실수』 등이 있다.

지구의
상속자는
누가 될까

나일스 엘드리지
Niles Eldredge

더그와 그레그, 나의 두 아들에게

어느 시대든 사람들은 전보다 사정이 나빠졌다고 말하곤 한다. 이 말은 모호하지만 너희들은 그 뜻이 무엇인지 잘 알고 있을 것이다. 엘링턴 공작이 간결하게 표현했듯이 '만사가 예전만 못하다'는 의미이다. 모두 "아마도 이번에는 정말 나쁜 소식이 들려올 것이다. 이제 세상은 돌이킬 수 없는 구렁텅이로 빠져들 것이다"라고 생각하고 있다.

너희들은 아빠와 함께 야외에서 3억 8000만 년이나 된 삼엽충, 앵무조개, 그리고 그 밖에 아주 오래전에 멸종한 고대 생물들의 흔적을 수집하면서 성장해 왔다. 너희들은 멸종과 진화가 마치 어깨동무라도 하듯 함께 진행된다는 것을 알고 있다. 그리고 생물의 경이스러울 정도의 풍부함도 보았다. 너희는 생명이 영겁에 가까운 기나긴 시간 동안 극복해 온 무수한 난관들만큼이나 강인하고, 또한 끈질긴 복원력을 가졌다는 사실을 잘 알고 있다. 생물은 아무리 힘든 역경도 이겨냈고, 우리는 최소한 35억 년이나 되는 장구한 생명의 역사를 추적할 수 있는 기록을 가지고 있다.

그런데 너희도 잘 알고 있고 나름대로 걱정하고 있겠지만, 새로운 멸종의 물결이 일고 있고 이미 그 파도는 오늘날까지 살아남은 수백만이나 되는 생물종들을 집어삼키고 있다. 생명은 원상을 회복하는 강한 힘을 가지고 있기 때문에 현재 진행되고 있는 대량 멸종의 파고를 헤치고 궁극적으로는 갖가지 색과 형태의 새로운 진화적 다양성을 꽃피워 낼 수도 있다. 그러나 그런 생각은 당면한 현실로 지금 이곳에서 살아가는 우리들에게 - 특히 앞으로 살아갈 날들이 지금까지 살아온 날에 비해 훨씬 긴 너희와 같은 아이들에게는 - 그다지 큰 위안이 되지 못한다.

너희도 나만큼이나 통계에 대해 잘 알고 있을 것이다. 하버드 대학의 E. O. 윌슨 교수의 조사에 따르면 1년에 무려 2만 7000종의 생물이 멸종하고 있다(1시간에 3종이 사라지는 꼴이다!). 지난 5억 4000만 년을 되돌아보면 우리는 과거에 벌어졌던 대량 멸종 사태의 원인이 서식지 파괴와 생태계 붕괴였음을 알 수 있다. 사람이 지구라는 무대에 등장하기 전까지는 급격한 기후 변화로 (최소한 한 번은 혜성의 대충돌에 따른 영향으로) 대량 멸종이 일어났다. 오늘날 우리는 이번 대량 멸종의 범인이 우리 사람 종인 '호모 사피엔스'라는 것을 명백히 알고 있다.

우리는 줄곧 육지의 표면을 벗겨내고, 불 지르고, 파헤치고, 덮어씌워 왔으며 그 범위는 날로 넓어지고 속도는 한층 더 빨라지고 있다. 우리는 농경을 통해 육지의 생태계를 단종單種

재배지로 변화시켰다. 우리는 인간과 인간의 부속물로 전락한 일부 공생종을 제외하고는 다른 생물들을 찾아볼 수 없는, 오직 콘크리트, 강철, 플라스틱, 그리고 유리로 뒤덮인 거대한 환경을 창조했다.

우리는 냇물이나 강의 흐름을 바꾸었고, 농경이나 산업용 수들은 우리의 강, 호수, 그리고 이제는 바다까지 오염시키고 있다. 그리고 우리의 산업활동이 대기에 미친 직접적이고 위험스러운 부작용에 대해서는 너희도 잘 알고 있을 것이다. '온실효과 가스들(이산화탄소와 같은)'로 인한 전지구적 온난화, 그리고 오존(O^3)과 클로로플루오로카본(더운 여름철에 우리가 가정, 사무실, 자동차의 냉방에 사용하는 프레온 가스와 같은) 사이에 일어나는 화학반응으로 날로 커지는 오존 구멍 등이 그것이다.

인간 활동으로 인한 생물 서식지의 직접적인 파괴는 과거에 생태계를 변화시켰던 기후변화와 정확히 같은 것이다 - 둘다 비교적 급격하게 엄청난 수의 생물종의 절멸을 촉발시킨 변화이다. 우리는 무시무시한 악순환의 고리에 옴짝달싹 못하게 간혀버린 셈이다. 우리 인간들에게는 영원히 채워지지 않는 집단 욕망이 있는 것 같다. 그리고 부단히 향상되는 효율성으로 자원을 '개발'하고 이용하는 끝없는 능력이 있는 것 같다. 그렇지만 우리가 돌파구를 마련할 때마다 인구는 급증했다.

이것이 악순환이다. 너희들은 이렇듯 만연한 인간의 자연 파괴의 진정한 이유가 스스로 제어하지 못하는 인구 증가에 있다는 것을 알 수 있을 것이다. 인류가 처음 농경을 시작하던 1만 년 전만 해도 지구상에 살고 있던 사람의 수는 채 100만 명도 안 되었다. 오늘날 세계 인구는 60억이고(2025년 현재 기준 세계 인구는 약 80억이다 - 옮긴이) 그 수는 날로 늘어가고 있다. 사람들이 늘어날수록 더 많은 자원이 요구된다. 그리고 더 많은 자원 개발은 다시 - 잠시 후 이야기하게 될 희귀하지만 중요한 한 가지 자원을 제외하고 - 더 큰 인구 증가를 불러온다.

　　물론 문제는 우리 사람이라는 종이 위기에 직면하고 있다는 사실이다. 문명세계에서 인구폭발이 크나큰 재앙을 불러오지 않는다 하더라도 - 기근, 전쟁, 질병(현대의학의 기적에도 불구하고) 등에 의해 - 여전히 우리 종은 자신이 만들어낸 발명품에 의해 수백만에 달하는 다른 생물종들과 함께 대량 멸종이라는 벼랑으로 떠밀릴 위험에 직면해 있다. 따라서 아직도 많은 사람이 그렇게 믿고 있듯이, 우리가 더 이상 자연계의 일부가 아니기 때문에 생태계나 다른 생물종에게 일어나는 일은 우리 자신과는 아무런 상관도 없다는 생각은 지극히 잘못된 것이다.

　　오늘날의 중동지역에서 농경이 처음 발명되고 예상 가능한 식량 공급을 토대로 정착생활이 가능해지면서 인류의 숱한 성취가 이룩된 이래, 지난 수만 년 동안 우리들은 그런 생각을 해왔다. 우리가 이룩한 성취 중에는 문자도 포함되어 있다. 우리는 과도기에 중요한 영향을 미쳤던 몇 안 되는 문헌 중 하나인 유대-기독교의 성경을 가졌다는 점에서 다행스러운 셈이다. 왜

나하면 자연에 대한 인간의 태도를 영구적으로 바꾸어 놓은 사건은 다름 아닌 농경이었기 때문이다. 우리가 '성경'이라 부르는 문헌을 집필한 민족도 그 사실을 잘 알고 있었으며, 실제로 농경에 대해 많은 기록을 남기고 있다.

　　창세기에는 여러 가지 이야기가 들어 있다. 거기에는 우주의 기원을 다룬 2.5개의 버전, 그러니까 두 가지 이야기와 절반쯤 다른 버전도 포함되어 있다. 창세기는 우리가 하느님의 형상대로 빚어졌고, 지구와 그 피조물들을 '지배'할 수 있는 권한을 부여받았다고 이야기한다. 그러나 나는 하느님이 자신의 형상대로 우리를 빚은 것이 아니라 우리가 자신의 모습대로 신을 만들었다고 생각한다. 물리적인 지구가 아주 오랜 역사를 가지고 있으며, 일종의 '진화'가 태양계, 우리 은하계, 그리고 전 우주의 생성과 함께 이루어졌다는 나의 믿음을 굳이 너희들에게 이야기할 필요는 없을 것이다. 너희들은 모든 종이 – 현재 살아 있든 멸종했든 간에 – 약 35억 년 전에 생물학적 진화라는 자연적인 과정에 의해 단일한 공통 조상으로부터 진화했다는 나의 신념에 대해서도 잘 알고 있을 것이다. 그리고 내가 우리 '호모 사피엔스'도 다른 종들과 마찬가지로 진화의 산물이라고 확신한다는 것도 물론 알고 있을 것이다.

　　오늘날 우리는 창세기를 우주의 역사나 지구상 생명체의 역사에 관한 정확한 묘사로 생각하면서 읽지는 않는다. 그러나 우리는 성경을 세심히 읽으면서 수천 년 전의 고대 석학들의 마음속에 인간의 모습이 어떻게 비쳤는지 그들의 관점을 살펴보아야 한다. 창세기에는 매우 중요한 진실, 다시 말해서 인간이 자연계 속에서 자신의 위치를 변화시켰다는 인식이 들어 있기 때문이다.

오직 인간을 제외하고 모든 종은 상대적으로 적은 수만이 남아 있다. 그리고 그 집단들은 국부적이고 역동적인 생태계 속에 통합되어 있다. 뉴욕 센트럴 파크에 살고 있는 다람쥐들은 뉴저지 강 너머에 살고 있는 자신들의 동료들보다는 공원의 오크나무가 얼마나 건강한지, 그리고 이웃 숲의 외양간 올빼미가 어디쯤 있는지에 더 큰 관심을 갖고 있다. 우리 조상들 역시 마찬가지였다. 그리고 오늘날에도 작은 집단을 형성하고 살아가면서 국부 생태계에 결정적인 역할을 미치는 사람들(그들 자신도 멸종 위기에 내몰리고 있다)이 간혹 있다. 브라질과 베네수엘라의 아마존강 유역에 살고 있으며 금광 채굴자들에 의해 살육된 종족인 야노마미족Yanomami이 대표적인 경우이다.

농경은 모든 것을 바꾸어 놓았다. 농경을 통해 우리는 실질적으로 국부 생태계에 대해 전쟁을 선포하고 일방적인 공격을 시작한 셈이다. 우리가 재배하는 한두 종을 제외한 모든 식물은 어느 한순간에 갑작스럽게 '잡초'의 신세로 전락하고 말았다. 우리가 사육하거나 가끔씩 사냥을 즐기는 일부 종을 제외한 모든 동물들도 성가신 '해를 끼치는 동물'로 내몰렸다. 그리고 우리 자신은 마치 자연으로부터 자유로워진 것 같은 착각에 빠졌다. 우리는 자연이 매년 베풀어주는 하사품에 더 이상 의존하지 않게 되었다. 그리고 자연을 무시할 수 있게 되었고, 자연에서 벗어났으며, 이제 자연 위에 군림하게 되었다는 생각을 하게 되었다. '지배자'의 지위를 얻게 된 것이다.

이러한 변화가 일어나자 인구가 늘어나기 시작했다. 고작 1만 년 동안 인구는 100만에서 60억으로 급증했다! 그리고 잠시 동안 우리는 새롭게 얻은 자유를 만끽할 수 있는 듯했다. 아무리 파괴해도 자연은 아무런 해도 입지 않는 것처럼 보였다. 토양이 소실되면 다른 곳을 주거로 삼았다. 그리고 자연이 스스로 그 손상을 치유하게 했다 - 이것은 우리가 믿고 싶어 하는 만큼 자연으로부터 독립하지 못했다는 것을 보여주는 충분한 증거이다.

그러나 이제 우리는 - 물론 모든 사람에게 적용되는 이야기는 아니지만 - 지구의 모든 사람을 먹여 살리기에는 자원이 부족한 지점에 빠르게 다가가고 있다. 토머스 맬서스는 18세기 말에 이런 사태가 올 것을 알았다. 그러나 메릴랜드 대학의 줄리언 시몽과 같은 일부 경제학자들은 우리에게 위험이 닥치고 있다는 사실을 끝내 부인한다. 그들은 산업화로 얻은 부富가 인구 증가를 안정시킬 것이라고 주장한다. 그러나 제3세계의 생활 수준이 미국의 수준에 도달할 가능성은 거의 없는 것처럼 보인다. 그러나 실정은 어떠한가? 특권을 누리고 있는 부유한 나라 국민들의 1인당 자원 소비량은 방글라데시 주민들에 비해 30배가 넘는 실정이다. 그런 의미에서, 미국이 세계 경제에 미치는 실질적인 영향을 계산하려면 그 인구에 30배를 곱해야 한다.

지금까지 한 이야기들은 한결같이 비관적인 것들이었다. 얼핏 생각하면 어느 시대든 사람들이 늘상 입버릇처럼 되뇌이는 '큰일이야. 세상이 잘못되고 있어' 식의 한탄을 되풀이하는 것처럼 들릴지도 모른다. 그러나 그런 푸념을 늘어놓으려는 것은 물론 아니다. 내가 이야기하려는 것은 실제로 내가 그렇게 생각하지 않는다는 것이다. 이 글을 쓰는 이유도 바로 거기에 있다.

농경은 인류의 선사시대에 일어난 문화적인 진화의 숱한 사건들의 긴 연쇄에서 극적인 첫 번째 사슬을 끼운 것에 불과하다. 약 250만 년 전 물질문화가 출현한 이래, 인간의 생태학적 역사는 '어떤 식으로든 기후에 영향을 미치려는' 기나긴, 때로 아주 영리하고 성공적인 시도로 읽을 수 있다. 가령 불의 발견으로 우리의 선조인 '호모 에렉투스Homo erectus(직립원인)'는 약 100만 년 전에 아프리카를 벗어나 빙하시대 유럽에서 새롭게 진화한 짐승들을 사냥하기 위해 차가운 빙하시대의 기후를 무릅쓰고 북쪽으로 이주할 수 있었다.

농경은 원래 자연에 대항하기 위한 계획이 아니었다 – 농경은 단지 식량 공급을 좀 더 확실하게 보장받기 위한 부단한 문화적 적응 전략의 연장선일 뿐이었다. 중요한 점은 우리가 창세기에서 읽을 수 있는 신화가 – 우리가 누구이고, 인간과 자연의 관계가 어떠한 것인지에 대한 – 새롭게 획득된 인간의 상태를 설명하고 있다는 점이다. 어느 시대든 사람들은 이런 류의 그럴듯한 이야기, 자신과 자신을 둘러싸고 있는 세계와의 관계를 설정해 주는 설명을 필요로 하기 마련이다.

창세기의 신화는 당시로서는 적절한 이야기였다. 사실 나는 아득한 고대에서부터 우리에게 전해져 온 신神이라는 개념이 국부 생태계의 한계를 벗어나려는 인간들의 의식적인 노력을 뒷받침하기 위해 모든 것을 포괄할 수 있는 강력한 무엇을 창조해야 한다는 필요를 반영하고 있다고 생각한다. 여전히 국부 생태계 속에서 살아가는 사람들은 그들을 둘러싸고 있는 여러 생물종에게 영혼을 불어넣는 경향이 있으며, 전지전능한 신을 숭배하고 그를 통해 위안을 얻어야 할 아무런 필요도 느끼지 않았다.

그러나 그것은 중요한 이야기가 아니다. 다시 말하자면, 지배 신화는 사실과 잘 부합하는 것처럼 보인다. 우리는 마치 자연에서 벗어난 존재인 것처럼 보인다 – 처음에는 우리도 자연의 일부였다는 사실을 부인할 수 있는 한에는 말이다.

그러나 그런 이야기는 더 이상 통용되지 않는다. 그런 주장 속에는 미래에 대한 실질적인 희망이 들어 있다. 우리는 그 이야기를 수정해야 한다. 우리는 결코 – 실제로 단 한 번도 – 자연을 벗어나지 못했으며, 단지 그 속에서의 우리의 위치를 부단히 재조정해 왔을 따름이다. 이제 우리는 더 이상 아무런 대가도 치르지 않고 국부 생태계를 파괴할 수 없다. 심지어《뉴욕 타임스》도 언젠가는 늪지의 배수排水와 오염이 연안 해양 생물들을 고갈시켜 우리 경제와 생계에 크나큰 위협으로 작용할 것이라는 사실을 인식하고 있다.

우리는 전 지구적 환경과 총체적으로 상호작용하는 전 지구적 종이라는 점에서 독특한 존재이다. 내적으로 우리는 매일같이 전 세계적으로 1조 달러를 유통한다. 그리고 자연계에 대해 그만큼의 악영향을 입히고 있다.

그러는 동안 대기권, 수권, 암석권(지각), 생물권과 같은 전 지구적 시스템들은 정상상태를 유지하기 위해 힘든 싸움을 벌이고 있다(물론 의식적인 것은 아니지만, 단순한 물리학이나 화학의 차원을 넘어서는 자연의 상호작용이라는 거대한 순환을 통해). 지구 생태계의 건강은 전체를 구성하는 국부 생태계 건강성의 축적 그 이상도 이하도 아니다. 국부 생태계와 지구 전체의 생태계는 복잡한 에너지 흐름을 통해 긴밀하게 상호 연관되어 있다. 열대우림을 벌채하면 강우 패턴이 변화하고, 그로 인해 바다로 흘러들어가는 양분의 흐름이 바뀌게 된다. 해수면을 오염시키면 대기 중으로 산소를 공급하는 주된 원천이 그만큼 줄어드는 것이다. 따라서 우리가 자연에서 벗어난 존재라는 식의 생각은 한마디로 웃기는 착각에 불과하다. 이제 우리는 똑똑히 사태를 직시해야 한다. 우리는 그동안 자연 속에서 차지하는 우리들의 위치, 자연과 우리와의 관계를 극적으로 변화시켜 왔다. 그러나 우리는 인류 역사상 단 한 번도 자연을 벗어나지 못했다. 그리고 지금 우리는 우리 자신, 그리고 우리의 동료인 무수한 생물종들을 멸종의 위기로 몰아넣고 있다.

그렇다면 무슨 조치를 취해야 할까? 인구 증가를 억제해야 한다. 어떻게? 경제 개발이 그런 역할을 하는 경향이 있다. 그러나 현실적으로 이런 조치는 이미 때늦은 것이다. 제3세계 경제를 현재의 산업국 경제 수준으로 끌어올릴 방도는 없다. 그렇지만 전혀 해결방안이 없는 것은 아니다. 교육이 그와 비슷한 효과를 일으키고 있다는 바람직한 징후가 나타나고 있다. 특히 교육, 선거권, 여성들의 경제활동 참여 허용 등이 그런 역할을 하고 있다. 자료상으로는 여성들에게 다른 삶의 방식이 주어지기만 한다면 다산多産을 피하고 새로운 생활을 찾으려는 욕구가 강렬하다는 것이 입증되고 있다.

따라서 교육이 문제를 해결할 수 있는 중요한 열쇠가 될 가능성이 높다. 우리는 현재 우리가 처한 상황을 있는 그대로 직시해야 한다 – 그리고 현명하게 대처해야 한다. 우리는 모든 종들 중에서 유일하게 (나는 그렇게 생각한다) 인지능력과 진정한 문화를 가지고 있다. 우리는 우리의 문화, 우리의 지략, 영리함을 발휘해서 우리의 생태적 적응을 향상시켰고, 우리의 생활방식, 우리를 둘러싼 가혹한 물리적 현실을 타개해 왔다.

우리는 기후에 무언가를 하려는 시도를 계속해야 한다. 그러나 자신에 대한 신화, 우주가 인간을 위해 창조되었다는 식의 잘못된 신화를 버려야 한다. 우리는 스스로가 자연의 일부이며, 동시에 전지구적 종이라는 특수한 위치를 가지고 있다는 사실을 올바로 인식해야 한다. 우리는 자원에 대한 접근이 증가하면

Niles Eldredge

인구도 함께 늘어나는 자연적인 생물학적 순환의 고리를 끊어야 한다. 우리는 자신이 누구인가를 올바로 직시하고 스스로가 호모 사피엔스, 즉 '현명한 인간'이라는 사실을 알아야 한다.

지구가 우리의 소유물이 아니라는 사실을 인정한다면, 스스로를 조절하고, 제어하고, 생태계를 복원시키고, 다른 종들의 멸종을 막고 함께 살아갈 수 있게 한다면, 우리가 다른 생물들과 함께 계속 살아남아 지구를 후손들에게 물려줄 수 있는 충분한 가능성이 있다. 바람직한 징후들이 벌써 나타나고 있다. 가령 파괴된 오존층이 다시 복원되고 있는 것이다. 그것은 사람들이 오존층 파괴의 위험을 자각하고, 전 지구적인 단결된 행동으로 단호한 조치를 취한 덕분이다. 이제 우리가 누구이고, 우리가 어떻게 자연계와 조화롭게 살아가야 하는가에 대한 조금 더 정확한 전망을 갖는 작업을 완수할 책임은 너희에게 있다.

행운을 빈다!

아빠가

나일스 엘드리지(NILES ELDREDGE)는 미국자연사박물관에서 열정적인 연구와 조사 작업을 벌여온 고생물학자이다. 그는 자신의 전 연구 경력을 진화론과 화석기록을 일치시키는 작업에 쏟아부었다. 1972년에 그는 스티븐 제이 굴드와 함께 단속평형설(punctuated equilibria)을 주장했다. 그 이후 엘드리지는 생물계의 계층구조, 그리고 생태와 진화 사

이의 관계의 본질에 대한 자신의 견해를 한층 발전시켜 나갔다. 또한 그는 지질학적 과거에 이루어진 대량 멸종과 그 사건들이 오늘날의 생물학적 다양성의 위기에 어떤 암시를 주는지 밝혀내는 일에 중점을 두었다.

엘드리지는 수백 편의 과학 논문, 평론, 저서 등을 발간했다. 그중에서 많이 알려진 것으로는 과학적 창조론을 다룬『몽키 비지니스』, 자신이 주장한 단속평형설을 설명한『타임 프레임』, 일반 독자들을 위한 자신의 과학적 자서전에 해당하는『화석』, 지질학적 과거에 벌어졌던 대량 멸종과 작금의 인간들이 초래한 생물학적 다양성의 위기 사이의 관계를 탐구한『탄광 속의 카나리아』, 철학자 마조리 그린과의 공저로 사회생물학의 극단적인 다윈주의를 공격한『상호작용』등이 있다.

엘드리지는 여러 대학과 연구소에서 진화론과 생물학적 다양성과 관련된 여러 가지 주제로 정기적인 강연을 하고 있으며, 미국 박물관 순회 프로그램으로도 강연을 하고 있다. 그는 열정적인 새 관찰자이며, 트럼펫과 코넷 연주를 매우 즐기며 수집광이기도 하다.

과학은
모든 의문에
답할 수 있는가

마틴 리스
Martin Rees

과학은 모든 의문에 답을 줄 수 있을까? 프랑스의 철학자 오귀스트 콩트는 이 물음에 대해 부정적인 견해를 가진 사람들 중 한 명이다. 150년도 더 전에 그는 "항성들을 이루는 성분은 무엇일까?"처럼 답할 수 없는 질문을 던져 과학이 모든 답을 줄 수 없음을 입증했다. 그렇지만 빠른 속도로 그의 생각이 잘못임이 입증되었다. 19세기가 채 끝나기도 전에 천문학자들은 그가 낸 문제의 답을 알아내는 방법을 찾았다. 별빛이 프리즘을 통과해서 스펙트럼으로 확산되는 모습에서 우리는 산소, 나트륨, 탄소 등 여러 성분을 나타내는 색色을 발견할 수 있다. 결국 항성들도 우리 지구에서 찾아볼 수 있는 것과 같은 종류의 원자들로 구성되어 있음이 밝혀진 것이다. 아서 C. 클라크는 이런 말을 한 적이 있었다. "나이 든 과학자가 무엇이 불가능하다고 말할 때면, 그건 백발백중 틀린 것이다." 콩트는 그런 부류에 드는 학자 중 한 사람이었다.

지구상에서는 92개의 원자가 발견된다. 그런데 그중 일부는 다른 것들에 비해 훨씬 풍부하다. 가령 평균적으로 탄소 원자

10개에 대해 수소 원자 20개, 질소와 철 원자 5개를 발견할 수 있다. 그러나 금은 산소에 비해 100만 배나 희귀하고, 백금이나 수은과 같은 원소들도 찾아보기 힘들다. 그런데 괄목할 만한 사실은 이 비율이 항성에서도 거의 비슷하다는 점이다.

그렇다면 다른 종류의 원자들은 어디에서 온 것일까? 어떤 원자가 다른 원자에 비해 흔한 데는 무슨 까닭이 있는 것일까? 그 답은 항성 자체에 있다. 상상할 수 없을 만큼 뜨거운 항성의 내부는 연금술사들의 꿈을 충분히 만족시켜 줄 수 있는 장소이다. 그곳에서 비₤금속이 금으로 바뀌기 때문이다.

지금까지 영어로 쓰인 모든 문서는 26자의 알파벳으로 이루어져 있다. 그와 마찬가지로 원자들도 이루 헤아릴 수 없을 만큼 다양한 방식으로 결합해 분자를 구성할 수 있다. 그중 일부는 물H_2O이나 이산화탄소CO_2처럼 간단하지만, 다른 것들은 수천 개나 되는 원자들을 포함한다. 화학은 이런 원자들의 결합 방식을 연구하는 과학 분야이다.

생물체(우리 자신을 포함해서)의 가장 중요한 구성 성분은 탄소와 산소 원자이다. 그 원자들은 (다른 원자들과) 서로 결합해서 마치 사슬처럼 기다랗고 엄청나게 복잡한 분자들을 형성한다. 만약 이런 원자들이 지구상에 풍부하게 존재하지 않았다면 우리는 태어날 수 없었을 것이다.

원자 자체도 그보다 더 작은 소립자들이 모여 이루어진다. 모든 원자는 원자핵 속에 고유한 양성자(양전하를 띤다) 수를 가지며, 그와 같은 수의 전자(음전하를 갖는다)들이 원자핵 주위의 궤도에 있다. 이 수를 원자번호라고 부른다. 수소의 원자번호는 1이며, 우라늄은 92이다.

모든 원자들이 동일한 소립자로 구성되어 있기 때문에 그 소립자들이 다른 것으로 바뀔 수 있다고 해도 놀랄 일은 없다. 예를 들어, 핵폭발이 일어날 때 실제로 이런 일이 일어날 수 있다. 그러나 원자들은 매우 '강하기' 때문에 생물체 속이나 과학자들의 실험실 속에서 일어나는 화학반응 정도로는 그 자체가 깨지지 않는다.

지구상에서 일어나는 어떤 자연적인 과정process도 원자를 창조하거나 파괴할 수 없다. 삼라만상을 구성하는 가장 기초적인 벽돌에 해당하는 화학원소는 약 45억 년 전에 태양계가 생성될 때 동일한 조성을 가지게 되었다. 여러분은 왜 원자들이 맨 처음에 이런 소립자 구성을 (마치 선물처럼) '할당받게' 되었는지 알고 싶을 것이다. 그리고 창조자가 92개의 손잡이를 돌렸다는 식의 설명으로는 만족할 수 없을 것이다. 그렇지만 과학자들은 항상 복잡한 구조를 추적해서 단순한 출발점을 얻으려는 시도를 계속해 왔다. 그 한 가지 보기로 천문학자들은 다음과 같은 핵심적인 통찰을 제공했다. 우주는 탄생 초기에 아주 간단한 원자들로 출발했고, 그 원자들이 항성 내부에서 무거운 원자들로 변화되었다는 것이다.

태양을 비롯한 항성들은 기체로 이루어진 거대한 구球이

다. 항성 내부에서는 중력과 압력이라는 두 가지 힘이 서로 경쟁을 벌이고 있다. 중력은 모든 것을 항성 중심으로 끌어들이려 한다. 그러나 가스가 압축되면 높은 열이 발생하고, 그에 따라 압력이 생겨나서 중력과 균형을 이루게 된다. 충분한 압력을 공급하려면, 태양의 중심은 우리가 관찰할 수 있는 표면보다 훨씬 뜨거울 것이 분명하다. 실제로 그 온도는 약 1500만 도나 된다.

뜨거운 중심부에서 새어나온 열이 태양을 밝게 빛나게 한다. 태양이 사용하는 '연료'는 수소폭탄이 폭발하게 만드는 것과 똑같은 과정을 거친다. 가장 간단한 원소인 수소는 하나의 원자핵과 그 주위를 도는 하나의 전자를 가지고 있다. 태양의 중심부처럼 뜨거운 곳에 있는 기체에서 양성자들은 너무 강하게 충돌해 서로 달라붙게 된다. 이 과정을 통해 수소는 헬륨(원자번호 2)으로 변환된다. 항성 내부의 에너지 방출은 폭탄처럼 폭발적이지 않고 항상적이며 '제어'된다. 이것은 항성의 핵에서 엄청난 압력이 발생하지만 중력이 항성의 외곽층들이 바깥으로 튀어나가지 않도록 끌어당겨 '덮개를 유지'시키기 때문이다.

수소 융합으로 헬륨이 생성되는 과정에서 엄청난 열이 발생하기 때문에, 지금까지 45억 년 동안 빛과 열을 발생하면서 태양 내부의 수소는 이미 절반가량 사용되었다. 그러나 태양보다 질량이 큰 항성들은 더 밝게 빛난다. 그런 항성들의 중심에 있는 수소들은 태양보다 빠른 속도로 소모되기(그리고 헬륨으로 바뀐다) 때문에 남은 수명은 1억 년이 채 안 된다. 이런 항성들은 수명이 다하면 중력이 더 강해지고 중심부의 온도는 훨씬 높아지기 때문에 헬륨 원자들이 서로 융합해서 그보다 무거운 원자의 원자핵을 생성할 수 있게 된다. 이렇게 해서 탄소(6개의 양성자), 산소(8개의 양성자), 그리고 철(26개의 양성자) 등이 태어나게 된다. 나이가 많은 항성은 마치 양파껍질과 흡사한 구조를 가지게 되고, 안쪽의 뜨거운 층들은 무거운 원자핵으로 변한다.

이것이 천문학자들이 항성 내부에서 벌어진다고 생각하는 시나리오이다. 그러나 여러분은 이런 설명을 어떻게 검증할 수 있을지 궁금하게 생각할 것이다. 천문학자들의 수명은 항성들에 비하면 '찰나'에 불과하다. 그러나 우리는 항성들의 전체 집단을 관찰하는 방법으로 그 이론을 검증할 수 있다. 나무는 수백년을 산다. 여러분이 나무를 한 번도 본 적이 없다고 하더라도 (물론 그런 일은 있을 수 없겠지만) 숲속을 돌아다니면서 수명 주기의 여러 단계에 속하는 나무들을 모두 둘러보는 데에는 오후 한나절이면 족할 것이다. 여러분은 숲 속에서 어린 묘목, 다 자란 나무, 그리고 이미 죽어버린 고목 등을 발견할 것이다. 천문학자들도 항성들이 진화하는 과정을 추론하는 데 같은 방법을 사용한다. 우리는 크기는 제각기 다르지만 같은 시기에 생성된 항성들의 무리인 성단星團을 관측할 수 있다. 또한 새로운 항성들이 (그 중에는 새로운 태양계도 있을 것이다) 생성되고 있는 가스 구름도 찾아볼 수 있다.

그러나 우주에서 모든 일이 그처럼 느리게 진행되는 것은 아니다. 연료가 떨어지면 거대한 항성들은 위기에 직면한다. 다시 말해서 항성 중심부가 붕괴하고, 거대한 폭발이 이루어지면서 그동안 덮개 구실을 해왔던 바깥쪽 층들을 초당 수만 킬로미터의 가공할 속도로 우주 공간으로 날려버린다. 이 과정이 초신성超新星 폭발이라 불리는 것이다.

가까운 항성이 초신성 폭발을 일으키면 수 주일 동안이나 밤하늘의 어떤 별보다도 밝게 빛난다. 역사상 가장 유명한 초신성 폭발은 1054년에 관측되었다. 그해 7월에 중국의 천문학자 양 웨이테는 황제에게 이런 보고문을 올렸다. "폐하 앞에 엎드려 아뢰옵니다. 소신은 객성客星의 출현을 발견하였사옵니다. 그 별은 어슴푸레한 무지개 빛깔의 노란색으로 빛났습니다." 한 달 후에 이 '객성'은 점차 희미해지기 시작했다. 당시 중국인들을 놀라게 했던 객성이 빛나던 자리에는 오늘날 게 성운Crab Nebula 이 있다. 게 성운은 당시의 초신성 폭발의 잔해들이 우주 공간으로 확산되는 것이다. 이 성운은 앞으로도 수천 년 동안 관찰이 가능할 것이다. 그런 다음에는 멀리 흩어져 눈에 보이지 않게 될 것이고, 극히 희박한 가스와 먼지가 되어 항성간 공간으로 흩어지게 될 것이다.

이런 사건들은 천문학자들을 매료시킨다. 그렇지만 천문학자가 아닌 다른 사람들이 수천 광년 떨어진 곳에서 벌어지는 폭발에 관심을 기울여야 하는 까닭은 무엇인가? 초신성 폭발이 아니었다면 지구상에서 피어난 다양한 생물들은 존재할 수 없었으며, 우리 또한 태어나지 못했을 것이라는 사실이 밝혀졌다.

초신성이 폭발할 때 우주 공간으로 방출되는 항성의 바깥쪽 층들은 그 항성이 태어나서 수명을 다할 때까지 전 생애 동안 만들어낸 모든 원자를 포함하고 있다. 다행스러운 사실은 계산에 따르면 이 혼합물이 상당량의 산소와 탄소, 그리고 그 밖의 많은 원소를 포함하고 있다는 것이다. 계산에 의한 예상 '혼합비율'은 오늘날 우리 태양계에서 관찰할 수 있는 구성과 놀랄 만큼 가깝다.

우리 태양계가 속해 있는 은하, 즉 은하계는 직경이 수십만 광년에 달하고 수백억 개의 항성들을 포함하고 있는 거대한 원반 모양이다. 그 속에 들어 있는 가장 오래된 항성들은 빅뱅으로 탄생한 가장 간단한 원자들을 재료로 약 1백억 년 전에 생성되었다. 따라서 그 항성들은 탄소나 산소를 포함하고 있지 않다. 당시에는 몇 가지 원소밖에 없었을 테니 화학은 무척이나 따분한 학문이었을 것이다. 우리 태양은 사람의 나이로 따지면 중년 정도의 항성이다. 약 45억 년 전에 태양이 태어나기 전에, 여러 세대의 무거운 항성들이 생명주기를 끝마쳤을 것이다. 화학적으로 흥미 있는 원자들은 - 복잡성과 생명을 위해 필수적인 - 항성들 속에서 형성되었다. 그 항성들은 죽음, 즉 초신성 폭발을 통해 그 소중한 원자들을 항성간 공간으로 흩뿌렸다.

초기의 초신성 폭발로 방출되어 수십만 년 동안 외롭게 항성간 공간을 떠돌던 이 '잔해' 원자들은 다시 밀도가 높은 항성간 성운으로 뭉쳐져 자체 중력 붕괴로 항성을 생성하게 되었고, 그 주위에 여러 행성을 거느리게 되었을 것이다. 그렇게 태어난 항성 중 하나가 우리 태양이다. 그리고 일부 원자들은 새롭게 태어난 지구 속에 포함되었을 것이고, 그곳에서 여러 가지 형태의 생물을 통해 재순환될 수 있었을 것이다. 그중 일부는 사람의 - 여러분 자신을 포함해서 - 세포를 구성하고 있을 것이다. 따라서 여러분의 혈액의 모든 세포들, 그리고 이 책을 구성하고 있는 잉크 속에 들어 있는 탄소 원자 하나하나가 은하계만큼이나 오래된 족보를 가지고 있는 셈이다.

은하계는 거대한 생태계와 흡사하다. 초기의 수소는 항성 내부에서 생명체라는 건축물의 벽돌에 해당하는 탄소, 산소, 그리고 철로 변화된다. 이 물질들 중 일부는 다시 항성 간 공간으로 돌아가서 새로운 항성을 생성하는 재순환의 길을 걷는다.

우리 지구에 탄소와 산소 원자들이 풍부한 반면 금이나 우라늄은 희귀한 까닭은 무엇일까? 일상적으로 물을 수 있는 이 물음에 대해서는 아직 답하지 않았다. 그러나 그 답은 우리 태양계가 형성되기도 전인 50억 년 전에 우리 은하계 속에서 폭발한 오래된 항성들에서 찾을 수 있을 것이다. 우주는 하나의 통일체이다. 스스로를 이해하려면 우리는 항성을 이해해야 한다. 우리 자신이 오래전에 수명을 다하고 폭발한 항성에서 나온 잔재, 별 사이를 떠도는 먼지이기 때문이다.

마틴 리스(MARTIN REES)는 영국의 천체물리학자이자 우주론자로, 1995년에 임명된 15번째 왕립 천문학자이며, 2004년부터 2012년까지 영국 왕립학회 회장을 역임했다. 또한 케임브리지 천문학연구소의 소장으로 10년간 근무하기도 했다. 그는 영국 서섹스 대학에서 연구했고, 미국의 하버드, 캘리포니아 공과대학, 프린스턴 고등학술연구소, 캘리포니아 대학 등에서 교환교수를 지냈다.

리스는 항상 천문학 분야의 논쟁을 주도해 왔다. 그는 항성과 은하의 생성 과정, 블랙홀을 찾는 방법, 초기 우주의 특성 등에 대해 중요한 개념들을 제기해 왔다. 현재 그는 은하 간 공간을 채우고 있다고 추정되는 수수께끼의 '암흑물질'의 정체를 밝히기 위해 노력하고 있다. 우리 우주가 영원히 팽창할 것인지, 아니면 궁극적으로 수축해서 '빅 크런치(빅뱅과 반대로 우주가 점차 수축해서 하나의 점에 도달하는 것)'에 이르게 될 것인지 여부는 이 암흑물질의 중력에 달려 있다. 그는 항상 우주론의 포괄적인 철학에 깊은 관심을 가져왔다. 우리 우주가 생명의 진화를 허용하는 특수한 성질을 갖는 까닭은 무엇인가? 우리와는 전혀 다른 물리법칙에 의해 지배되는 다른 우주가 존재할 수 있을까? 그는 이런 폭넓은 주제로 전문연구자와 일반인을 위한 저서를 집필하고 강연한다. 저서로는『여섯 개의 수』,『온 더 퓨처』,『태초 그 이전』등이 있다.

세상은 어떻게 작동하는가
HOW THINGS ARE

초판 1쇄 발행 2025년 3월 14일

지은이 리처드 도킨스 외 30인
엮은이 존 브록만 카틴카 매트슨
옮긴이 김동광
펴낸이 김선준

편집이사 서선행
책임편집 오시정 **편집3팀** 최한솔 최구영 **디자인** 정란
마케팅팀 권두리 이진규 신동빈
홍보팀 조아란 장태수 아은정 권희 박미정 조문정 이건희 박지훈 송수연
경영지원 송현주 권송이 윤이경 정수연

펴낸곳 ㈜콘텐츠그룹 포레스트 **출판등록** 2021년 4월 16일 제2021-000079호
주소 서울시 영등포구 여의대로 108 파크원타워1 28층
전화 070)4276-3280 **팩스** 070)4170-4865
홈페이지 www.forestbooks.co.kr
종이 ㈜월드페이퍼 **출력·인쇄·후가공** 더블비 **제본** 책공감

ISBN 979-11-94530-20-6 (03400)

㈜콘텐츠그룹 포레스트는 독자 여러분의 책에 관한 아이디어와 원고 투고를 기다리고 있습니다. 책 출간을 원하시는 분은 이메일 writer@forestbooks.co.kr로 간단한 개요와 취지, 연락처 등을 보내주세요. '독자의 꿈이 이뤄지는 숲, 포레스트'에서 작가의 꿈을 이루세요.